Teubner Studienbücher Chemie

Rudolf Holze

Elektrochemisches Praktikum

Teubner Studienbücher Chemie

Herausgegeben von

Prof. Dr. rer. nat. Christoph Elschenbroich, Marburg
Prof. Dr. rer. nat. Dr. h. c. Friedrich Hensel, Marburg
Prof. Dr. phil. Henning Hopf, Braunschweig

Die Studienbücher der Reihe Chemie sollen in Form einzelner Bausteine grundlegende und weiterführende Themen aus allen Gebieten der Chemie umfassen. Sie streben nicht die Breite eines Lehrbuchs oder einer umfangreichen Monographie an, sondern sollen den Studenten der Chemie – aber auch den bereits im Berufsleben stehenden Chemiker – kompetent in aktuelle und sich in rascher Entwicklung befindende Gebiete der Chemie einführen. Die Bücher sind zum Gebrauch neben der Vorlesung, aber auch – anstelle von Vorlesungen geeignet. Es wird angestrebt, im Laufe der Zeit alle Bereiche der Chemie in derartigen Lehrbüchern vorzustellen. Die Reihe richtet sich auch an Studenten anderer Naturwissenschaften, die an einer exemplarischen Darstellung der Chemie interessiert sind.

Rudolf Holze

Elektrochemisches Praktikum

B. G. Teubner Stuttgart · Leipzig · Wiesbaden

Die Deutsche Bibliothek – CIP-Einheitsaufnahme
Ein Titeldatensatz für diese Publikation ist bei
Der Deutschen Bibliothek erhältlich.

Rudolf Holze ist Professor für Physikalische Chemie/Elektrochemie an der TU Chemnitz.
Nach dem Chemiestudium an der Universität Bonn folgten von 1979 bis 1983 Diplom- und
Doktorarbeiten zu Komponenten für elektrochemische Systeme zur Energieumwandlung
und -speicherung. Während eines Forschungsaufenthaltes an der Case Western Reserve
University, Cleveland, USA, rückten spektroskopische Methoden zur Untersuchung der
elektrochemischen Doppelschicht, ihrer Struktur und Dynamik in der Mittelpunkt. Nach der
Rückkehr an die Universität Bonn und dem Wechsel zur Universität Oldenburg 1987 habilitierte er sich 1989 für das Fach Physikalische Chemie. Die Forschungsinteressen umfassen
Aspekte der elektrochemischen Grundlagenforschung und der angewandten Elektrochemie.

1. Auflage September 2001

Alle Rechte vorbehalten
© B. G. Teubner GmbH, Stuttgart/Leipzig/Wiesbaden, 2001

Der Verlag Teubner ist ein Unternehmen der Fachverlagsgruppe BertelsmannSpringer.

teubner@bertelsmann.de
www.teubner.de

Das Werk einschließlich aller seiner Teile ist urheberrechtlich geschützt.
Jede Verwertung außerhalb der engen Grenzen des Urheberrechtsgesetzes ist ohne Zustimmung des Verlags unzulässig und strafbar. Das gilt
insbesondere für Vervielfältigungen, Übersetzungen, Mikroverfilmungen
und die Einspeicherung und Verarbeitung in elektronischen Systemen.

Die Wiedergabe von Gebrauchsnamen, Handelsnamen, Warenbezeichnungen usw. in diesem Werk berechtigt auch ohne besondere Kennzeichnung nicht zu der Annahme, dass
solche Namen im Sinne der Warenzeichen- und Markenschutz-Gesetzgebung als frei zu
betrachten wären und daher von jedermann benutzt werden dürften.

Umschlaggestaltung: Ulrike Weigel, www.CorporateDesignGroup.de

Gedruckt auf säurefreiem und chlorfrei gebleichtem Papier.

ISBN-13: 978-3-519-03614-2   e-ISBN-13: 978-3-322-80125-8
DOI: 10.1007/978-3-322-80125-8

Vorwort

Elektrochemische Verfahren, Methoden, Modelle und Konzepte tauchen in vielen naturwissenschaftlichen und technischen Feldern auf. Dies entspricht dem außerordentlich interdisziplinären Charakter dieser Wissenschaft. Entsprechend zahlreich sind die Berührungspunkte mit ihr während der Ausbildung an Schule und Universität. Da Elektrochemie als experimentelle Wissenschaft vom eigenen "Ausprobieren" lebt, finden sich im schulischen Unterricht ebenso wie in zahlreichen Praktika der universitären Ausbildung Versuche, die auf elektrochemischen Grundlagen beruhen. Die Intensität der Berührung reicht dabei von der gelegentlichen Nutzung von Meßgeräten auf der Grundlage elektrochemischer Verfahren bis zu vollständigen elektrochemischen Praktika an einigen Universitäten. Angesichts der zunehmenden Bedeutung von Anwendungsfeldern der Elektrochemie in der Sensorik, der Oberflächentechnologie, der Materialwissenschaft, der Mikrosystemtechnik und der Nanotechnologie dürfte diese Intensität zunehmen.

Nachdem das von Erich Müller 1931 veröffentlichte Buch "Elektrochemisches Praktikum" 1953 in seiner neunten und zugleich letzten Auflage erschienen ist fehlt heute für den deutschsprachigen Markt ein Buch, das nachvollziehbare Beschreibungen elektrochemischer Experimente in ihrer ganzen Breite in zeitgemäßer und praxisgerechter Form enthält. Diese empfindliche Lücke versucht das vorliegende Buch zu schließen. Es geht auf eine umfangreiche Sammlung von Versuchsbeschreibungen zurück, die während der Einrichtung und Betreuung von Praktika für Chemiestudierende, Werkstoffwissenschaftler und Studierende anderer Fächer wie auch bei der Betreuung von Schulklassen aus Gymnasien entstand. Da die gesamte Breite der Elektrochemie sicher an keinem Standort vollständig vertreten werden kann, wurden weitere Versuchsbeschreibungen von Hochschullehrern aus anderen Universitäten eingeschlossen. Besonderer Dank gebührt F. Beck, H. Schäfer, J.-W. Schultze, M. Paul, K. Banert, H.J. Thomas und E. Steckhan✝. Die Entwicklung der Experimente und der zugehörigen Versuchsbeschreibungen in der eigenen Arbeitsgruppe wäre ohne kreative und engagierte Mitarbeiterinnen und Mitarbeiter undenkbar. W. Leyffer, K. Pflugbeil, J. Poppe und M. Stelter haben zum vorliegenden Ergebnis durch sorgfältige Ausarbeitung der Versuche und ihre Optimierung entscheidend beigetragen. Zahlreiche Teilnehmerinnen und Teilnehmer des elektrochemischen Praktikums haben typische Meßdaten bereitgestellt, hierfür sei ihnen ebenso wie E. Rahm für die umsichtige Mitarbeit beim Ausprobieren zahlreicher Versuche gedankt.

In diesem Buch wird die Breite der Elektrochemie nicht nur in thematischer, sondern auch in apparativer Hinsicht illustriert. Der interessierte Lehrer wird einfache, mit geringem Aufwand durchführbare Versuche für den Oberstufenunterricht ebenso finden wie die Hochschullehrerin, die ein vorhandenes Praktikum um elektrochemische Aspekte mit auch größerem apparativem Aufwand ergänzen will.

Großer Wert wurde bei den Beschreibungen auf einen klaren, einheitlichen Aufbau der Darstellung und Angabe aller Details, die für eine erfolgreiche Durchführung nötig erscheinen, gelegt. Auf übertriebene Detailfreude wurde nach Möglichkeit verzichtet, im Einzelfall werden jedoch praktische Detailhinweise für die handwerkliche Herstellung von Apparaturen gegeben. Hinweise auf besondere Risiken und Sicherheitsratschläge wurden eingeschlossen, wenn dies besonders angezeigt erscheint. Auf komplette Auflistung von Angaben, die ohnehin in Laborordnungen, Betriebsanweisungen und auf Chemikaliengefäßen enthalten sind, wurde in der Regel verzichtet. Die Nennung von Geräten bestimmter Hersteller wurde vermieden, um bei der Einführung eines Versuches keine unnötigen Hürden aufzubauen. Falls es nötig erscheint, werden besondere Eigenschaften von Geräten, die für eine erfolgreiche Durchführung des Versuches nötig sind, eigens erwähnt. Dies gilt naturgemäß besonders für Versuche, die an größeren Geräten (Spektrometern etc.) durchzuführen sind.

Das vorliegende Buch kann und soll kein Lehrbuch der Elektrochemie ersetzen. Dies würde seinen Umfang sprengen, zudem wäre es als Lehrbuch schwer lesbar. Den Versuchbeschreibungen ist vielmehr eine kurze grundlegende Einführung vorangestellt, die durch entsprechende Verweise mit dem Buch "Leitfaden der Elektrochemie" (zitiert als Leitfaden (LF) mit Seitenangabe) aus dem gleichen Verlag verknüpft wird. Bei Bedarf werden weitere Literaturhinweise auf Lehrbücher, Zeitschriftenaufsätze und Übersichtsartikel angefügt.

Symbole und Achsenbeschriftungen in Abbildungen sind nach den Empfehlungen der IUPAC (Pure Appl. Chem. 37 (1974) 499) ausgeführt. Dies wird im Vergleich zu anderen, vor allem älteren Lehrbüchern, möglicherweise zu Verwirrung führen. Das ausführliche Symbol- und Abkürzungsverzeichnis (S. 296) soll hier weiterhelfen. Dimensionen sind dabei durch einen Schrägstrich von der zugehörigen Zahl getrennt, nur in Ausnahmen wird der besseren Übersicht halber die Dimension in eckigen Klammern angegeben.

Inhalt

1 Eine Übersicht zur elektrochemischen Praxis 8
2 Elektrochemie ohne Stromfluß 18
3 Elektrochemie mit Stromfluß und Stoffumsatz 56
4 Elektrochemische Analytik 189
5 Untersuchungen mit nicht-klassischen Methoden 244
6 Elektrochemische Energieumwandlung und -speicherung 255
7 Elektrochemische Produktionsverfahren 269
   Anhang 294
   Liste der Symbole und Abkürzungen 296
   Register 299

1 Eine Übersicht zur elektrochemischen Praxis

Elektrochemischen Methoden, Konzepten und Verfahren begegnet der Studierende wie der Berufstätige an zahllosen Stellen in Naturwissenschaft und Technik. Entsprechend breit ist die Palette denkbarer Experimente, die zu ihrer Einübung und Illustration dienen kann. Der Aufgabenstellung dieses Buches folgend soll diese Breite in der Auswahl der Versuche ebenso wie in ihrem experimentell-apparativen Aufwand und Anspruch an die Vorkenntnisse des Experimentators deutlich werden. Eine Ordnung der Versuche ist dabei sinnvoll, um dem Nutzer des Buches die Übersicht zu erleichtern und die Ergänzung der praxisbezogenen Versuchsbeschreibungen um die notwendigen theoretischen Kenntnisse zu erleichtern. Als Gliederungsprinzip wird grundsätzlich der im "Leitfaden der Elektrochemie" gewählten Unterscheidung in "Elektrochemie des Gleichgewichts" und "Elektrochemie unter Stromfluß" gefolgt. Zunächst werden Versuche zu Elektrodenpotentialbestimmungen und zu ihrer Anwendung bei der Bestimmung thermodynamischer Größen vorgestellt. Breiten Raum nehmen anschließend Versuche ein, bei denen stromdurchflossene Elektroden in einer Vielzahl von experimentellen Anordnungen untersucht werden. Anwendungen elektrochemischer Methoden in der chemischen Analytik werden - unbeschadet der Frage nach einem Stromfluß durch die Meßelektrode - zusammenfassend dargestellt. Neben naheliegenden Anwendungen werden hier auch Beispiele elektrochemischer Messungen zur Aufklärung der Kinetik von Prozessen dargestellt, wenn nicht das elektrochemische Prinzip soweit im Vordergrund steht, daß eine Zuordnung in eines der beiden vorhergehenden Kapitel zwingend erscheint. Entsprechend der wachsenden Bedeutung nicht-klassischer, vor allem spektroskopischer Methoden in der Elektrochemie werden diese Versuche, deren Durchführbarkeit naturgemäß vom Vorhandensein entsprechender Geräte abhängt, in einem eigenen Kapitel beschrieben. Elektrochemische Verfahren zur Energiespeicherung und -umwandlung spielen in der Praxis eine hervorragende Rolle. Da bei ihnen Fragen der Gleichgewichtselektrochemie (Thermodynamik) ebenso wie Fragen der Elektrochemie an stromdurchflossenen Elektroden (Kinetik) eine Rolle spielen, werden einige Versuche zur Verdeutlichung der Grundlagen dieser Anwendung in einem eigenen Kapitel behandelt. Neben dieser Anwendung der Elektrochemie haben elektrochemische Produktionsverfahren in der Industrie eine sehr große Bedeutung. Ihre Untersuchung in einem Praktikumsversuch ist in Grenzen möglich, einige Versuche erscheinen mit der Zielstellung des Buches vereinbar.

Die nachfolgenden Versuchsbeschreibungen sind einheitlich gegliedert. Der knapp formulierten Aufgabenstellung folgt eine kurze Zusammenfassung wesentlicher Grundlagen, die zum Verständnis des Versuches notwendig sind. Diese Darstellung kann weder ein Lehrbuch noch die zugehörigen Originalarbeiten ersetzen. Neben Hinweisen auf entsprechende Originalquellen ist meist der

1 Eine Übersicht zur elektrochemischen Praxis

Bezug zum "Leitfaden der Elektrochemie" durch Angabe eines entsprechenden Zitates (LF xx) hergestellt. Einige experimentelle Methoden (z.B. Polarographie, zyklische Voltammetrie) sind außerordentlich vielseitig. Daher werden diese Methoden in mehr als einem Versuch behandelt. Die Grundlagen werden dabei nach Möglichkeit nicht wiederholt; von einer Zusammenfassung aller wesentlich erscheinenden Anwendungen in einer Versuchsbeschreibung wurde im Interesse der Überschaubarkeit abgesehen. Der naheliegende Gedanke, die Versuche innerhalb eines Kapitels nach "Schwierigkeit" oder "experimentell-apparativem Aufwand" zu ordnen wurde wegen der extremen Subjektivität rasch verworfen. Da sich der Nutzer dieses Buches nach seiner Interessenlage schnell passende Versuche auswählen wird, dürfte der Vergleich der benötigten experimentellen Ausrüstung mit vorhandenen Geräten ebenso einfach zu erledigen sein wie die Abschätzung der benötigten Vorkenntnisse.

Die Beschreibung der Ausführung des Versuches beginnt mit einer Liste der benötigten Geräte und Chemikalien. Falls alternative apparative Möglichkeiten bestehen, wird darauf hingewiesen. Im dann folgenden Text wird jedoch nur auf einen experimentellen Weg Bezug genommen. Die Darstellung des experimentellen Aufbaus enthält - soweit sinnvoll - eine Skizze, aus der vor allem die benötigte elektrische Schaltung und bei Bedarf die Konstruktion benötigter apparativer Komponenten hervorgeht. Der Versuchablauf wird knapp skizziert. Auf potentielle Fehlerquellen und Besonderheiten wird hingewiesen. Hinweise zur Auswertung zeigen den Weg von den erhaltenen Rohdaten zu den in der Aufgabenstellung beschriebenen Ergebnissen. Kontrollfragen dienen der Vertiefung der bei der Durchführung der Versuche gewonnenen Erkenntnisse. Dabei werden auch Fragen zu praktischen Aspekten der Versuche gestellt. Umfangreiche Rechenübungen wurden dabei nicht aufgenommen. Der interessierte Leser findet hierzu zahlreich Beispiel in: J. O'M.Bockris und R.A. Fredlein: A Workbook of Electrochemistry, Plenum Press, New York - London 1973. Für ausgewählte Versuche sind typische Resultate aufbereitet und ungeschönt graphisch dargestellt, um das auch mit einfachen Mitteln erreichbare Maß der Übereinstimmung von Literatur und eigenem Versuch zu zeigen. Literaturangaben beziehen sich dabei auf Standardwerke. Da leider Druckfehler auch in angesehenen Quellen bemerkenswert hartnäckig zitiert werden ist die Literaturquelle - wie bei einem Protokoll ohnehin üblich - stets komplett angegeben.

<u>Praktische Hinweise</u>

<u>Chemikalien</u>

In den meisten Experimenten werden wäßrige Lösungen verwendet. Wenn nicht anders angegeben werden sie aus Reinstwasser hergestellt. Dieses kann mit handelsüblichen Nachreinigungsanlagen aus vollentsalztem Wasser gewonnen werden. Alternativ kann zweifach destilliertes Wasser verwendet werden. Ersatzweise kann in einigen Versuchen auch weniger aufwendig gereinigtes Wasser verwendet werden. Da vor allem bei kritischen Leitwertbestimmungen der Beitrag noch vorhandener Verunreinigungen stören kann und da unbekannte Restverunreinigungen bei Potentialmessungen und analytischen Untersuchungen unerwartete Resultate bewirken können, sind Blindversuche unerläßlich. Bei einigen Versuchen wird neben der üblichen Konzentrationsangabe zur Arbeitserleichterung auch die für eine bestimmte Menge der angegebenen Lösung benötigte Chemikalie angegeben. Die entsprechenden Angaben müssen natürlich bei abweichenden Zellgrößen etc. und damit auch abweichenden Lösungsmengen entsprechend modifiziert werden. Die Reinigung der in einigen Versuchen verwendeten organischen Lösungsmitteln wurde von C.K. Mann eingehend dargestellt (C.K. Mann: Nonaqueous Solvents for Electrochemical Use, Electroanalytical Chemistry 3 (A.J. Bard Hrsg.), Marcel Dekker, New York 1969, S. 57), weitere Angaben zu den mit ihnen hergestellten Elektrolytlösungen findet man bei Gores und Barthel (H.J. Gores und J.M.G. Barthel, Pure&Appl. Chem. 67 (1995) 919.

Elektroden*

Für einige der vorgestellten Versuchen sind Elektroden aus speziellen Werkstoffen und in besonderen Bauformen erforderlich. Hinweise zu ihrer Herstellung werden bei den entsprechenden Versuchen gegeben. Einige Elektroden sind dagegen häufig anzutreffen. Da sie meist mit nur geringem Aufwand in der Glasbläserwerkstatt hergestellt werden können, sind folgend einige Anregungen zusammengetragen.

Als Meß- wie Gegenelektrode werden oft Blechelektroden aus Edelmetallen (Platin oder Gold) eingesetzt. Diese Elektroden können leicht aus Metallblech (0,1 - 0,2 mm stark) mit einem durch Punktschweißen angesetzten Draht hergestellt werden. Nachdem an diesen Draht durch Hartlöten (Weichlötverbindungen lösen sich beim anschließenden Einschmelzen, zudem bildet Gold mit üblichem Weichlot Legierungen, die eine haltbare Verbindung ausschließen) ein Kupferdraht angesetzt wurde, wird der Edelmetalldraht in einem Glasrohr eingeschmolzen. Vorzugsweise sollte niedrigschmelzendes Glas verwendet werden, um dichte Einschmelzungen zu erzielen. Mit Platindraht sind auch Einschmelz-

---

* Entsprechend der von W. Nernst vorgeschlagenen Definition sollte mit dem Begriff "Elektrode" stets die Kombination aus einem elektronisch leitenden Material (z.B. Metall, Graphit, Halbleiter) und einem ionenleitenden Material (z.B. wäßrige Säure, Polymerionenleiter, Salzschmelze) bezeichnet werden. In Versuch 3.13 wird dies am Beispiel der Blei-Redoxsysteme anschaulich illustriert. Umgangssprachlich wird dagegen mit diesem Begriff häufig nur die elektronisch leitende Komponente bezeichnet. Diesem Sprachgebrauch kann und soll auch im vorliegenden Buch nicht vollständig ausgewichen werden, trotzdem wird an seine Schwachstellen immer wieder erinnert.

ungen mit hochschmelzendem Borosilikatglas möglich. Besonders günstig und sogar für das Einschmelzen von Silberdraht geeignet sind sehr niedrigschmelzende bleidioxidhaltige Gläser. Hier ist beim Einschmelzen eine reduzierende Flamme des Gasbrenners zu vermeiden. Steht eine Punktschweißmaschine nicht zur Verfügung, so können für viele Anwendungen auch einfach Drahtwendel als Elektrode verwendet werden. Statt Metall-Glaseinschmelzungen sind mit Epoxidharz abgedichtet Metall-Glasdurchführungen denkbar, die allerdings meist weder die chemische noch die mechanische Beständigkeit von Metall-Glaseinschmelzungen zeigen. Eine derartige Epoxid- oder Gießharzeinbettung ist für die Herstellung einer einfachen Mikroelektrode, deren Schnittbild folgend gezeigt wird, unentbehrlich.

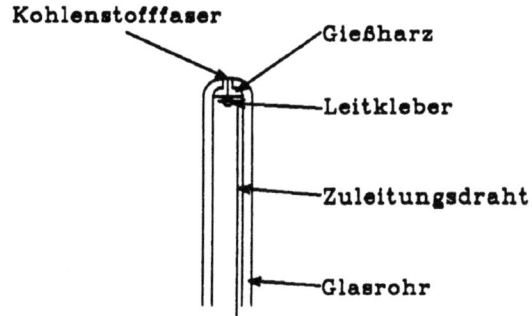

Bild 1.1 Schnitt durch eine einfache Mikroelektrode.

Dabei wird in eine durch Zusammenschmelzen des Glasrohrendes übriggebliebene möglichst kleine Öffnung eine Kohlenstofffaser gelegt, die mit Gießharz dicht eingebettet wird. Nach Aushärten kann im Rohrinneren mit Silber- oder Graphitleitkleber die Verbindung zum Ableitdraht hergestellt werden.

Als Bezugselektroden (häufig auch als Referenzelektrode bezeichnet) haben sich Metallelektroden zweiter Art (gesättigte Kalomelelektroden und Silberchloridelektroden (LF 54)) sowie Wasserstoffelektroden bewährt. Bild 1.2 zeigt typische und leicht herstellbare Ausführungen. Je nach Füllung sind diese Bezugselektroden für unterschiedliche wäßrige wie auch nichtwäßrige Elektrolytlösungen geeignet. Dabei ist zu beachten, daß die hohe Chloridkonzentration in Bezugselektroden mit gesättigter Chloridlösung zur Kontamination der Meßlösung führen kann. In alkalischer Lösung kann es zur Disproportionierung des Kalomels kommen.

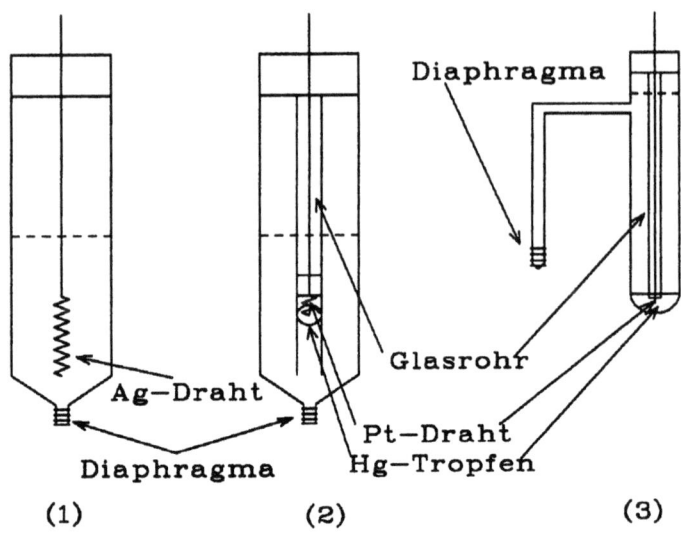

Bild 1.2 Typische Bauformen von Bezugselektroden: (1) Silber/Silberchlorid-Elektrode; (2, 3) Kalomel- oder Quecksilbersulfatelektrode.

Als Bauform einer Wasserstoffelektrode ist die wegen der Entbehrlichkeit einer kontinuierlichen Wasserstoffversorgung praktische Wasserstoffelektrode nach Will (LF 56) besonders vorteilhaft.

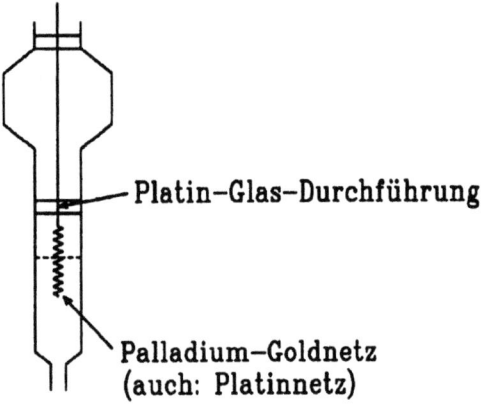

Bild 1.3 Wasserstoff-Bezugselektrode nach Will.

Für ihre Herstellung wird ein Platin-, besser aber ein Palladium- oder Palladium/ Gold-Netz, an einem Platindraht durch Punktschweißen befestigt. Nach dem Einschmelzen des Platindrahtes wird das Metallnetz zur Vergrößerung seiner wirksamen Oberfläche und zur Verbesserung seiner katalytischen Eigenschaften mit Platinmohr überzogen. Die anschließende Beladung mit Wasserstoff, zu der die mit der im Experiment zu verwendenden Elektrolytlösung gefüllte Elektrode als Kathode gegen eine beliebige Anode (z.B. Platindraht) geschaltet wird, führt zu einer Wasserstoffgasblase in der Elektrode, die bei sorgfältiger Ausführung der Metall-Glaseinschmelzung einige Wochen vorhält. Das Elektrodenpotential ist in der Regel sehr stabil, lediglich bei organischen Bestandteilen in der Elektrolytlösung sowie bei Lösungsbestandteilen, die an der Wasserstoffelektrode zu chemischen Reaktionen neigen, ist eine Potentialdrift zu befürchten.

Trotz der inzwischen in großer Auswahl verfügbaren Referenzspannungsquellen auf der Basis von Halbleiterschaltungen (siehe Anhang) ist der Gebrach von elektrochemischen Spannungsnormalen weitverbreitet. Die mitunter anzutreffende Clark-Zelle ($Zn\,|\,ZnSO_4(ges.)\,|\,ZnSO_4(fest)+Hg_2SO_4(fest)\,|\,Hg$) ist weitgehend durch die Weston-Zelle ersetzt ($Cd\,|\,CdSO_4(ges.)\,|\,CdSO_4(fest)+Hg_2SO_4(fest)\,|\,Hg$). Die letztgenannte Zelle hat wegen der deutlich geringeren Reaktionsentropie der in ihr ablaufenden Zellreaktion eine wesentlich kleinere Temperaturabhängigkeit der Zellspannung.

<u>Meßgeräte</u>[*]

Neben speziellen, für ein Verfahren typischen Meßgeräten werden einige einfache elektronische Meßgeräte häufig verwendet. Hierzu gehören vor allem Geräte zur Messung von Spannung und Strom. Handelsübliche analog oder digital anzeigende Vielfachmeßinstrumente werden in vielen Fällen ausreichen. Bei der Messung von Elektrodenpotentialen, die durch Messung der Spannung zwischen einer Bezugselektrode und der zu untersuchenden Elektrode (Arbeitselektrode) erfolgt, ist auf stromlose Messung zu achten. Im Idealfall geschieht dies mit einer Kompensationsschaltung (LF 57). Dieses Verfahren ist umständlich und von nur noch geringer praktischer Bedeutung. Voltmeter mit hohem Eingangswiderstand ($R_i > 10^{12}\,\Omega$) kommen diesem Ideal ausreichend nahe. Bei der Auswahl eines Meßinstrumentes vor allem für Präzisionsmessungen ist auf diese Angabe zu achten. Handelsübliche Vielfachmeßgeräte weisen durch die im Eingang meist verwendete Spannungsteilerschaltung zur Bereichswahl häufig

---

[*] Ein kompletter Meßplatz bestehend aus einem als Einschub für handelsübliche Computer ausgebildeten Potentiostaten, einer Meßzelle, verschiedenen Elektroden sowie umfangreicher Software zur Durchführung zahlreicher der folgend beschriebenen Experimente wird einschließlich eines Arbeitsbuches von Sycopel Scientific Instruments, 15 Sedling Rod, Washington NE38 9BZ, Großbritannien, angeboten.

einen bedeutend kleiner Eingangswiderstand aus, sie sind daher vorsichtig zu verwenden. Aus handelsüblichen Digitalvoltmeterbausteinen, die in einbaufertig verdrahteter Modulform angeboten werden und die den hohen Eingangswiderstand des verwendeten Meßschaltkreises zu nutzen gestatten, kann zumindest für Messungen im Bereich bis zu 2 Volt mit geringen Mitteln ein leistungsfähiges Gerät zur Potentialmessung hergestellt werden. Bei der Aufzeichnung von Strom-Spannungs-Beziehungen ist eine Strommessung mit einem möglichst empfindlichen Meßgerät erforderlich, dessen Meßwiderstand sehr klein, im Idealfall virtuell Null sein sollte. Dieses Ziel ist mit einfachen Operationsverstärkerschaltungen erreichbar, wenn Präzisionsmessungen von Strömen vor allem aus Quellen mit geringer Spannung (Brennstoffzellen etc.) geplant sind. Aus Kostengründen und wegen vermeintlich höherer Genauigkeit wird häufig ein digital anzeigendes Meßinstrument dem analog anzeigenden Instrument vorgezogen. Bei Meßaufgaben, die einen Abgleich einer Spannung auf einen Zielwert vorsehen, ist ein analog anzeigendes Gerät deutlich vorzuziehen, da es Trends rascher zu erkennen erlaubt. Digital anzeigende Instrumente mit einer zusätzlichen Analoganzeige stellen einen Kompromiß dar, der durch die oft unruhige analoge Balkenanzeige gewöhnungsbedürftig ist.

<u>Meßzellen</u>

Neben speziell ausgebildeten elektrochemischen Zellen für bestimmte Experimente, die folgend jeweils im Kontext der zugehörigen versuche beschrieben werden, haben sich einige universell verwendbare Standardbauformen von elektrochemischen Zellen herausgebildet. Ein einfaches Becherglas wird nur selten den experimentellen Anforderungen genügen, da in ihm der meist erforderliche Sauerstoffausschluß nicht möglich ist. Zudem ist die Anordnung der Meßelektroden nur mit zusätzlichen Halterungen in zuverlässiger und reproduzierbarer Weise möglich. Vor allem für die zyklische Voltammetrie hat sich die wegen ihrer Form als H-Zelle bezeichnete Konstruktion bewährt, die im folgenden Bild gezeigt wird.

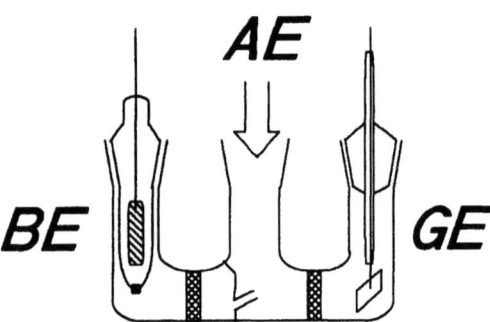

Bild 1.4   Querschnitt durch eine H-Zelle für elektrochemische Versuche.

1 Eine Übersicht zur elektrochemischen Praxis

Für Messungen mit der Impedanzmethode wie auch für andere Methoden mit Wechselspannungssignalen sind eine kugelförmige Arbeitselektrode oder eine in einem inerten Material eingebettete scheibenförmige Elektrode, die zentral in einem symmetrischen Zellgefäß angeordnet ist, vorteilhaft. Durch weitere mit Schliffverbindungen ausgestattete Durchführungen um die zentrale Arbeitselektrode tauchen Glasrohre in die Elektrolytlösung ein, in denen sich Gegen- und Bezugselektrode sowie die Gasspülung befinden. Bei Bedarf sind die Rohre am unteren Ende zur Verminderung des Lösungsaustausches mit porösen Diaphragmen abgeschlossen. Bei geeigneter Dimensionierung kann die Zelle - wie im folgenden Bild gezeigt - auch für Arbeiten mit der rotierenden Scheibenelektrode genutzt werden.

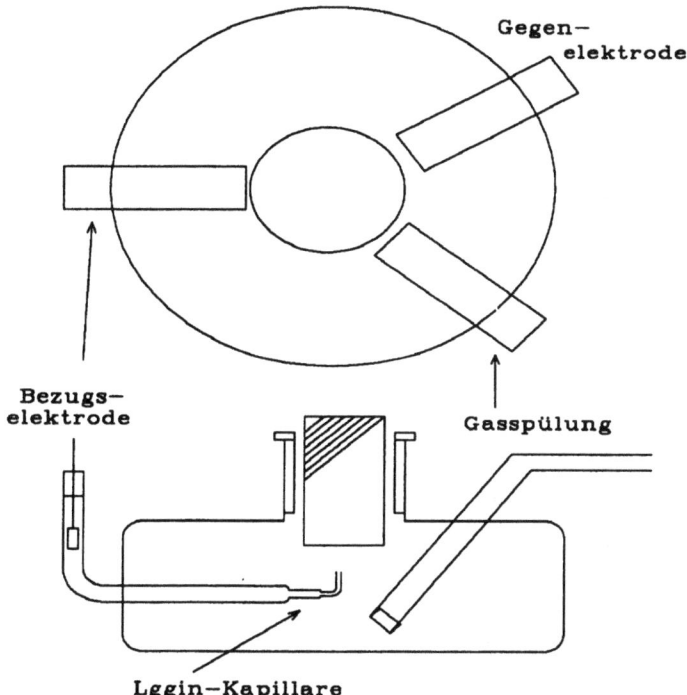

Bild 1.5 Querschnitt durch eine elektrochemische Zelle für Versuche mit Wechselspannungsmethoden und der rotierenden Scheibenelektrode.

Für Präzisionsmessungen und für Untersuchungen, bei denen die Vermischung von Elektrolytlösung besonders sorgfältig ausgeschlossen werden müssen sind "Stromschlüssel" (Salzbrücken) nötig. Im einfachsten Fall kann dies ein Kunststoffschlauch sein, der mit einer hinreichend konzentrierten Elektrolytlösung (z.B. 1 M KNO_3) gefüllt und mit Wattestopfen verschlossen ist. Günstiger sind

Schliffdiaphragmen, die sich am Ende eines U-förmig gebogenen Glasrohres, das ebenfalls mit der genannten Lösung gefüllt ist, befinden. Statt Watte- oder Filterpapierstopfen können auch kleine poröse Glasstifte, die unter dem Warenzeichen "Vycor"™* erhältlich sind, verwendet werden. Das folgende Bild zeigt einige gängige Ausführungen.

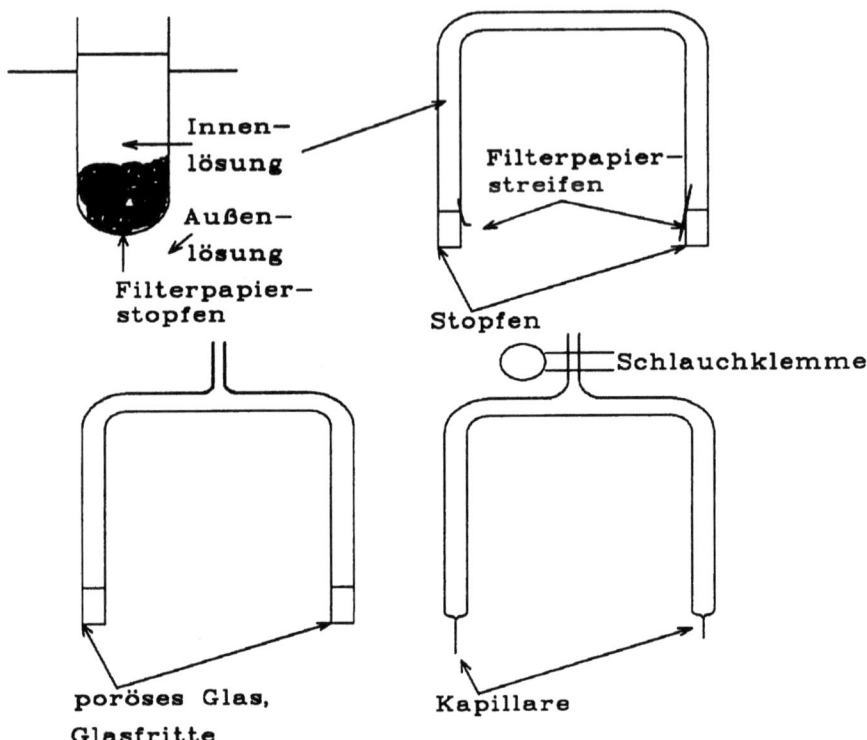

Bild 1.6   Typische Bauformen von Stromschlüsseln.

Datenerfassung

Für die Mehrzahl der vorgestellten Versuche ist eine aufwendige Datenerfassung nicht notwendig. Lediglich dynamische Versuche, bei denen in rascher Folge Wertepaare aufgezeichnet werden müssen (zyklische Voltammetrie, spektrosko-

---

* Nach erstmaligem Kontakt mit einer Elektrolytlösung müssen diese Glaskörper im Kontakt mit Elektrolytlösung aufbewahrt werden. Austrocknen kann zur Zerstörung führen.

1 Eine Übersicht zur elektrochemischen Praxis

pische Versuche) ist ein Aufzeichnung unerläßlich. Bisher standen hierbei neben Oszilloskopen, die meist nur mit erheblichem Mehraufwand permanente grafische Aufzeichnungen erlaubten, analog arbeitende Schreibern (X-Y-Recorder, X-Y-Schreiber) zur Verfügung. Mit der inzwischen eingetretenen Allgegenwart von leistungsfähigen Rechnern ist auch aus Kostengründen (leistungsfähige X-Y-Schreiber kosten das Vielfache eines leistungsfähigen Computers) eine bedenkenswerte Alternative zugänglich. Auch einfach zu programmierende und preiswerte ADDA-Wandlerkarten* erlauben die Erzeugung von Steuerspannungen durch einen Rechner, der so den Funktionsgenerator ersetzt. Meist auf der gleichen Wandlerkarte vorhandene Bausteine erlauben die Digitalisierung der Antwort des untersuchten elektrochemischen Systems. Die anschließende Speicherung und Weiterverarbeitung der Daten bis zu ihrer graphischen Darstellung stellt im Vergleich zu der meist umständlicheren Weiterverarbeitung auf Papier aufgezeichneter Ergebnisse eine attraktive Alternative dar. Vor allem bei der Nutzung sollten die Schwachstellen einer derart rechnergestützten Arbeitsweise nicht übersehen werden.

Kommerzielle Programme zur Rechnersteuerung sind oft ausgesprochen leistungsfähig und entsprechend kostspielig, ihre alleinige Beschaffung für einen Praktikumsversuch dürfte problematisch sein. Die Möglichkeit, bei der Verwendung analog arbeitender Funktionsgeneratoren und X-Y-Schreiber während eines Experimentes Meßparameter zu verändern und die dadurch erreichten Effekte unmittelbar zu beobachten, ist bei rechnergesteuerter Messung meist nicht gegeben. Damit geht der für einen Praktikumsversuch in der Ausbildung zentral wichtige Zugang zu Ursache-Wirkungsbeziehungen zunächst verloren. Bei der Verwendung von Wandlerkarten (AD- und DA-Wandler) ist auf eine sorgfältige Kalibrierung und korrekte Anpassung von Meßbereichen zu achten. Da für die Kalibrierung oft ungewöhnliche Spannungswerte benötigt werden und da entsprechende Kalibrierspannungsquellen sehr kostspielig sind, ist im Anhang eine einfache Schaltung mit einer hochpräzisen Referenzspannung auf der Grundlage gut zugänglicher Elektronikbauteile wiedergegeben. Die Schaltung liefert nach einmaliger Kalibrierung eine hochkonstante Spannung. Bei der Anpassung von Meßbereichen ist zu berücksichtigen, daß die meisten AD-Wandler einen Eingangsspannungsbereich von ± 2 V oder ± 5 V haben. Das Ausgangssignal am Potentialausgang des Potentiostaten (der in Wirklichkeit natürlich die zwischen Arbeits- und Bezugselektrode gemessene Spannung ausgibt) nutzt diesen Bereich meist gut aus. Bei der Strommessung fallen dagegen oft sehr kleine Spannung an. Ihre AD-Wandlung führt zu verrauschten Ergebnissen. Daher sollte stets ein möglichst empfindlicher Strommeßbereich gewählt werden. Die in modernen Potentiostaten vorhandenen Stromwandler-Schaltungen erlauben die Strommessung in Form relativ hoher Spannungen und erleichtern so die Anpassung.

---

* ADDA: Analog-Digital/Digital-Analog

2 Elektrochemie ohne Stromfluß

In der Elektrochemie wird häufig eine grobe Gliederung mit dem Kriterium des Stromflusses vorgenommen. Phänomene ohne Stromfluß, bei denen sich das untersuchte elektrochemische System naturgemäß im Gleichgewicht befinden muß, können sich dabei sowohl auf das Lösungsinnere wie auf die Phasengrenze elektronenleitendes Metall/ionenleitende Elektrolytlösung (Elektrode) beziehen. Dies gilt in entsprechender Weise für Prozesse unter Stromfluß, bei denen natürlich ein elektronischer Stromfluß im Inneren der elektronenleitenden Bestandteile der elektrochemischen Zelle mit Ionenflüssen im Inneren des Elektrolytsystems gekoppelt sind. An der elektrochemischen Phasengrenze in der Elektrode werden diese beiden Prozesse miteinander verknüpft.

Im folgenden Kapitel werden zunächst Versuche ohne Stromfluß dargestellt. In ihnen stehen grundlegende Tatsachen und Zusammenhänge der elektrochemischen Thermodynamik, der Mischphasenthermodynamik und der Verknüpfung elektrochemischer und thermodynamischer Daten im Vordergrund.

Versuch 2.1: Elektrochemische Spannungsreihe

Aufgabenstellung

Eine Standardwasserstoffelektrode wird aufgebaut und als Bezugselektrode zur Bestimmung der Standardpotentiale der Nickel-, Kupfer- und Zinkelektrode eingesetzt. Der Einfluß der Metallionenkonzentration wird an Hand der Nernstschen Gleichung experimentell überprüft. Für das Kupfer-Silber-Element wird die Temperaturabhängigkeit der Zellspannung gemessen und zur Berechnung der Reaktionsentropie verwendet.

Grundlagen

Zwischen den Elementen und ihren Verbindungen bestehen beträchtliche Unterschiede in ihrer Tendenz, unter Elektronenaufnahme reduziert oder unter Elektronenabgabe oxidiert zu werden. In elektrochemischen Untersuchungen kann ein Vergleich zwischen diesen Eigenschaften von zwei Elementen leicht durch Messung einer Zellspannung durchgeführt werden. Um vergleichbare Bedingungen (Standardbedingungen) zu erhalten, werden dabei die Elemente, von denen hier vor allem die Metalle betrachtet werden sollen, als Elektroden in Lösungen getaucht, die die zugehörigen Ionen in der Aktivität eins enthalten. Wegen des nichtidealen Verhaltens von Ionen in Lösungen vor allem bei höherer Konzentration ist diese Aktivität meist bei einer Konzentration größer als 1

M zu erzielen. Zwischen den beiden Lösungen wird durch eine mit Salzlösung gefüllte Brücke eine ionenleitende Verbindung hergestellt. An den beiden Metallanschlüssen kann ein hochohmiges Voltmeter angeschlossen werden, das eine stromlose Spannungsmessung gestattet. Die so erhaltenen Werte können mit den thermodynamischen Daten der stattfindenden Zellreaktion, die in die beiden Elektrodenreaktionen zerlegt werden kann, verglichen werden. Das Metall, das als Elektrode den Pluspol (Kathode) stellt, wird als edler bezeichnet, das andere Metall bildet die Anode (den Minuspol). Am Beispiel des weniger edlen Zinks und des edleren Kupfers werden diese Zusammenhänge deutlich. Benutzt man Lösungen von Standardaktivität der beiden Metallsulfate und Metalldrähte der beiden Elemente, so wird der Zinkdraht als Minuspol, der Kupferdraht als Pluspol identifiziert. Diese elektrochemische Zelle ist als Daniell-Element bekannt. Die Reaktionen sind:

Kathode (Reduktion): $Cu^{2+} + 2\,e^- \rightarrow Cu$ (2.1)
Anode (Oxidation): $Zn \rightarrow Zn^{2+} + 2\,e^-$ (2.2)
Gesamtreaktion: $Cu^{2+} + Zn \rightarrow Cu + Zn^{2+}$ (2.3)

Vergleichende Messungen erlauben die Formulierung einer Liste, in der die Metalle entsprechend ihrer Fähigkeit zur Oxidation oder Reduktion aufgetragen werden. Diese Liste bezeichnet man als elektrochemische Spannungsreihe. Entsprechende Messungen sind auch mit gasförmigen Reaktanden möglich. So kann eine Wasserstoffelektrode ausgebildet werden, in dem Wasserstoffgas eine inerte Metallelektrode (z.B. Platinblech) umspült, die in eine wäßrige Lösung eines definierten pH-Wertes eintaucht. Ist die Protonenaktivität gleich eins und der Wasserstoffdruck ebenfalls gleich 1 atm (= 101325 Pa), so liegt eine Standardwasserstoffelektrode vor. Messungen an elektrochemischen Zellen, in denen diese Elektrode eine Halbzelle darstellt, ergeben Zellspannungen, die nach der Definition des Elektrodenpotentials der Standardwasserstoffelektrode E = 0 mV zu den entsprechenden Elektrodenpotentialen der anderen Halbzelle führen. Dies sind strenggenommen die in der Spannungsreihe genannten Zahlenwerte, die ebenfalls konventionell auf diese Elektrode bezogen werden.

Bei der Verwendung von Lösungen, in denen die an der Potentialeinstellung beteiligten Ionen nicht in der Standardaktivität eins vorhanden sind, ergeben sich abweichende Elektrodenpotentiale. Ihre Beziehung zu den Standardpotentialen gibt die Nernstsche Gleichung wieder.

Die Spannung einer elektrochemischen Zelle ist mit der freien Reaktionsenthalpie der in der Zelle ablaufenden Reaktion gemäß

$$\Delta G = -z \cdot F \cdot U_0 \quad (2.4)$$

verknüpft. Unter Benutzung der partiellen Ableitung der Gibbs-Gleichung nach der Temperatur unter der Annahme einer im untersuchten Temperaturintervall konstanten und damit temperaturunabhängigen Reaktionsenthalpie ΔH

$$(\partial \Delta G/\partial T)_p = (\partial \Delta H/\partial T_p) - (\partial T\Delta S/\partial T)_p \tag{2.5}$$

erhält man einen Ausdruck für die Reaktionsentropie

$$(\partial \Delta G/\partial T)_p = -\Delta S \tag{2.6}$$

Damit kann aus dem Temperaturkoeffizienten der Zellspannung $\partial U_0/\partial T_p$ leicht die Reaktionsentropie der Zellreaktion nach

$$(\partial U_0/\partial T)_p \cdot z \cdot F = \Delta S \tag{2.7}$$

berechnet werden.

Ausführung

<ins>Chemikalien und Geräte</ins>

wäßrige $CuSO_4$-Lösung 1 M
wäßrige $ZnSO_4$-Lösung 1 M
wäßrige $NiSO_4$-Lösung 1 M
wäßrige $AgNO_3$-Lösung 1 M
wäßrige Salzsäure 1,25 M
Salzbrücke mit 1 N KNO_3-Lösung*
Silber-, Kupfer-, Nickel- und Zink-Elektroden
hochohmiges Voltmeter
Wasserbadthermostat
Wasserstoffgas

<ins>Aufbau</ins>

Die Metallsalzlösungen werden in Bechergläser gegeben. Die entsprechenden Metallelektroden werden blankgeschmirgelt und eingetaucht. Zwischen je zwei Bechergläsern wird mit der Salzbrücke eine ionenleitende Verbindung hergestellt.

---

* Die mitunter vorgeschlagene Füllung der Salzbrücke mit einer wäßrigen Lösung von 1 M KCl ist wegen der besonderen Eigenschaften der Chloridionen (auf den meisten Metallen spezifisch stark adsorbiert, korrodierend) unzweckmäßig.

Versuchsablauf

Zwischen den Elektroden wird mit dem Voltmeter die Spannung gemessen und die Polarität festgestellt. Die vier Metallösungen werden jeweils als Halbzelle gegen die Standardwasserstoffelektrode geschaltet, die Spannungsmessung wird wiederholt.

Die Zinksulfatlösung wird auf 0,1 M und 0,01 M verdünnt, die letztgenannte Messung wird wiederholt.

Mit der Zelle Ag/AgNO$_3$-Lösung/Salzbrücke/CuSO$_4$-Lösung/Cu wird die Zellspannung bei mehreren Temperaturen im Bereich zwischen 20 °C und 80 °C gemessen*.

Auswertung

Die unter Standardbedingungen gefundenen Werte sind in der Form der Spannungsreihe aufzulisten und mit Literaturangaben zu vergleichen. Die mit verschieden konzentrierten Zinksulfatlösungen erhaltenen Werte sind mit Hilfe der Nernstsche Gleichung zu überprüfen.

Die Messung der Zellspannung des Kupfer-Silber-Elementes führt in einem praktisch leicht zugänglichen Temperaturintervall zu den im folgenden Bild gezeigten typischen Ergebnis. Als mögliche Fehlerquelle sind vor allem bei höheren Temperaturen Unterschiede im tatsächlichen Temperaturwert im Inneren der Elektrolytlösungsgefäße und im Thermostatbad zu erwägen. Die berechnete Zellspannung# ist $U_0 = 0{,}469$ V, gemessen wird $U_0 = 0{,}454$ V. Zur Aufklärung der Ursache der Abweichung können die beiden Elektrodenpotentiale gegen eine weitere Bezugselektrode gemessen werden. Dabei werden gefunden: $E_{Cu\ vs.\ SCE} = 0{,}322$ V und $E_{AgNO3\ vs.\ SCE} = 0{,}775$ V. Offenbar geht die Abweichung

---

* Die Messung der Temperaturabhängigekit der Zellspannung des Daniell-Elementes zur Ermittlung der Reaktionsentropie erscheint zunächst attraktiv, da einige zum Vergleich heranziehbare thermochemische Daten der entsprechenden Reaktion gut zugänglich sind. Die geringe Reaktionsentropie hat allerdings bereits früher Forscher zu der irrigen Annahme veranlaßt, daß mit diesem Element ein Weg zur vollständigen Umwandlung der Reaktionsenthalpie ΔH in Nutzarbeit (d.h. ΔG) vorliegt. Die Kupferelektrode neigt vor allem bei längerer Lagerung in korrosionsträchtiger Atmosphäre zur Bildung von schlecht definierten oberflächlichen Oxidschichten, die keine eindeutige Potentialeinstellung erlauben. Schließlich ist das amphotere Verhalten der Zinkelektrode Quelle weiterer Unsicherheiten, die diesen Versuch wenig attraktiv erscheinen lassen.

Die Aktivitätskoeffizienten für die beiden Elektrolytlösungen betragen $\gamma_{CuSO4} = 0{,}047$ und $\gamma_{AgNO3} = 0{,}4$.

zwischen gemessener und berechneter Zellspannung auf das nicht exakt der Theorie entsprechende Verhalten der Kupferelektrode zurück.

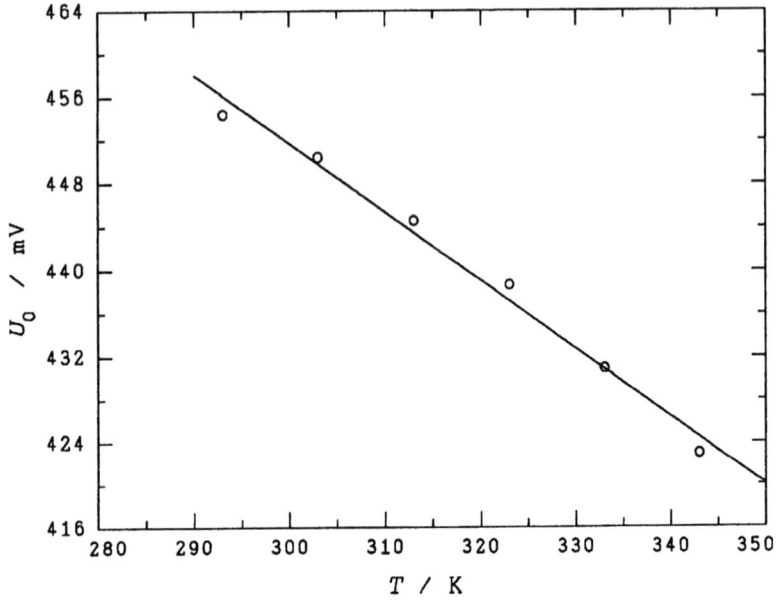

Bild 2.1 Temperaturabhängigkeit der Zellspannung des Kupfer-Silber-Elements.

Mit dem aus der Grafik ermittelten Temperaturkoeffizienten der Zellspannung von $\partial U_0/\partial T = -0{,}63$ mV·K^{-1} folgt ein Wert der Reaktionsentropie von $\Delta S = 121$ J·K^{-1}·mol^{-1}. Der aus thermodynamischen Daten (P.W. Atkins, Physikalische Chemie, VCH, Weinheim ²1996, S. 1037) berechnete Wert beträgt $\Delta S = -193$ J·K^{-1}·mol^{-1}.

Kontrollfragen

Kann mit einem Nichtleiter statt einem Metall eine Elektrode ausgebildet werden?
Gilt die Antwort auch für Halbleiter (Silizium)?

2 Elektrochemie im Gleichgewicht

Versuch 2.2: Standardelektrodenpotentiale und mittlere Aktivitätskoeffizienten

Aufgabenstellung

1. Durch Messung der Zellspannung der galvanischen Zelle Ag/AgCl/HCl/H_2/Pt sind zu bestimmen:
   a) das Standardelektrodenpotential der Silberchloridelektrode.
   b) die mittleren Aktivitätskoeffizienten von wäßrigen HCl-Lösungen.
2. Bestimmung der Elektrodenpotentiale der Silberionenelektrode und der Redoxelektrode Fe^{2+}/Fe^{3+} in Abhängigkeit von der Konzentration

Grundlagen

Als Elektrodenpotential einer Elektrode bezeichnet man die Gleichgewichtsspannung einer galvanischen Zelle, die aus der betrachteten Elektrode und einer Normalwasserstoffelektrode besteht. Befinden sich beide Elektroden im Standardzustand ($a^i = 1$), entspricht die gemessene Spannung dem Standardpotential dieser Elektrode. Die experimentelle Bestimmung von Standardpotentialen führt über die Nernstsche Gleichung zu Aktivitäten und damit zu einer Reihe von thermodynamischen Größen (Gleichgewichtskonstanten, Aktivitätskoeffizienten).

Bei diesen Untersuchungen ist besonders sorgfältig auf stromloses Messen der Zellspannung (LF 224) und das Vermeiden von Diffusionspotentiale (LF 59) zu achten. Zur stromlosen Messung stehen heute hochohmige digitale Spannungsmeßgeräte zur Verfügung. Für Präzisionsmessungen ist jedoch nach wie vor die Poggendorfsche Kompensationsmethode (LF 225) von Bedeutung, wobei als Eichspannung ein Weston-Normalelement (LF 86) dient.

Diffusionspotentiale können nur dann vollständig vermieden werden, wenn die Wasserstoffelektrode und die betrachtete Elektrode in denselben Elektrolyten tauchen ("Zelle ohne Überführung"). Haben die Elektroden verschiedene Elektrolyte, versucht man die Diffusionspotentiale klein zu halten, indem man Elektrolytbrücken ("Stromschlüssel") verwendet, die mit KCl- oder KNO_3-Lösung gefüllt sind, denn bei diesen Salzen haben Anion und Kation etwa die gleichen Beweglichkeiten.

Da die Handhabung der Wasserstoffelektrode recht aufwendig ist (ständiges Spülen der Platinelektrode mit Wasserstoff erforderlich), sind als Bezugselektroden weitere Elektrodenanordnungen, die ein konstantes Potential garantieren, im Gebrauch. Am bekanntesten sind die Kalomel- und die Silberchloridelektrode. Ihr Potential, das von der Konzentration der als Elektrolyt dienenden KCl-Lösung abhängt ("Elektrode 2. Art"), kann Tabellenwerken entnommen werden.

Den Zusammenhang zwischen dem Gleichgewichtspotential einer Elektrode und den Aktivitäten der an der Elektrodenreaktion beteiligten Stoffen beschreibt die Nernstsche Gleichung:

$$E = E_0 + ((R \cdot T)/(n \cdot F)) \cdot \ln \Pi q^{vi} \tag{2.8}$$

Dabei entspricht das Aktivitätenprodukt Πa_i^{vi} der Gleichgewichtskonstanten der Elektrodenreaktion. Die Aktivitäten reiner fester Phasen gehen mit $a = 1$ ein. Gleiches trifft für Gase bei $p = 1$ atm zu. Damit ergeben sich für die in diesem Versuch verwendeten Elektroden folgende Beziehungen[*]:

a) Ag/Ag^+-Elektrode

$$Ag \rightleftarrows Ag^+ + e^- \tag{2.9}$$
$$E_0(Ag/Ag^+) = E_{00}(Ag/Ag^+) + ((R \cdot T)/F) \cdot \ln a_{Ag^+} \tag{2.10}$$

b) Fe^{2+}/Fe^{3+}-Elektrode

$$Fe^{2+} \rightleftarrows Fe^{3+} + e^- \tag{2.11}$$
$$E_0(Fe^{2+}/Fe^{3+}) = E_{00}(Fe^{2+}/Fe^{3+}) + (R \cdot T)/F) \cdot \ln (a_{Fe^{3+}}/a_{Fe^{2+}}) \tag{2.12}$$

c) H_2-Elektrode

$$H_2 \rightleftarrows 2 H^+ + 2 e^- \tag{2.13}$$
$$E_0(H_2) = E_{00}(H_2) + ((R \cdot T)/(2 \cdot F)) \cdot \ln (a_{H^+}^2/p_{H2}) \tag{2.14}$$
$$= E_{00}(H_2) + ((R \cdot T)/F) \cdot \ln (a_{H^+}/p_{H2}^{1/2}) \tag{2.15}$$

bzw. für $p_{H2} = 1$ und $E_{00}(H_2) = 0$

$$E_0(H_2) = ((R \cdot T)/F) \cdot \ln a_{H^+} \tag{2.16}$$

d) Ag/AgCl-Elektrode:

$$Ag + Cl^- \rightleftarrows AgCl + e^- \tag{2.17}$$
$$E_0(Ag/AgCl) = E_{00}(Ag/AgCl) + ((R \cdot T)/F) \cdot \ln(a_{AgCl}/(a_{Ag} \cdot a_{Cl^-})) \tag{2.18}$$
$$E_0(Ag/AgCl) = E_{00}(Ag/AgCl) - ((R \cdot T)/F) \ln a_{Cl^-} \tag{2.19}$$

Für die Bestimmung von Aktivitäten durch Potentialmessung müssen die Standardpotentiale der Elektrodenreaktionen bekannt sein. Zu ihrer Bestimmung geht man folgendermaßen vor:
- Messung der Gleichgewichtszellspannung bei verschiedenen Konzentrationen der Reaktionsteilnehmer.
- Extrapolation der Meßergebnisse auf $c = 0$ (Aktivitätskoeffizient = 1) auf der Grundlage der Debye-Hückel-Theorie.

---

[*] Im Interesse der bessere Übersichtlichkeit werden die im übrigen Buch als nähere Bezeichnung einer Elektrode verwendeten Indizes bei der Beschreibung dieses Versuches nicht tiefgestellt.

Als Beispiel für dieses Vorgehen dient die Zelle

$$Ag/AgCl/HCl/H_2/Pt \tag{2.20}$$

mit der Zellreaktion

$$AgCl + 1/2\, H_2 \rightleftarrows Ag + H^+ + Cl^- \tag{2.21}$$

Für die Zellspannung U_0 gilt:

$$U_0 = E_0(Ag/AgCl) - E_0(H_2) \tag{2.22}$$
$$= E_{00}(Ag/AgCl) - ((R\cdot T)/F)\cdot \ln a_{Cl^-} - ((R\cdot T)/F)\cdot \ln a_{H^+} \tag{2.23}$$
$$U_0 - E_{00}(Ag/AgCl) = -((R\cdot T)/F)\cdot (\ln a_{Cl^-} + \ln a_{H^+}) \tag{2.24}$$

mit $a^2_{HCl} = a_{H^+}\cdot a_{Cl^-}$

$$U_0 - E_{00}(Ag/AgCl) = -((R\cdot T)/F)\cdot \ln a^2_{HCl} \tag{2.25}$$
$$U_0 - E_{00}(Ag/AgCl) = -((2\cdot R\cdot T)/F)\cdot \ln a_{HCl} \tag{2.26}$$

mit $a_{HCl} = c_{HCl}\cdot \gamma_{HCl}$

$$U_0 - E_{00}(Ag/AgCl) = -((2\cdot R\cdot T)/F)\cdot \ln (c_{HCl}\cdot \gamma_{HCl}) \tag{2.27}$$
$$U_0 - E_{00}(Ag/AgCl) = -((2\cdot R\cdot T)/F)\cdot \ln c_{HCl} - ((2\cdot R\cdot T)/F)\cdot \ln \gamma_{HCl} \tag{2.28}$$

nach Debye-Hückel $\ln \gamma_\pm = -0{,}037\, c^{1/2}$

$$U_0 - E_{00}(Ag/AgCl) = -((2\cdot R\cdot T)/F)\cdot \ln c_{HCl} + ((2\cdot R\cdot T)/F)\cdot 0{,}037\cdot c^{1/2} \tag{2.29}$$
$$U_0 + ((2\cdot R\cdot T)/F)\cdot \ln c_{HCl} = E_{00}(Ag/AgCl) + ((2\cdot R\cdot T)/F)\cdot 0{,}037\cdot c^{1/2} \tag{2.30}$$

Trägt man den Ausdruck $(U_0 + ((2\cdot R\cdot T)/F)\cdot \ln c_{HCl})$ gegen $c^{1/2}$ auf, erhält man das Standardpotential $E_{00}(Ag/AgCl)$ als Schnittpunkt mit der y-Achse.

Ausführung

<u>Chemikalien und Geräte</u>

verdünnte Salpetersäure (1:1)
wäßrige 0,1 M $AgNO_3$-Lösung
wäßrige 0,1 M KNO_3-Lösung
wäßrige 0,01 M $FeCl_3$-Lösung
wäßrige 0,01 M $FeSO_4$-Lösung
wäßrige 0,1 M $FeSO_4$-Lösung
wäßrige Lösung von 3 M HCl in automatischer Bürette
galvanische Zelle mit H_2- und Ag/AgCl-Elektrode
H_2-Gasversorgung (Druckflasche, Reduzier- und Nadelventil)
Kompensationsschaltung nach Poggendorf
Galvanometer
Blei-Akku
Weston-Normalelement
10 100 ml-Maßkolben

Digitalvoltmeter
Silberelektrode
Platinelektrode
Kalomelelektrode
Stickstoffversorgung

1. Standardpotential und mittlerer Aktivitätskoeffizient

Aufbau

Den Aufbau der galvanischen Meßzelle zeigt Bild 2.2, die Prinzipschaltung der Kompensationsschaltung finden Sie in LF 57.

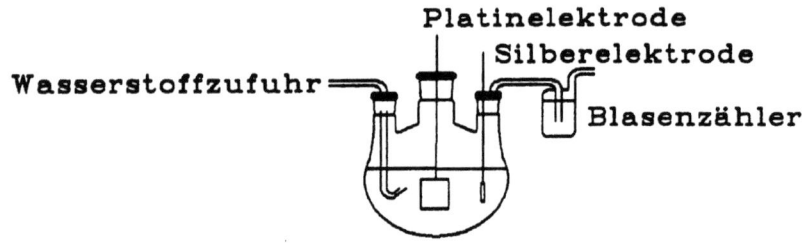

Bild 2.2   Die galvanische Zelle zur Bestimmung des Standardpotentials.

Versuchsablauf

- Durch Verdünnen der bereitgestellten 3 M HCl stellen Sie folgende Konzentrationen (jeweils 100 ml) bereit: 2; 1; 0,5; 0,1; 0,05; 0,01; 0,005; 0,001 und 0,0005 M
- Galvanische Zelle komplettieren (mit der verdünntesten Lösung beginnen) und den H_2-Fluß auf ca. 2 Blasen/Sekunde einstellen.
- Bereiten Sie die Kompensationsschaltung für die Messung der Gleichgewichtszellspannung vor.
- Die weiteren Schritte des Abgleiches der Kompensationsschaltung hängen von der benutzten Schaltung und ihren Komponenten ab.
- Da zwischen Aktivität und Elektrodenpotential ein logarithmischer Zusammenhang besteht, muß das Gleichgewichtspotential sehr genau bestimmt werden. Die Meßwerte für die Zellspannung müssen im 0,1 mV-Bereich konstant sein, bevor abgelesen wird.

Auswertung

Das Standardpotential der Ag/AgCl-Elektrode wird graphisch nach Gleichung (2.30) ermittelt. Bild 2.3 zeigt ein typisches Meßergebnis.

2 Elektrochemie im Gleichgewicht

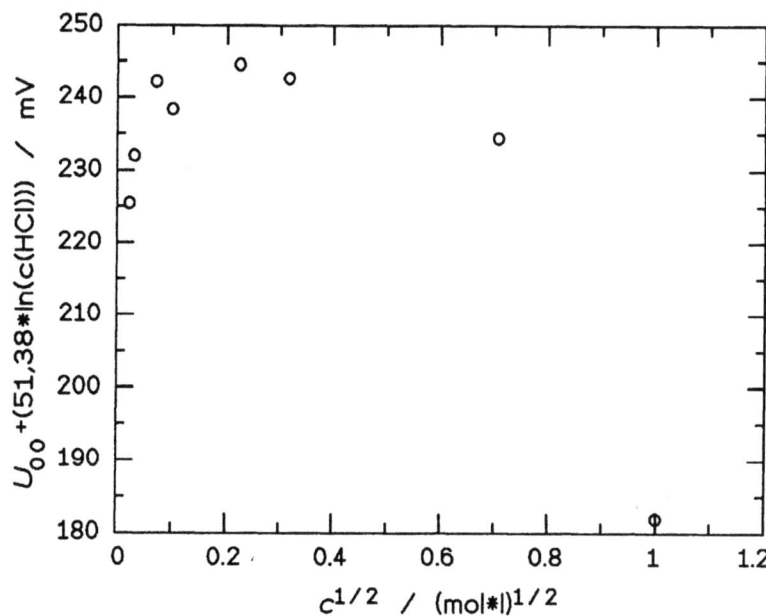

Bild 2.3 Auftragung zur Ermittlung des Standardpotentials $E_{00,Ag/AgCl}$ der Silber/Silberchloridelektrode.

Durch Extrapolation über die bei kleinen Konzentrationen gewonnenen Werte (bei größeren Konzentrationen ist die Abweichung vom idealen Verhalten zu groß) wird der Wert von E_{00} = 225 mV gefunden, der recht nahe beim Literaturwert von E_{00} = 222 mV liegt.

Mit Hilfe dieses Wertes errechnen Sie für die untersuchten HCl-Konzentrationen nach

$$U_0 = E_0(Ag/AgCl) - ((2 \cdot R \cdot T)/F) \cdot \ln a_{HCl} \qquad (2.31)$$

die Aktivitäten und die Aktivitätskoeffizienten. Mit den dargestellten Ergebnissen werden Werte von γ zwischen 0,904 bei der kleinsten und 5,0 bei der größten untersuchten Konzentration ermittelt.

2. Bestimmung von Elektrodenpotentialen

Aufbau

Die Silberelektrode bildet ein Ag-Draht, der in eine wäßrige Sibernitratlösung taucht. Die Bezugselektrode (ges. Kalomelelektrode) wird durch einen mit 0,1 M KNO$_3$-Lösung gefüllten Stromschlüssel mit der Silberelektrode elektrolytisch verbunden.

Als Redoxelektrode dient ein Platinblech, das in eine Lösung taucht, die sowohl Fe^{3+}, als auch Fe^{2+}-Ionen enthält. Bezugselektrode ist auch hier eine Kalomelelektrode, die hier direkt in die Lösung tauchen kann.

Die jeweils als Bezugselektrode bezeichnete Elektrode ist mit dem mit "low" oder "Masse" bezeichneten Eingang des hochohmigen Voltmeters zu verbinden, um vorzeichenrichtige Spannungen und damit Potentiale zu messen.

Versuchsablauf

Ag/Ag$^+$-Elektrode:

Durch Verdünnen einer 0,1 M AgNO$_3$-Lösung werden jeweils 25 ml einer 0,05; 0,02; 0,01; 0,005; 0,002 und 0,001 M Lösung hergestellt. Nachdem die Ag-Elektrode mit verdünnter Salpetersäure gereinigt und gut gespült worden ist, bestimmen Sie für die o.g. Konzentrationen (mit der verdünntesten Lösung beginnend) die Zellspannungen.

Fe^{2+}/Fe^{3+}-Elektrode:

Zunächst werden 25 ml einer 0,01 M FeCl$_3$-Lösung in der Meßzelle mit N$_2$ gespült. Dann geben Sie nacheinander 0,5; 1; 5; 10 und 20 ml einer 0,01 M FeSO$_4$-Lösung zu. Nach jeder Zugabe wird mit N$_2$ kurz durchmischt und nach Abstellen des Gasstromes die Zellspannung gemessen. Um auch kleine Werte für c_{Ox}/c_{Red} zu erhalten, wiederholen Sie die Messung, indem Sie 25 ml 0,01 M FeCl$_3$-Lösung mit 2,5; 5; 10 und 25 ml einer 0,1 M FeSO$_4$-Lösung versetzen.

Auswertung

Berechnen Sie aus den gemessenen Zellspannungen die Elektrodenpotentiale und stellen Sie diese gegen lg c_{Ag^+} bzw. lg ($c_{Fe^{3+}}/c_{Fe^{2+}}$) graphisch dar. Bestimmen Sie den Anstieg der Kurven und extrapolieren Sie auf lg $c = 0$. Ermitteln Sie die Standardpotentiale der untersuchten Elektroden. Unter Berücksichtigung des Elektrodenpotentials der gesättigten Kalomelelektrode wird das Standardpotential der Silberelektrode zu $E_0 = 810$ mV ermittelt, der Literaturwert beträgt $E_0 = 799$ mV. Typische Meßergebnisse zeigt das folgende Bild 2.4.

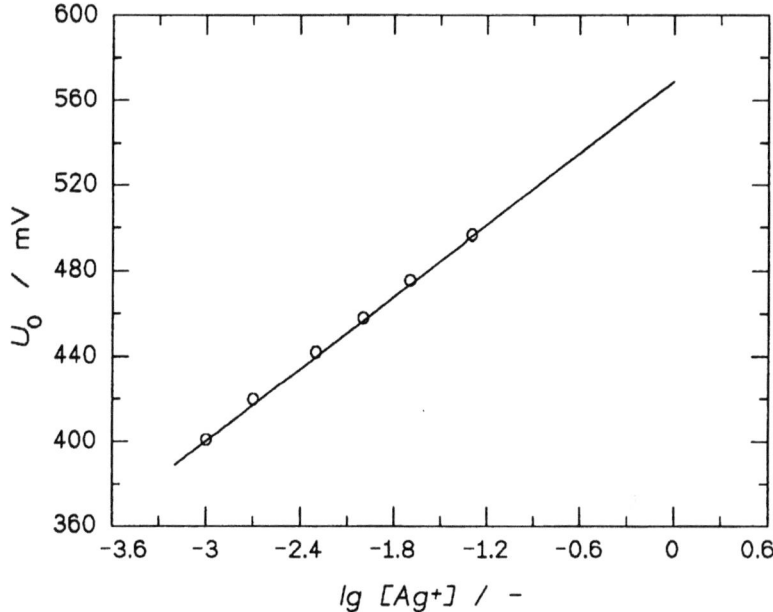

Bild 2.4 Auswertung der Messungen zur Ermittlung des Standardpotentials der Silberelektrode.

Kontrollfragen:

- Erläutern Sie den Begriff "mittlerer Aktivitätskoeffizient"!
- Wie werden nach dem Debye-Hückelschen Grenzgesetz mittlere Ionenaktivitätskoeffizienten berechnet?
- Erläutern Sie den Begriff "Zelle ohne Überführung"!
- Warum sind zur exakten Bestimmung von Standardpotentialen Zellen ohne Überführung erforderlich?
- Diskutieren Sie den Fehler, der sich aus Schwankungen des H_2-Drucks (Luftdruck!) ergibt!
- Welcher systematische Fehler ist bei der verwendeten Methode der Bestimmung von Standardpotentialen zu beachten?
- Erläutern Sie das Prinzip der Poggendorfschen Kompensationsmethode!
- Erläutern Sie den Aufbau des Weston-Normalelementes. Warum garantiert dieser Aufbau eine konstante Zellspannung?

Versuch 2.3: pH-Messung und potentiometrisch indizierte Titration*

Aufgabenstellung

1. Aufnahme der Kalibrierungskurve[#] für eine Einstabglaselektrode und eine Antimonelektrode.
2. Kalibrierung eines pH-Meßgerätes für pH-Messungen mit der Glaselektrode.
3. Potentiometrisch indizierte Titrationen von Ameisensäure, Essigsäure, Propionsäure, Chloressigsäure und Dichloressigsäure mit KOH und Bestimmung ihrer pK_s-Werte[$] aus den Titrationskurven.

Grundlagen

Unter den Methoden der pH-Messung ist die potentiometrische Methode bei weitem die wichtigste. Geht man von der Definition des pH-Wertes

$$\mathrm{pH} = -\lg a_{\mathrm{H}^+} \tag{2.32}$$

aus, erkennt man, daß es sich bei der pH-Messung streng genommen um die Bestimmung einer Einzelionenaktivität handelt. Selbst bei Zellen ohne Diffusionsspannung (siehe Versuch 2.2) bestimmt man jedoch stets mittlere Aktivitäten, die nur bei sehr verdünnten Lösungen (Debye-Hückel-Gebiet) annähernd gleich sind. Als Grundlage für die pH-Messung dienen daher ausgewählte Pufferlösungen (IUPAC-Empfehlungen), die mit einem Standardaufbau mit einer Wasserstoffelektrode als H⁺-selektiver Elektrode vermessen werden:

H_2-Elektrode/Pufferlösung/Salzbrücke 1 M KCl/Bezugselektrode

Der pH-Wert der gemessenen Pufferlösung ergibt sich dann nach der Beziehung

---

* Häufig wird verkürzt von potentiometrischer (auch anderenorts: konduktometrischer) Titration gesprochen, obwohl es sich nur um z.B. eine Säure-Base-Titration handelt, bei der der Endpunkt (Äquivalenzpunkt) potentiometrisch (konduktometrisch) indiziert wird. Diese präzise Benennung wird hier verwendet.

[#] Verschiedentlich wird der Begriff der Eichung (Eichkurve, Eichgerade) der Tätigkeit der Eichämter vorbehalten. Ersatzweise wird der Begriff Kalibrierung vorgeschlagen. Da eine ebenso deutlich vertretene Auffassung stattdessen zwischen Eichen und amtlichem Eichen unterscheidet, werden in diesem Buch Eichen und Kalibrieren gleichbedeutend verwendet.

[$] Die allgemeine Konzentrationsgewichtskonstante K_c wird hier für eine Säuredissoziation etwas spezifischer als K_s bezeichnet.

$$pH = (U_0 - E_B)/(2{,}303 \cdot R \cdot T/F) \qquad (2.33)$$

So erhält man eine konventionelle pH-Skala, die Grundlage für die praktische pH-Messung ist. Bei Verwendung dieser Standardpuffer als Vergleichslösungen können dann unbekannte Lösungen gemessen, bzw. die pH-Abhängigkeit der Zellspannung einer Zelle mit einer pH-empfindlichen Elektrode ("Elektrodenfunktion") ermittelt werden.

Als pH-empfindliche Elektroden werden vor allem die Glaselektrode, die Chinhydronelektrode und Oxidelektroden (Sb- oder Bi-Elektrode) verwendet. Die weitaus größte Bedeutung hat die Glaselektrode. Besonders benutzerfreundlich sind Ausführungsformen, bei denen beide Ableitelektroden integriert sind ("Einstabmeßketten"). Glaselektroden können nicht mit exakt identischen Eigenschaften produziert werden. pH-Nullpunkt und Empfindlichkeit unterliegen außerdem Alterungsprozessen. Die Meßanordnung muß daher kalibriert werden. Die Kalibrierung besteht im allgemeinen aus zwei Messungen in zwei unterschiedlichen Pufferlösungen (Bild 2.5).

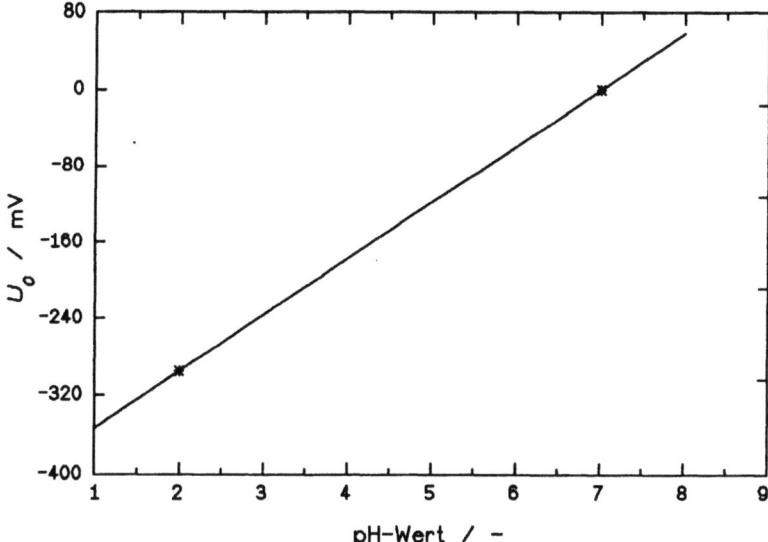

Bild 2.5 Kalibrierkurve einer Glaselektrodenmeßkette.

Für genaue Messungen sollten die verwendeten Pufferlösungen den zu bestimmenden pH-Wert möglichst eng einschließen. Mit der Kalibrierung werden die Steilheit in mV/pH bzw. die Empfindlichkeit in % (100 % entsprechen dabei dem theoretischen Wert 59 mV/pH) und der pH-Nullpunkt (pH-Wert, bei dem die Zellspannung Null ist) festgelegt. Durch Eingabe dieser Größen und der

Meßtemperatur werden pH-Meßgeräte kalibriert.

Quantitative Konzentrationsbestimmungen für analytische Zwecke nach der Nernstschen Gleichung (z.B. die Bestimmung der HCl-Konzentration aus der Zellspannung einer Glaselektrode) sind wegen des logarithmischen Zusammenhanges zwischen Elektrodenpotential und Aktivität recht ungenau. Man kann jedoch die Potentiometrie vorteilhaft zur Bestimmung von Äquivalenzpunkten bei Titrationen einsetzen. Die Elektrode, die in der titrierten Lösung die Änderung der Zusammensetzung anzeigt, nennt man Indikatorelektrode. Sie muß der Titrationsreaktion entsprechend ausgewählt werden (Argentometrie: Ag-Elektrode; Redoxtitration: Platinelektrode; Säure-Base-Titration: Glaselektrode). Der Äquivalenzpunkt wird der Titrationskurve entsprechend durch eine sehr große Änderung der Zellspannung angezeigt. Die graphische Darstellung der Zellspannung über dem Volumen des zugegebenen Titrationsmittels ergibt charakteristische Kurven mit einer Wendetangente am Äquivalenzpunkt (Bild 2.6).

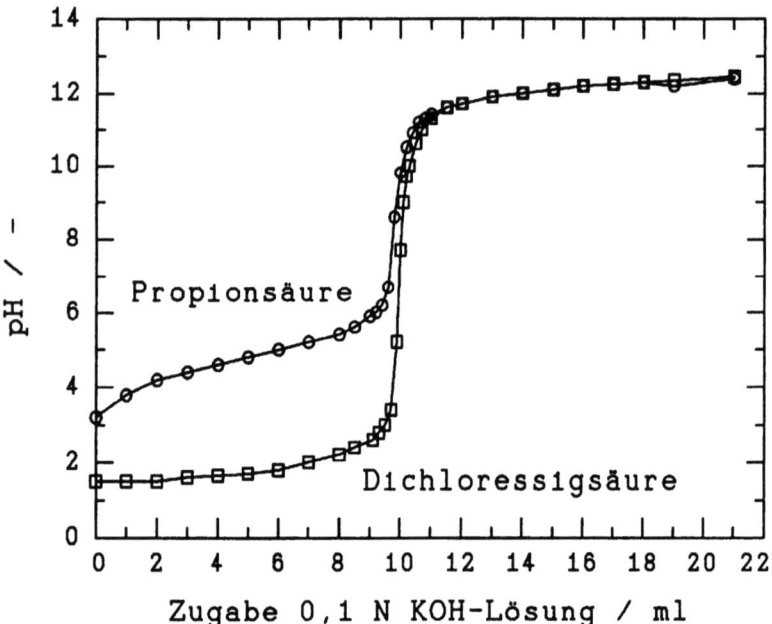

Bild 2.6 Bestimmung des Äquivalenzpunktes und des pKS-Wertes.

Bei der Titration schwacher bzw. mittelstarker Säuren mit starken Basen liegt der Äquivalenzpunkt bekanntlich nicht bei pH = 7, da das dort vorliegende Salz hydrolysiert. Bei 50%igem Umsatz der vorgelegten Säure besteht die titrierte Lösung aus gleichen molaren Anteilen von Salz und Säure, was einer Pufferlö-

2 Elektrochemie im Gleichgewicht

sung mit gut definiertem pH-Wert entspricht. Aus dem zu diesem Punkt der Titrationskurve gehörenden pH-Wert kann man recht genau die Dissoziationskonstante K_s ermitteln:

$$HA \rightleftarrows H^+ + A^- \tag{2.34}$$
$$K_c = (a_{H^+} \cdot a_{A^-})/a_{HA} \tag{2.35}$$
$$-\lg K_c = -\lg a_{H^+} - \lg (a_{A^-}/a_{HA}) \tag{2.36}$$

Mit $a_{A^-} \approx c_{Salz}$ und $a_{HA} \approx c_{Säure}$ gilt in guter Näherung:

$$-\lg K_c = pH \tag{2.37}$$

Aus der Herleitung von Gleichung (2.37) wird deutlich, daß dieser Zusammenhang nur gilt, wenn die Säure HA schwach ist. Nur in diesem Fall ist die Näherung $c_{HA} \approx c_{Säure}$ wegen der unvollständigen Dissoziation zulässig. Im dargestellten Beispiel wird für Dichloressigsäure ein Wert von $K_s = 10^{-1,3}$ berechnet, der Literaturwert beträgt $K_s = 10^{-1,28}$ (H.A. Staab, Einführung in die theoretische organische Chemie, Verlag Chemie, Weinheim [4]1964, S. 610). Für Propionsäure wird $K_s = 10^{-4,8}$ berechnet, hier beträgt der Literaturwert $K_s = 1,4 \cdot 10^{-5}$ ((P.W. Atkins, Physikalische Chemie, VCH, Weinheim [2]1996, S. 1045).

Ausführung

Chemikalien und Geräte

Standardpufferlösungen pH = 9,18; 6,86; 4,01 und 1,68
wäßrige Lösungen (0,1 M) von Ameisensäure, Essigsäure, Propionsäure, Chloressigsäure und Dichloressigsäure
wäßrige Maßlösung 0,1 M KOH
pH-Meßgerät
Glaselektrode (Einstabmeßkette)
Antimon-Elektrode
gesättigte Kalomelelektrode
hochohmiges Digitalvoltmeter (pH-Meter)
Magnetrührwerk
Magnetrührstäbchen

Aufbau

Beim Versuchsaufbau sind Hinweise der Elektrodenhersteller vor allem zu den mechanisch empfindlichen Glasmembranen der Einstabmeßketten zu beachten.

Versuchsablauf

Aufnahme der Kalibrierungskurven

- Überprüfung bzw. Komplettierung des Aufbaus der Meßketten (Glaselektrode, Antimonelektrode).
- Die bereitgestellten Standardpufferlösungen in 100 ml Bechergläser füllen, die Elektroden eintauchen und die jeweilige Zellspannung ermitteln. Bei Wechsel der Pufferlösung gut spülen. Die Pufferlösungen in die Aufbewahrungsgefäße (nicht in die Originalflaschen) zurückgießen.
Hinweis: Die Antimonelektrode ist in stärker saurer Lösung instabil.

Justieren des pH-Meters*

- Elektrode in Puffer pH = 6,86 tauchen
- Meßbereich 0...14 wählen
- Regler "Steilheit" auf Anschlag rechts (100%)
- Puffertemperatur einstellen
- mit Regler "Asymmetrie" genau auf pH = 6,86 einstellen
- Elektrode gut spülen und zweiten Puffer einfüllen:
  * pH = 4,01 für Messungen im Bereich pH < 7
  * pH = 9,18 für Messungen im Bereich pH > 7
  Da die Messungen zur Bestimmung der Säurekonstanten im Bereich pH < 7 erfolgen, pH = 4,01 verwenden.
- mit Einstellung "Steilheit" genau auf pH = 4,01 einstellen.
- Justierung mit einer dritten Pufferlösung überprüfen.

Potentiometrische Titration schwacher Säuren

- Die Säuren stehen in 0,1 M-Lösungen bereit. Zur Titration verwenden Sie das justierte pH-Meter MV 81 mit der Glaselektrodenmeßkette und ein Magnetrührwerk. Achten Sie darauf, daß der magnetische Rührfisch nicht gegen die Glasmembran geschleudert wird.
- Jeweils 10 ml der Säuren vorlegen, mit Wasser verdünnen und in 1 ml-Schritten mit 0,1 M KOH titrieren.

Auswertung

- Zeichnen Sie die Kalibrierungskurven und bestimmen Sie den Anstieg

---

* Die folgenden Bezeichnungen beziehen sich auf ein typisches pH-Meter; die tatsächlichen Beschriftungen der Einstellregler können abweichen. Statt "Asymmetrie" ist auch die Beschriftung "Nullpunkt" zu finden.

(mV/pH). Diskutieren Sie das Verhalten der Elektroden und schätzen Sie die Meßgenauigkeit ab.
- Zeichnen Sie die Titrationskurven pH = f($V_{ml\ KOH}$). Bestimmen Sie den Äquivalenzpunkt und den pH-Wert bei 50%iger Umsetzung.
- Berechnen Sie die K_s-Werte für die titrierten Säuren und vergleichen Sie die ermittelten Werte mit Literaturangaben. Stellen Sie das Ergebnis tabellarisch dar und diskutieren Sie den Zusammenhang von Bindungscharakter und Säurestärke sowie die Abweichungen vom Literaturwert bei den chlorierten Säuren.

Die folgende Grafik zeigt eine Kalibrierkurve, die mit einer Antimonelektrode als pH-empfindlicher Indikatorelektrode und einer gesättigten Kalomelektrode als Bezuselektrode in Pufferlösungen verschiedener pH-Werte erhalten wurde.

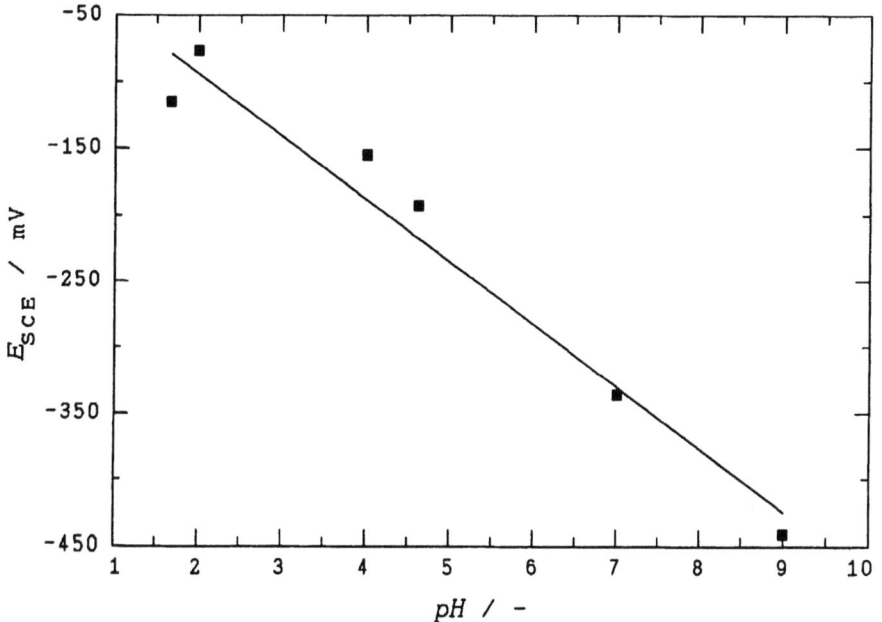

Bild 2.7 Kalibrierkurve einer Antimonelektrode als protonenempfindliche Elektrode.

Die ermittelte Steilheit von 53 mV je pH-Einheit liegt etwa unter dem theoretischen wert von 59 mV je pH-Einheit. Die Instabilität der Antimonelektrode bei niedrigen pH-Werten ist sichtbar.

Kontrollfragen:

- Erläutern Sie die Entstehung der Zellspannung bei einer Einstabmeßkette.
- Wie ist diese Elektrode aufgebaut.
- Was versteht man unter der konventionellen pH-Skala? Warum wurde sie eingeführt?
- Welche Elektrodenreaktionen liegen der Chinhydron- und der Antimonelektrode zugrunde?
- Erläutern Sie die Vorteile potentiometrisch indizierter Titrationen.
- Was versteht man unter einer Pufferlösung? Nennen Sie typische saure und basische Puffersysteme.

Versuch 2.4: Redoxtitration (Cerimetrie)

Aufgabenstellung

Der Fe^{2+}-Gehalt einer Lösungen wird durch Redoxtitration mit 0,01 N Ce(IV)-Lösung mit Platin-Indikatorelektroden bestimmt.

Grundlagen

Ce(IV)-Ionen sind starke Oxidationsmittel (Standardpotential $E_{Ce3+/Ce4+}$ = + 1,44 V*) und können als Titrationsmittel ("Cerimetrie") verwendet werden. Allerdings reicht ihre Eigenfärbung zur Äquivalenzpunktbestimmung nicht aus. Hier bietet sich die potentiometrische Bestimmung des Äquivalenzpunktes an. Als Indikatorelektrode wird eine Platinelektrode eingesetzt.

Der Verlauf der Titrationskurve ist durch einen bei geringem Titrationsgrad kaum geneigten Teil, eine starke Neigung um den Äquivalenzpunkt und einen jenseits des Äquivalenzpunktes wieder wenig geneigten Verlauf gekennzeichnet.

Das Potential der Indikatorelektrode wird bei jedem erreichten Titrationsgrad von den Konzentrationen der beteiligten Redoxionen bestimmt. Besonders übersichtlich ist die Situation bei niedrigem Titrationsgrad und bei hohem Titrationsgrad. Im ersten Fall wird das Potential nur von den Konzentrationen der Redoxionen des zu titrierenden Ions (Titrand) bestimmt, da das Titrationsmittel (Titrator) nur in einer Form (der durch die Reaktion mit dem Titranden entstandenen Form) vorliegt und daher kein eigenes Potential ausbilden kann. Beim

---

* Das Standardpotential der $C^{3+/4+}$-Redoxelektrode wird in der Literatur mit erheblich streuenden Werten angegeben. Der hier verwendete Wert wird durch die folgenden Ergebnisse bestätigt. Zum Einfluß der Lösungszusammensetzung auf das Elektrodenpotential (Realpotential) siehe LF 96.

Titrationsgrad 0,5 ist da Verhältnis der reduzierten zur oxidierten Form des Titranden gleich 1, der konzentrationsabhängige Term in der Nernstschen Gleichung entfällt. Damit ist das Potential der Indikatorelektrode gleich dem Standardpotential des Titranden. Beim Titrationsgrad 2 liegt der Titrator praktisch nur in seiner umgesetzten Form, er kann also kein Elektrodenpotential einstellen. Dagegen liegen die beiden Redoxformen des Titrators in gleicher Konzentration vor. Nun wird das Potential der Indikatorelektrode gleich dem Standardpotential des Titrationsmittels. Titrationskurven können so auch zur Bestimmung zusätzlicher elektrochemischer Größen benutzt werden.

Ausführung

Chemikalien und Geräte

wäßrige 0,01 M Fe^{2+}-Lösung
wäßrige 0,01 M Ce^{4+}-Lösung (Maßlösung)
Becherglas
Bürette
Kalomel-Bezugselektrode
Platindrahtelektrode (als Indikatorelektrode)
Hochohmiges Voltmeter
Magnetrührwerk

Aufbau

Die zu titrierende Eisenionen-Lösung wird in das mit dem Magnetrührstäbchen versehene Becherglas gegeben und mit Reinstwasser verdünnt. Die Platindrahtelektrode und die Kalomelektrode werden so eingehängt, daß sie das Magnetrührstäbchen nicht behindern. Beide Elektroden werden mit dem Voltmeter verbunden (Bezugselektrode mit dem Masse-Eingang).

Versuchsablauf

Die Cerionen-Lösung wird zunächst in Schritten von 0,5 ml, in der Nähe des Äquivalenzpunktes in kleiner Schritten zugegeben. Es wird bis zum reichlich doppelten Wert des Volumens titriert, der dem Äquivalenzpunkt entspricht.

Auswertung

Bild 2.8 (nächste Seite) zeigt eine typische Titrationskurve.

Das Potential der Indikatorelektrode beim Titrationsgrad 0,5 beträgt E_{SCE} = 530 mV, der Literaturwert für das $Fe^{2+/3+}$-Redoxsystem beträgt E_{SCE} = 530 mV. Beim Titrationsgrad 2 wird ein Potential E_{SCE} = 1120 mV festgestellt, der Literaturwert für das Ce^{3+}/Ce^{4+}-Redoxsystem beträgt E_{SCE} = 1200 mV. Die beobachteten Abweichungen gehen vor allem auf die Lösungszusammensetzung zurück.

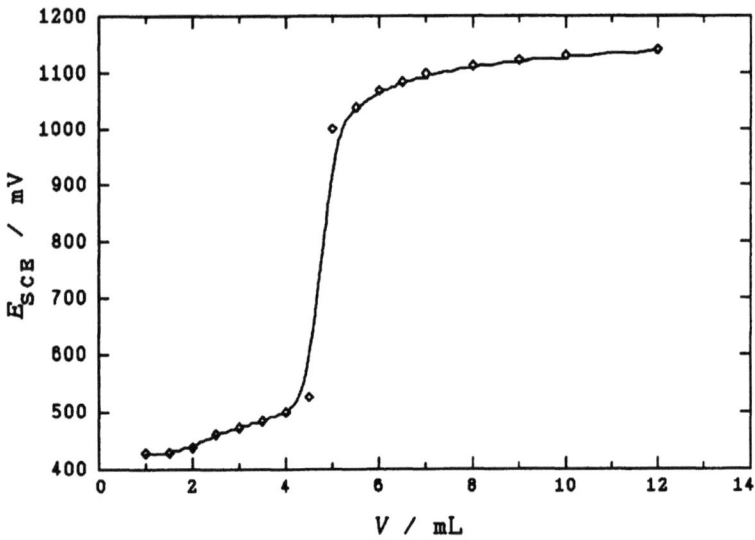

Bild 2.8 Titrationskurve der Titration einer Fe^{2+}-Lösung (5 ml mit c = 0,01 M) mit einer Lösung von Ce^{4+}-Ionen (c = 0,01 M).

Versuch 2.5: Differentialpotentiometrische Titration

Aufgabenstellung

Bestimmung des Fe^{2+}-Gehaltes von Probelösungen durch Redoxtitration mit 0,01 N Ce(IV)-Lösung nach der Differentialtitrationsmethode unter Verwendung von Platin-Indikatorelektroden.

Grundlagen

Ce(IV)-Salzlösungen sind starke Oxidationsmittel (Standardpotential $E_{Ce^{3+}/Ce^{4+}}$ = + 1,44 V) und haben als Maßlösung für Redox-Titrationen ("Cerimetrie") eine wesentlich bessere Titerbeständigkeit als Permanganatlösungen. Allerdings reicht ihre Eigenfärbung zur Äquivalenzpunktbestimmung nicht aus. Hier bietet sich die potentiometrische Endpunktsbestimmung an. Als Indikatorelektrode wird eine Platinelektrode eingesetzt.

Trägt man bei potentiometrischen Titrationen die bei Zugabe einer bestimmten

2 Elektrochemie im Gleichgewicht

Portion des Titrationsmittels auftretende Änderung der Zellspannung gegen das Volumen auf, erhält man die in Bild 2.9 dargestellte Kurve. Sie stellt zugleich die erste Ableitung der Kurve dar, die bei der Auftragung des Indikatorelektrodenpotentials (d.h der Zellspannung der aus Indikator- und Bezugselektrode bestehenden Zelle) gegen das zugegebene Volumen an Titrationsmittel erhalten wird.

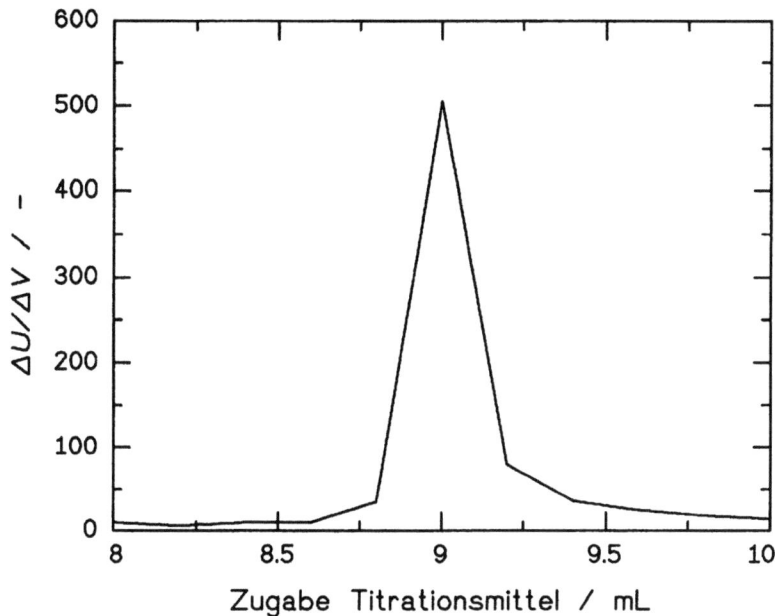

Bild 2.9 $\Delta U/\Delta V = f(V)$ bei einer potentiometrisch indizierten Titration.

Das Maximum entspricht dem Äquivalenzpunkt und wird durch graphische Extrapolation der Kurvenäste ermittelt. Bei der differentialpotentiometrischen Titration wird $\Delta U/\Delta V$ direkt gemessen. Man taucht zwei Elektroden aus dem gleichen Material in die zu titrierende Lösung und umgibt die eine mit einer Kapillare. Die Kapillare bewirkt, daß die durch Zugabe von Titrationsmittel hervorgerufenen Konzentrationsänderungen an dieser Elektrode nicht sofort wirksam werden. Die in der Kapillare steckende Elektrode behält damit ihr Potential bei. Die Zellspannung entspricht der durch die Titrationsmittelzugabe bewirkten Konzentrationsänderung ("Konzentrationszelle"). Die Zellspannung wird hier nicht durch eine chemische Reaktion, sondern durch das Überführen von Ionen von höherer zu niederer Aktivität bewirkt. Bezeichnet man die Aktivitäten in der Kapillare mit a', so ergibt sich für die Zellspannung vor dem Erreichen des Äquivalenzpunktes:

$$U = E - E = (R \cdot T)/F) \cdot \ln\left((a_{Fe3+} \cdot a'_{Fe2+})/(a_{Fe2+} \cdot a'_{Fe3+})\right) \qquad (2.38)$$

Die Zellspannung wird also nur noch von den Aktivitätsunterschieden bestimmt. Der die Elektrodenreaktionen kennzeichnende Standardterm entfällt. Tauscht man während der gesamten Titration die Lösung in der Kapillare nicht aus, erhält man eine übliche Titrationskurve mit einem Wendepunkt am Äquivalenzpunkt. Hat man dagegen vor Zugabe von neuem Titrationsmittel jeweils Konzentrationsausgleich hergestellt, so mißt man nach Zugabe von Titrationsmittel direkt das Verhältnis $\Delta U/\Delta V$, das am Äquivalenzpunkt ein Maximum hat.

Ausführung

Chemikalien und Geräte

wäßrige 0,01 M Fe^{2+}-Lösung
wäßrige 0,01 M Ce^{4+}-Lösung (Maßlösung)
Elektrochemische Zelle für die differentialpotentiometrische Titration (Platin-Elektroden)
Hochohmiges Voltmeter
Magnetrührwerk
Bürette

Aufbau

Die elektrochemische Zelle für die differentialpotentiometrische Titration zeigt Bild 2.10 (nächste Seite). Das Erneuern der Lösung im Kapillarrohr wird durch Betätigung des Gummisaugers bewirkt.

Versuchsablauf

- 10 ml einer ca. 0,01 M Fe^{2+}-Lösung vorlegen und mit Wasser verdünnen, bis die Meßkette ausreichend eintaucht. Mittels Gummisauger (Belüftungsöffnung zuhalten) den Kapillarraum spülen und mit Lösung füllen.
- Das Voltmeter einschalten.
- Aufnahme der Titrationskurve ohne Austausch der Lösung im Kapillarraum: Zugabe der Maßlösung zunächst in 1 ml-Schritten. Ändert sich die Spannung bei der Zugabe deutlich stärker, wird die Maßlösung in entsprechend kleineren Schritten zugegeben, bis die Differenzen wieder kleiner werden. Insgesamt sind ca. 20 ml zuzugeben.
- Aufnahme der differentialpotentiometrischen Titrationskurve:
  Nach jeder Zugabe mittels Gummisauger die im Kapillarraum befindliche Lösung vorsichtig herausdrücken und durch Lösung aus dem Becherglas ersetzen. Dieser Flüssigkeitsaustausch ist solange zu wiederholen, bis die

2 Elektrochemie im Gleichgewicht

Zellspannung einen Minimalwert erreicht hat. Bei der Zugabe der Maßlösung wird wie oben beschrieben verfahren.
- Wird die Titration wiederholt, kann die Maßlösung zunächst bis in die Nähe des Äquivalenzpunktes in groben Schritten zugegeben werden, dann wird in möglichst kleinen Schritten titriert, um den Äquivalenzpunkt exakt ermitteln zu können.
- Bestimmen Sie den Fe^{2+}-Gehalt einer Probelösung in mg/Maßkolben (Maßkolben auffüllen, 20 ml vorlegen).

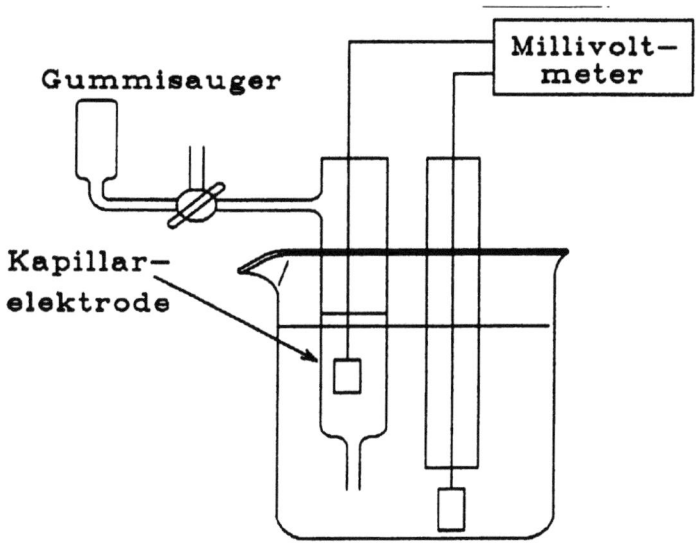

Bild 2.10 Meßzelle für die differentialpotentiometrische Titration.

Auswertung

- Graphische Darstellung der Titrationskurven und Ermittlung der Äquivalenzpunkte.

Bild 2.11 (nächste Seite) zeigt eine typische Titrationskurve.

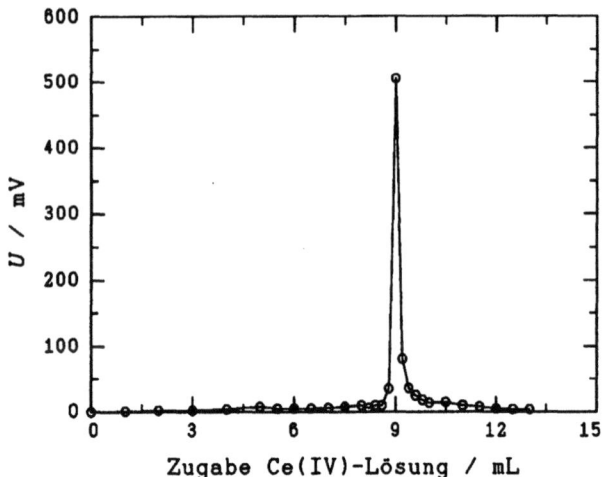

Bild 2.11 Titrationskurve der differentialpotentiometrischen Titration mit Austausch der Lösung in der Kapillarelektrode nach jeder Zugabe von Titrationsmittel.

Der Vorteil der differentiellen Methode wird unmittelbar deutlich, wenn man das Ergebnis zum Vergleich heranzieht, das ohne Lösungsaustausch erhalten wurde:

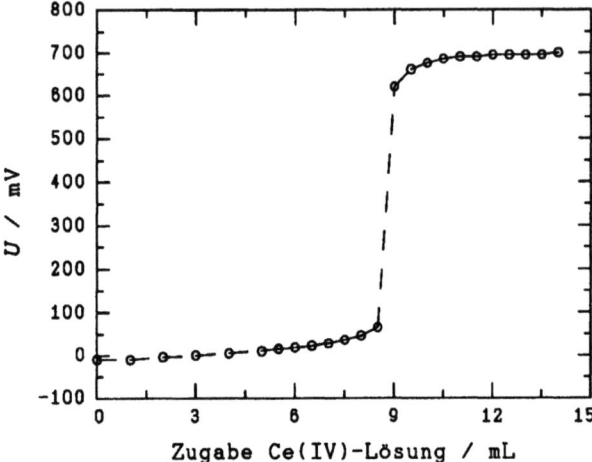

Bild 2.12 Titrationskurve der differentialpotentiometrischen Titration ohne Austausch der Lösung in der Kapillarelektrode.

Kontrollfragen

- Was versteht man unter einer Elektrolyt-Konzentrationszelle?
- Wie müßte die Meßzelle aufgebaut sein, wenn Sie eine argentometrische Titration nach der differentialpotentiometrischen Methode ausführen wollen?

Versuch 2.6: Potentiometrische Untersuchung der Kinetik der Oxalatoxidation

Aufgabenstellung

Der Ablauf der Oxalatoxidation mit Kaliumpermanganat wird potentiometrisch bei verschiedenen Temperaturen zur Ermittlung der Reaktionsgeschwindigkeit und der Aktivierungsenergie verfolgt.

Grundlagen

Die Oxidation der Oxalsäure mit Kaliumpermanganat verläuft in saurer Lösung summarisch nach

$$2\,MnO_4^- + 5\,(C_2O_4)^{2-} + 16\,H^+ \rightarrow 2\,Mn^{2+} + 8\,H_2O + 10\,CO_2 \qquad (2.39)$$

Diese Reaktion wurde im 19. Jahrhundert von Harcourt in Oxford als eine der ersten chemischen Reaktionen zur Aufklärung kinetischer Gesetzmäßigkeiten untersucht. Die Wahl war etwas unglücklich - dies ist eine autokatalytische Reaktion.

Für eine einfache autokatalytische Reaktion

$$A \xrightarrow[B]{k_1} B \qquad (2.40)$$

gilt mit der Anfangskonzentration $c_{a,0}$ und - zur Vereinfachung der folgenden Integration - dem Umsatz x (der bis zu einem Zeitpunkt t umgesetzten Konzentration)

$$\frac{dx}{dx} = k_1 \cdot (c_{a,0} - x) \cdot x \qquad (2.41)$$

Mit $x = c_{a,0}/2$ ist die Reaktionsgeschwindigkeit maximal. Ist x gleich Null, so ist auch die Reaktionsgeschwindigkeit Null. Nehmen wir dagegen eine – wenn auch geringe – Startkonzentration von B mit $c_{b,0}$ an, so erweitert sich die vorstehende Gleichung zu

$$\frac{dx}{dt} = k_1 \cdot (c_{a,0} - x) \cdot (c_{b,0} + x) \tag{2.42}$$

Durch zweifach Integration von 0 bis t und 0 bis x folgt

$$\frac{1}{c_{a,0} + c_{b,0}} \ln \left(\frac{c_{a,0} \cdot (c_{b,0} - x)}{c_{b,0} \cdot (c_{a,0} - x)} \right) = k_1 \cdot t \tag{2.43}$$

Da $c_0 - c_t = x$ kann diese Gleichung vereinfacht werden:

$$k_1 = \frac{1}{t(c_{a,0} + c_{b,0})} \ln \frac{c_{a,0} \cdot c_b}{c_{b,0} \cdot c_a} \tag{2.44}$$

Die Beobachtung der Farbveränderung erlaubt auch eine leichte Prüfung der behaupteten Autokatalyse. Bei der in der quantitativen Analyse üblichen Nutzung dieser Reaktion zur Titration von Oxalsäure ist bei der ersten Zugabe von Permanganatlösung zunächst keine Entfärbung zu beobachten (es entsteht der irrige Verdacht, bereits übertitriert zu haben). Nach etlichen Sekunden tritt doch Entfärbung ein, und jede weitere Zugabe von Permanganatlösung wird bis zum Äquivalenzpunkt jeweils von rascher Entfärbung gefolgt. Die nun vorhandenen Mn^{2+}Ionen wirken katalytisch.

Der Ablauf der Reaktion kann sehr einfach visuell verfolgt werden - beim Verschwinden der noch bei sehr kleinen Permanganatkonzentrationen intensiven Violettfärbung kann der Umsatz bezüglich des eingesetzten Permanganats als abgeschlossen angesehen werden. Genauer muß allerdings festgestellt werden, daß die Reaktion bis zu einem mit dem Auge nicht mehr wahrnehmbar geringen Konzentrationswert des Permanganats fortgeschritten ist. Alternativ kann der Verlauf potentiometrisch durch Messung des Potentials der Redoxelektrode MnO_4^-/Mn^{2+} erfolgen. Für diese Elektrode gilt allgemein

$$E_0 = E_{00} + \frac{R \cdot T}{z \cdot F} \ln \frac{a_{ox} \cdot a_{H^+}^8}{a_{Red}} \tag{2.45}$$

Bei der Auswertung der Potential-Zeit-Kurven betrachten wir den Wendepunkt (bei dem übrigens visuell wahrnehmbar das Permanganat scheinbar vollständig verbraucht ist). Das Edukt A identifizieren wir mit dem Permanganation, das Produkt B mit dem Manganion*. Die Veränderung des Elektrodenpotentials von E_A zu Beginn der Reaktion zum Wert E_t am Wendepunkt kann mit der Veränderung der Konzentration der Permanganationen und damit dem Konzentrationsverhältnis $\ln(c_0/\ln c)$ in Verbindung gebracht werden:

---

* Zur Vermeidung von Verwechslungen bei E_0 und E_A wurde die Startkonzentration $c_{Ox,0}$ in der Ableitung als $c_{Ox,A}$ bezeichnet.

2 Elektrochemie im Gleichgewicht

$$\Delta E = E_A - E_t = E_{00} - \frac{RT}{z \cdot F} \ln \frac{a_{Ox,A} \cdot a_{H+}^8}{a_{Red,A}} - E_{00} - \frac{RT}{z \cdot F} \ln \frac{a_{Ox,t} \cdot a_{H+}^8}{a_{Red,t}} \quad (2.46)$$

Vereinfachung unter Berücksichtigung des während des Reaktionsablaufes konstanten pH-Wertes, der durch die zugesetzte Schwefelsäure vorgegeben ist, führt mit der Annahme, daß bei den kleinen eingesetzten Konzentrationen Aktivitäten und Konzentration gleich sind, zu

$$\Delta E = \frac{RT}{z \cdot F} (\ln (c_{Ox,A}/c_{Red,A}) - \ln (c_{Ox,t}/c_{Red,t})) \quad (2.47)$$

oder

$$\Delta E = \frac{RT}{z \cdot F} \ln \frac{c_{Ox,A} \cdot /c_{Red,t}}{c_{Red,A} \cdot c_{Ox,t}} \quad (2.48)$$

Umstellen führt zu

$$\ln \frac{c_{Ox,A} \cdot c_{Red,t}}{c_{Red,A} \cdot c_{Ox,t}} = \frac{\Delta \cdot z \cdot F}{R \cdot T} \quad (2.49)$$

Dieser Ausdruck kann in Gl. 2.44 eingesetzt werden; für k_1 folgt damit

$$k_1 = \frac{\Delta E \cdot z \cdot F}{R \cdot T \cdot t_{WP}(c_{Ox,A} + c_{Red,A})} \quad (2.50)$$

mit t_W als der bis zum Wendepunkt verstrichenen Zeit. Der Ausdruck ($c_{Ox,A} + c_{Red,A}$) entspricht dabei der eingesetzten Permanganatkonzentration.

Ausführung

<u>Chemikalien und Geräte</u>

wäßrige Schwefelsäure 0,01 M
wäßrige Lösung von KMnO$_4$ 0,01 M
wäßrige Lösung von Oxalsäure 0,05 M
Platinblechelektrode
gesättigte Kalomelelektrode
Potentialmeßgerät (hochohmiges Voltmeter)
Thermostat
doppelwandige Meßzelle
Stoppuhr
Vollpipette 5 ml
Meßzylinder 100 ml

Aufbau

Die beiden Elektroden werden in die Meßzelle eingesetzt, die mit dem Thermostaten verbunden ist. Die Kalomelelektrode wird mit dem Minuspol, die Platinelektrode mit dem Pluspol des Voltmeters verbunden.

Versuchsablauf

In der auf 35 °C temperierten Meßzelle werden zu 100 ml destilliertem Wasser 5 ml Schwefelsäure und 5 ml der Kaliumpermanganatlösung zugefügt. Bei einwandfreier Funktion stellt sich eine Potentialdifferenz von ca. 0,9 V ein. Die Oxalsäurelösung wird mit einer Vollpipette zugefügt; bei Einfüllen des halben Volumens wird die Stoppuhr gestartet. Während der anfänglich nur geringen Potentialänderung wird die Potentialdifferenz in größeren Abständen notiert, im Bereich des Potentialsprungs in kürzeren Abständen. Nach dem Potentialsprung werden nur noch einige weitere Meßwerte notiert. Der Versuch wird bei mehreren höheren Temperaturen wiederholt. Dabei muß bei höheren Temperaturen die Potentialmessung in möglichst kurzen Zeitabständen erfolgen.

Auswertung

Bild 2.13 (nächste Seite) zeigt für verschiedene Reaktionstemperaturen typische Verläufe von Potential-Zeit-Kurven. Aus den bis zu den Wendepunkten verstrichenen Zeiten werden die Reaktionsgeschwindigkeiten nach

$$(\Delta E \cdot z \cdot F)/R \cdot T = \ln(c_{Ox,A}/c_{Ox,t}) = k \cdot t \tag{2.51}$$

berechnet. Im dargestellten Beispiel wurden folgende Werte ermittelt:

Tabelle 2.x

T/K	k/ L·mol^{-1}·s^{-1}
35	41,7
40	76,6
45	125,3
50	163,2
55	270,7
60	389,6
65	534,7
70	867,8

2 Elektrochemie im Gleichgewicht 47

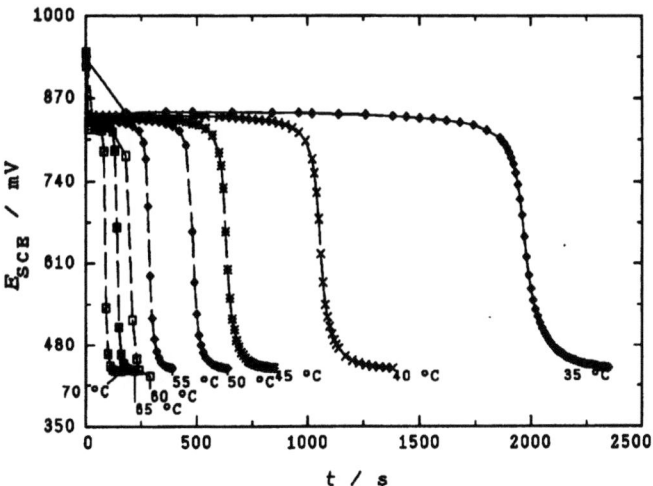

Bild 2.13 Potential-Zeit-Kurven bei der Oxalsäureoxidation mit Kaliumpermanganat in wäßriger Lösung.

Aus einer Arrhenius-Auftragung von $\ln k$ über T^{-1} gemäß dem folgenden Bild 2.14 kann aus der Steigung die Aktivierungsenergie der Reaktion E_a ermittelt werden.

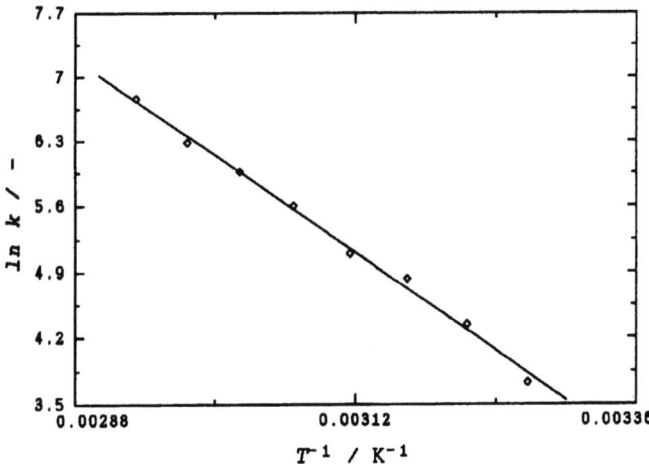

Bild 2.14 Arrhenius-Auftragung von $\ln k$ über T^{-1}.

Aus der Auftragung wird eine Aktivierungsenergie von E_a = 72 kJ·mol^{-1} ermittelt.

Literatur

S.R. Logan: Grundlagen der Chemischen Kinetik, Wiley-VCH, Weinheim 1997.

Versuch 2.7: Polarisation und Abscheidungsspannung*

Aufgabenstellung

Die Temperaturabhängigkeit der Abscheidungsspannung einer 1,2 M HCl-Lösung sowie die Konzentrationsabhängigkeit der Abscheidungsspannung von HBr und HJ sollen bestimmt werden.

Grundlagen

Die aus thermodynamischen Daten berechenbare Ruhespannung U_0 einer Elektrolysezelle oder einer galvanischen Zelle kann experimentell in einer statischen Messung (s. Versuch 2.2) oder einer dynamischen Messung überprüft werden. Bei der zweiten Methode wird eine äußere Spannung an die Zelle angelegt und langsam erhöht; eine Auftragung des gemessenen Stromes über der angelegten Spannung liefert aus der Extrapolation $I \rightarrow 0$ die Abscheidungsspannung U_A, die U_0 entspricht. Differenzen zwischen Experiment und Rechnung gehen unter anderem auf gehemmte Elektrodenreaktionen (Überspannung oder Polarisation#) zurück; im hier untersuchten Fall der Halogenentwicklung sind die

---

* Da bei diesem Versuch ein - wenn auch kleiner - Strom fließt gehört er streng genommen in das folgende Kapitel. Das Ziel des Versuches ist aber die Extrapolation auf den stromlosen Zustand und die damit mögliche Ermittlung thermodynamischer Daten. Dies legt die Einordnung des Versuches an dieser Stelle nahe. Der Begriff "Abscheidungsspannung" ist sprachlich nicht vollständig korrekt. Er bezeichnet hier die Mindestspannung, die an die beiden Elektroden einer elektrochemischen Zelle angelegt werden muß, um an den Elektroden die Abscheidung von Produkten durch die Elektrolyse von Elektrolytlösungsbestandteilen zu bewirken. Alternativ ist der Begriff der "Zersetzungsspannung" gebräuchlich, der sprachlich leider nicht korrekter ist.

\# Der Begriff "Polarisation" wird hier zur Bezeichnung der Potentialdifferenz, die zwischen dem Potential einer Elektrode im stromlosen und im stromdurchflossenen Zustand beobachtet wird, verwendet. Er wäre exakt synonym mit dem Begriff "Überpotential", der sich allerdings im deutschen Sprachgebrauch nicht durchsetzen konnte. Der verwandte Begriff "Überspannung" beschreibt die Differenz der Zellspannung zwischen dem stromlosen und dem stromdurchflossenen Zustand.

2 Elektrochemie im Gleichgewicht

Abweichungen unwesentlich.

Da eine Elektrolyse unter Anlegen einer äußeren Spannung erzwungen, d.h. mit $\Delta G > 0$, abläuft, ist der Zusammenhang zwischen ΔG und U_0 nach

$$\Delta G = z \cdot F \cdot U_0 \qquad (2.52)$$

zu berechnen. Über die Gibbs-Gleichung ist der Bezug zur Reaktionsenthalpie und nach Bestimmung der Temperaturabhängigkeit von U_0 zur Reaktionsentropie gegeben.

Ausführung

Chemikalien und Geräte

wäßrige Salzsäure 1,2 M
Kaliumbromid
Kaliumjodid
Wasserstoffgas
Thermostat
temperierbares Meßgefäß
platinierte Platin-Netzelektrode
Platin-Stiftelektrode
Thermometer
regelbare Spannungsquelle
Mikroampere-Meter
Kabel

Versuchsablauf

- Nach dem Aufbau der Meßapparatur (siehe Bild 2.15) wird die Abscheidungsspannung von Salzsäure unter Standardbedingungen ($a_{Cl^-} = 1$, $p_{H2} = 1$, $a_{H^+} = 1$) bestimmt.

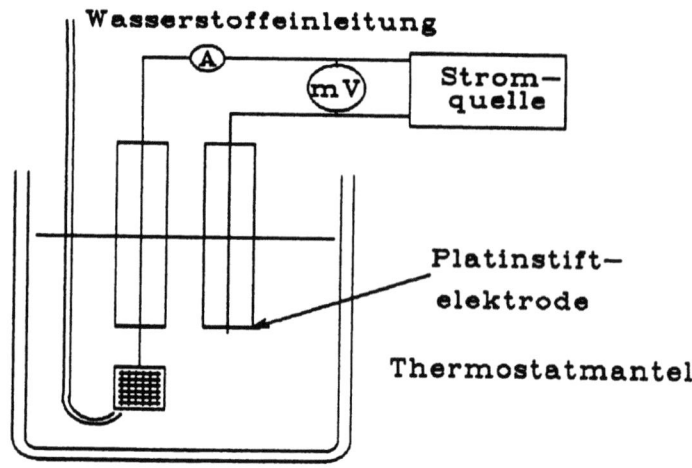

Bild 2.15 Meßzelle und Schaltung.

- Hierzu legt man im Zellgefäß 75 ml 1,2 N Salzsäure-Lösung vor, stellt den Wasserstoffstrom so ein, daß die platinierte Platin-Elektrode umspült wird und regelt die Meßtemperatur mit dem Thermostaten auf 15 °C ein.
- Die Elektrolyse wird mit $U = 0$ Volt begonnen, dann dreht man das Potentiometer langsam zu höheren Werten. (Bitte erklären Sie die rapiden Stromschwankungen im Protokoll.) Hat man den Wert $U = 1200$ mV erreicht, so wartet man ab, bis der Strom auf Null zurückgegangen ist und beginnt die eigentliche Messung. Hierzu wird das Potential stufenweise um jeweils 10 mV erhöht, und der sich einstellende Strom nach einer Minute abgelesen. Der Versuch ist beendet, wenn sich der fließende Strom dem Wert 100 µA nähert.
- Die Messung wird bei 25 °C, 35 °C und 45 °C wiederholt.
- Bestimmen Sie die Abscheidungsspannung von 0,1 N und 1 N HBr und HJ. Zu 75 ml 1,2 N HCl wird 0,9 g KBr (0,1 N HBr), dann nochmals 8,1g KBr (1 N HBr) gegeben. Für die Messung der Abscheidungsspannung von HI wird zu frischer HCl zuerst 1,26 g KJ (0,1 N HJ) und dann 11,34 g KI (1 N HJ) gegeben. Für HJ beginnt die Messung bei 400 mV und für HBr bei 800 mV oder, falls bei diesen Startspannungen bereits zu große Ströme fließen, bei entsprechend kleineren Werten. Im entscheidenden Meßbereich werden kleine Spannungsschritte gewählt.

Auswertung

1. Es wird ein Strom-Spannungs-Diagramm erstellt (analog zu Bild 2.16). Es ist nicht erforderlich, auf Stromdichten umzurechnen. Aus der erhaltenen Ab-

2 Elektrochemie im Gleichgewicht

scheidungsspannung soll die freie Reaktionsenthalpie der Salzsäurezersetzung berechnet und mit Literaturwerten verglichen werden.

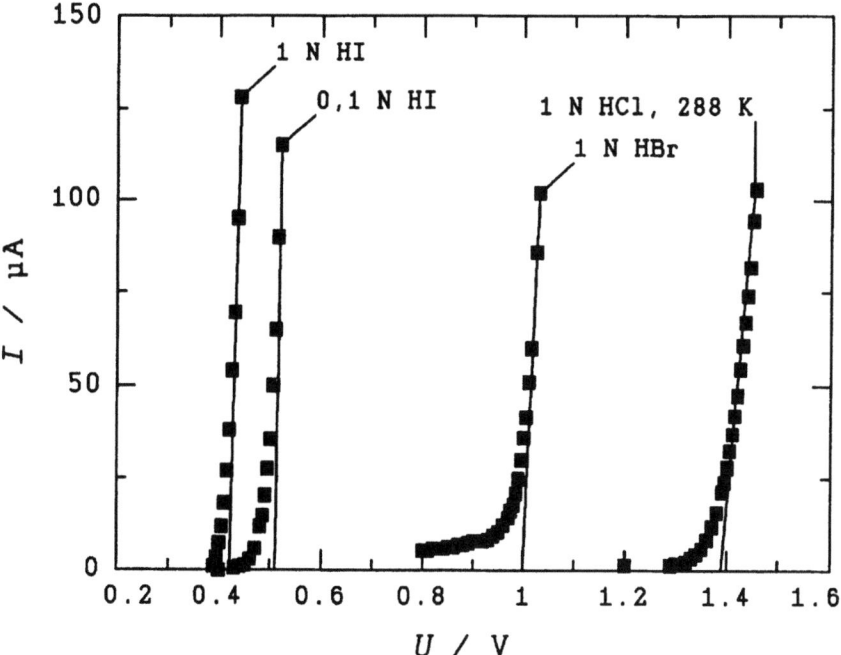

Bild 2.16 Abscheidungsspannungen verschiedener Halogenidlösungen bei 298 K (wenn nicht anders angegeben).

Entsprechend der für eine Elektrolyse geltenden Beziehung

$$\Delta G = z \cdot F \cdot U_0 \qquad (2.53)$$

kann die freie Reaktionsenthalpie der Salzsäureelektrolyse bei $T = 288$ K zu 133,92 kJ·mol berechnet werden; der entsprechende Wert für $T = 298$ K beträgt 132,1 kJ·mol. Er liegt nahe beim Literaturwert von 131,23 kJ·mol (P.W. Atkins, Physikalische Chemie, VCH, Weinheim [2]1996, S.1037).

2. Aus den Abscheidungsspannungswerten bei verschiedenen Temperaturen wird die Reaktionsentropie über dU_A/dT berechnet. Berechnen Sie umgekehrt die Abscheidungsspannungen aus tabellierten Entropiewerten und vergleichen die Ergebnisse miteinander. Für die Berechnung dU_A/dT wird ΔH im betrachteten Intervall als temperaturunabhängig angenommen. Bild 2.17 zeigt typische Ergebnisse.

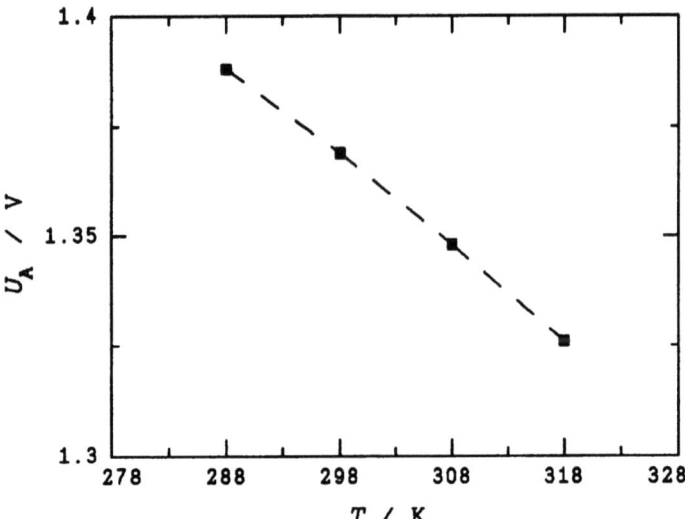

Bild 2.17 Auftragung von U_A für eine wäßrige Lösung von 1,2 M Salzsäure in Abhängigkeit von der Temperatur.

Aus dem Temperaturkoeffizienten $\partial U_0/\partial T = -2$ mV·K^{-1} der Abscheidungsspannung U_A, die hier in Näherung mit der Zellspannung U_0 gleichgesetzt wird, folgt gemäß

$$\Delta S = -0{,}002 \cdot z \cdot F = 192{,}97 \text{ J·K}^{-1}\text{·mol} \qquad (2.54)$$

Dieser Wert entspricht gut dem aus Tabellenwerken berechenbaren Wert von $\Delta S = 190$ J·K^{-1}·mol (P.W. Atkins, Physikalische Chemie, VCH, Weinheim [2]1996, S.1037).

3. Die Konzentrationsabhängigkeit der gemessenen Abscheidungsspannung ist mit den theoretisch berechneten Werten zu vergleichen. Dazu werden wie oben je 2 Diagramme erstellt. Weiterhin ist mit den Aktivitätskoeffizienten der Säure zu rechnen (wieso?). Zum Schluß diskutieren Sie den Einfluß der Ionenstärke.

Anhang

Die erhaltene Abscheidungsspannung stimmt in vielen Fällen nicht mit einer aus den kalorischen Daten der Abscheidungsreaktion nach $U_A = \Delta G/(z \cdot F)$ berechneten "thermodynamischen" Abscheidungsspannung überein. So sollte etwa die Wasserzersetzung thermodynamisch ab $U = 1{,}229$ V ablaufen. In der Praxis benötigt man demgegenüber bei Verwendung von blanken Platinelektroden und mit Schwefelsäure angesäuertem Wasser zur Erzielung eines Elektrolysestroms ca. $U = 1,6 .. 1,8$ V.

Elektrodenreaktionen sind

$$2 H^+ + 2 e^- \rightarrow H_2 \tag{2.55}$$
$$H_2O \rightarrow 2 H^+ + 2 e^- + 1/2 \, O_2 \tag{2.56}$$

Die Abweichung hängt u.a. mit dem Elektronenaustausch zwischen Elektrode und Lösung zusammen (sog. Elektronendurchtritt durch die Phasengrenze). Läuft der Elektronendurchtritt ungehemmt ab, so erhält man einen Stromspannungsverlauf, der in Bild 2.16 bereits in der Nähe der aus thermodynamischen Daten berechenbaren Spannung zu einem merklichen Stromfluß führt. Ist dagegen der Durchtritt an einer oder an beiden Elektroden der Elektrolysezelle gehemmt, so erhält man die in Bild 2.16 gezeigten Daten. Für die Durchtrittsreaktion (gemeint ist die Elektrodenreaktionen) wird dann eine relativ große "Überspannung" $\eta = U - U_z$ benötigt. Die Messung ist in einem solchen Falle nicht mehr in bezug auf die thermodynamische Abscheidungsspannung auswertbar.

Die Untersuchung des Verhaltens stromdurchflossener Elektroden und damit der Ursachen dieser Abweichungen ist Aufgabe der elektrochemischen Kinetik. Man stellt dabei fest, daß an blankem Platin die Reaktion

$$2 Cl^- - 2 e^- \rightleftarrows Cl_2 \tag{2.57}$$

praktisch ungehemmt abläuft, dagegen die Reaktion

$$H_2O \rightarrow 2 H^+ + 2 e^- + 1/2 \, O_2 \tag{2.58}$$

stark gehemmt ist und die Wasserstoffentwicklung

$$2 H^+ + 2 e^- \rightarrow H_2 \tag{2.59}$$

praktisch keiner Hemmung unterliegt.

Diese Hemmung der anodischen Sauerstoffentwicklung macht den hier beschriebenen Versuch erst möglich, da ohne diese Hemmung natürlich die Sauerstoffentwicklung vor der Chlorentwicklung einsetzen würde.

Ob eine Elektrodenreaktion (Durchtrittsreaktion) gehemmt oder nicht gehemmt ist, hängt stark von der Art des verwendeten Elektrodenmaterials ab. Elektrolysiert man beispielsweise Salzsäure zwischen einer Quecksilberelektrode als wasserstoffentwickelnder und einem Platinblech als chlorentwickelnder Elektrode, so erhält man eine experimentelle Abscheidungsspannung von $U_A = 2$ V. Die Wasserstoffentwicklung ist an Quecksilber stark gehemmt.

Um eine Verfälschung unserer Messung durch die (an sich geringe) Hemmung der Wasserstoffbildung zu vermeiden, wird im Experiment nicht zwischen zwei blanken, von Gas nicht umspülten Platin-Elektroden elektrolysiert, sondern zwischen einer wasserstoffumspülten platinierten Platin-Netzelektrode und einer blanken, unbespülten Platinstift-Elektrode von wenigen mm^2 Oberfläche als chlorentwickelnder Elektrode.

Dies hat zur Folge, daß bei Durchführung der Messung wegen der geringen Oberfläche der chlorentwickelnden Elektrode insgesamt nur geringe Ströme (max. ca. 50 µA) fließen werden. Die Ströme reichen vor allem nicht aus, das Potential der großflächigen Wasserstoffelektrode (bei relativ sehr kleiner Stromdichte) merkbar zu verändern (das an ihr eingestellte potentialbestimmende Gleichgewicht zu stören). Von entscheidender Bedeutung ist dabei die Stromdichte j (als Stromstärke/Elektrodenfläche berechnet). Allgemein nimmt mit wachsender Stromdichte die Überspannung der Elektrode zu. Die in unserer Meßanordnung gemessene Stromspannungskurve ist damit allein durch die an der Chlorelektrode ablaufende Reaktion bestimmt.

Eine Chlorelektrode besteht aus einem Platinblech, welches in Salzsäure eintaucht und von Chlorgas umspült wird:

$$2\,Cl^- \rightleftarrows Cl_2 + 2\,e^- \qquad (2.60)$$

Liegen Standardbedingungen vor ($a = 1$ entsprechend 1,2 M HCl, Gasdruck $p = 1$ atm, im folgenden stets vorausgesetzt) so berechnet sich die Potentialdifferenz zur Wasserstoffnormalelektrode entsprechend

$$2\,H^+ + 2\,e^- \rightleftarrows H_2 \qquad (2.61)$$

aus den thermodynamischen Daten der Reaktion

$$2\,Cl^- + 2\,H^+ \rightleftarrows Cl_2 + H_2 \qquad (2.62)$$

zu 1,37 V.

Literatur

G. Kortüm: Lehrbuch der Elektrochemie, Verlag Chemie, Weinheim [5]1972
G. Milazzo: Elektrochemie, Birkhaeuser Verlag, Basel [2]1980

Kontrollfragen

- Was versteht man unter einer Überspannung?
- Erläutern Sie, wie man aus Zellspannungsmessungen die freie Reaktionsenthalpie und die Reaktionsentropie von Reaktionen ermitteln kann.
- Wie unterscheiden sich die statische und die dynamische Messung der Gleichgewichtszellspannung U_0?
- Erläutern Sie die I–U-Kurven der Wasser- und der HCl-Elektrolyse.

3 Elektrochemie mit Stromfluß und Stoffumsatz

Während im vorangegangenen Kapitel auf sorgfältige Einhaltung des thermodynamisch-chemischen Gleichgewichts geachtet wurde und ein Stromfluß sorgfältig vermieden wurde, stehen in den folgenden Versuchen Prozesse und Phänomene im Mittelpunkt des Interesses, bei denen durch die Meßzelle ein elektrischer Strom fließt, der merkliche Veränderungen in kontrollierter Weise zur Folge hat. Zunächst wird dabei der Stoff- und Ladungstransport in Elektrolytlösungen untersucht. Die Möglichkeiten der Anwendung der dabei beobachteten Phänomene in anderen Bereichen (z.B. der chemischen Analytik) wird im entsprechenden Folgekapitel eingehender aufgegriffen. Messungen an Schmelz- und Festelektrolyten fehlen, da sie experimentell sehr aufwendig sind und zu ihrer Durchführung oft schwer erhältliche Komponenten benötigt werden.

Die Untersuchung von Prozessen an der Phasengrenze elektronenleitende Phase (Metallelektrode etc.)/ionenleitende Phase (Elektrolytlösung) schließt sich an. Da auch hier Verfahren und Phänomene behandelt werden, die in anderen Zusammenhängen der folgenden Kapitel auftauchen, ist die Auswahl und Zuordnung schwierig. In der Regel wurden Versuche mit mehr grundlegendem Charakter in diesem Kapitel angesiedelt, während mehr anwendungsbezogene Versuche in den entsprechenden Folgekapiteln vorgestellt werden. Bei den polarographischen Verfahren bereitete die Zuordnung besondere Schwierigkeiten. Der Übersicht halber wurden die Verfahren vollständig in das Kapitel 4 integriert.

Elektrochemische Verfahren können entsprechend der kontrollierten, vom Experimentator vorgegebenen Größe als potentiostatische Verfahren (bei Potentialsteuerung), galvanostatische Verfahren (bei Steuerung des durch die Zelle fließenden Stromes) oder coulostatische Verfahren (bei Kontrolle der durch die Zelle geschickten Ladung) klassifiziert werden. Alternativ ist eine Einordnung entsprechend der gemessenen Größe als potentiometrische (Messung des Elektrodenpotentials), voltammetrische (Messung des Elektrodenpotentials in Abhängigkeit vom fließenden Strom, aber auch Messung des fließenden Stroms in Abhängigkeit vom Elektrodenpotential), amperometrische (Messung des Stromes durch die Zelle) konduktometrische (Messung der elektrolytischen Leitfähigkeit) und coulometrische Methoden (Messung der umgesetzten Ladung) denkbar. Beide Ordnungsprinzipien sind nicht perfekt, daher wird im folgenden Text zunächst grob zwischen Verfahren mit Schwerpunkt des untersuchten Phänomens im Lösungsinneren und solchen mit Schwerpunkt an der Phasengrenze Lösung/Elektrode unterschieden. Im letztgenannten Teil wird die zweite Klassifizierung soweit sinnvoll aufgegriffen. Einige Verfahren sind von besonderer Bedeutung in der elektrochemischen Analyse, sie werden daher im nächsten Kapitel aufgegriffen.

Versuch 3.1: Ionenwanderung im elektrischen Feld

Aufgabenstellung

Die verbundene Wanderung von Ionen in einem gelartigen Elektrolytsystem wird untersucht.

Grundlagen

In einem elektrischen Feld werden geladene Teilchen beschleunigt und entsprechend ihrer Ladung auf eine der beiden Elektroden, zwischen denen das Feld besteht, in Bewegung gesetzt. Der durch das elektrische Feld einwirkenden, die Ionen beschleunigenden Kraft steht die Bremswirkung des viskosen Mediums entgegen, durch das die Wanderung des Ions führt. Die sich einstellende Geschwindigkeit v, bei der Beschleunigungs- und Bremswirkung im Gleichgewicht stehen, wird auch als Driftgeschwindigkeit bezeichnet. Sie beträgt mit dem Ionenradius r

$$v = (z \cdot e_0 \cdot E)/(6 \cdot \pi \cdot r \cdot \eta) \tag{3.1}$$

Die Wanderung kann bei gefärbten oder mit Farbindikatoren nachweisbaren Ionen leicht beobachtet werden. Der Zusammenhang zwischen der Geschwindigkeit der Ionen v und dem wirkenden elektrischen Feld E wird als Ionenbeweglichkeit u bezeichnet

$$v = u \cdot E \tag{3.2}$$

oder ausführlich

$$u = z \cdot v/E = z \cdot e_0/6 \cdot \pi \cdot \eta \cdot r \tag{3.3}$$

Da die Beweglichkeit eines Ions im elektrischen Feld von einer Vielzahl von zum Teil stoffspezifischen Parametern abhängt, kann diese Wanderung im Feld auch analytisch zur Trennung von Ionen eingesetzt werden. Bei dem als Elektrophorese bezeichneten analytischen Verfahren wird die ionenhaltige zu untersuchende Lösung auf einem Träger aufgebracht, der gleichzeitig ein Transportmedium darstellt oder dieses enthält. Im hier benutzten System ist Filterpapier der Träger, während darin aufgesaugtes Wasser das Transportmedium darstellt. Bei der Gel-Elektrophorese wird ein vernetztes Polyacrylamid-Gel als Träger und Medium benutzt. Das Medium wird flächig in einem Rechteck ausgebracht, an zwei gegenüberliegenden Kanten werden Elektroden aus inertem Material angebracht. Die zu untersuchende Lösung wird als Tropfen an einem Startpunkt aufgebracht. Nach Anlegen der elektrischen Spannung (diese kann von einigen Volt bei mobilen Ionen und gut leitenden Medien bis zu einigen Kilovolt bei schlecht leitenden Medien und wenig mobilen Teilchen reichen) beginnen die Ionen zu wandern. Farbige Ionen lassen diese Wanderung mit dem Auge verfolgen, für andere Teilchen ist mit geeigneten Reagenzien ihr Aufenthaltsort während und nach der Trennung auszumachen.

Ausführung

Chemikalien und Geräte

Agar
Kaliumchlorid
verdünnte Kalilauge
verdünnte Salzsäure
wäßrige verdünnte Kupferchlorid-Lösung
alkoholische Phenolphthaleinlösung
U-Rohr mit zwei durchbohrten Gummistopfen
2 Kohlestiftelektroden
Netzgerät

Aufbau

Agar wird mit warmem Wasser unter Zugabe von wenig festem Kaliumchlorid bei einem Agargehalt von ca. 0,5Gew.% angerührt. Das U-Rohr wird bis zu 2/3 der Schenkelhöhe mit der Agarlösung gefüllt. Kurz vor dem Erstarren wird in dem für die Anode vorgesehenen Schenkel etwas verdünnte Kalilauge, die mit alkoholischer Phenolphthaleinlösung versetzt ist, eingerührt. Der Schenkel sollte in seiner ganzen Länge die typische Rotfärbung des Indikators zeigen. In den anderen Schenkel wird etwas ebenfalls mit alkoholischer Phenolphthaleinlösung versetzte Salzsäure eingemischt. Nach dem Erstarren wird in den erstgenannten Schenkel etwas verdünnte Salzsäure und wäßrige verdünnte Kupferchlorid-Lösung aufgegeben, in den anderen Schenkel eine entsprechende Menge verdünnter Kalilauge. Die beiden mit den Kohleelektroden ausgestatteten Stopfen werden eingesetzt. Wegen der zu erwartenden geringfügigen Gasentwicklung sollten die Stopfen nicht zu fest eingesetzt werden. An die beiden Elektroden wird polrichtig eine Gleichspannung von ca. 10 V angelegt. Der Aufbau wird in Bild 3.1 schematisch gezeigt.

3 Elektrochemie mit Stromfluß und Stoffumsatz

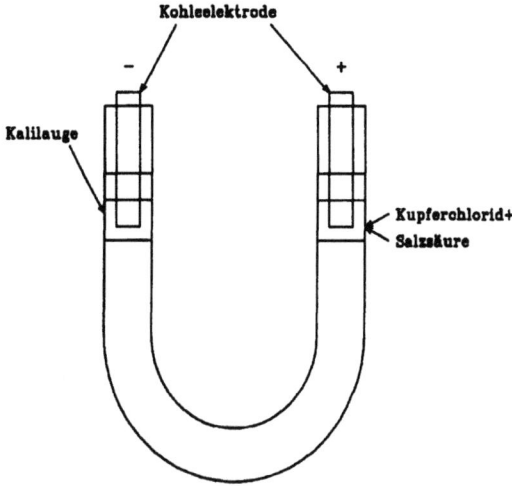

Bild 3.1 Aufbau zum Nachweis der Ionenwanderung und der unterschiedlichen Ionenbeweglichkeit.

Versuchsablauf

Einige Minuten nach Einschalten der Gleichspannung setzt eine je nach Leitwert des Gelelektrolyten und dementsprechend fließendem Strom Gasentwicklung an den beiden Elektroden ein. Außerdem sind Farbveränderungen zu beobachten. Die Blaufärbung der Kupferionen wandert von der Anode weg in das Gel hinein. Die im Gel nahe der Anode anfänglich vorhandene Rotfärbung des Phenolphthaleins verschwindet, diese Veränderung breitet sich langsam in das Gel hinein aus. An der Kathode ist im Gel das Entstehen der für das Phenolphthalein typischen Rotfärbung zu beobachten.

Auswertung

Von der Anode wandern die Protonen der Salzsäure und die Kupferionen in das Gel. Ihr Vordringen wird durch entsprechende wandernde Farbgrenzen angezeigt. Offenbar wandern die Protonen deutlich schneller. Die Hydroxylionen wandern von der Kathode weg, ihr Eindringen wird durch die Färbung des Indikators angezeigt. Vergleicht man die Verschiebung der Farbgrenzen nach längere Zeit (ca. ein bis zwei Stunden) so beobachtet man zurückgelegte Distanzen, die gut mit den unterschiedlichen Beweglichkeiten der Ionen korrelieren (H^+: $36,23 \cdot 10^{-4}$ cm$^2 \cdot$s$^{-1} \cdot$V^{-1}, OH^-: $20,64 \cdot 10^{-4}$ cm$^2 \cdot$s$^{-1} \cdot$V^{-1}, Cu^{2+}: $5 \cdot 10^{-4}$ cm$^2 \cdot$s$^{-1} \cdot$V^{-1})

Versuch 3.2: Papierelektrophorese

Aufgabenstellung

Die Wanderung von Permanganationen in einer vereinfachten Elektrophoreseanordnung wird beobachtet.

Grundlagen

Elektrisch geladene Teilchen wandern im elektrischen Feld entsprechend ihrer Ladung auf eine der beiden Elektroden zu. Dieser Vorgang (zu den weiteren Einzelheiten siehe Versuch 3.1) kann analytisch angewendet werden. In einer Anordnung, die grundsätzlich der Papier- oder Dünnschichtchromatographie ähnelt, wird in einer stationären Phase (Filterpapier, Gel) eine ionenleitende Elektrolytlösung fixiert. An den beiden Schmalseiten der bandförmig ausgebildeten Anordnung werden aus inertem Material bestehende Elektroden angebracht. Eine an die Elektroden angelegte Spannung, die je nach Leitwert des Trennmediums (aus stationärer Phase und darin fixierter Lösung) von einigen Volt bis zu einigen Kilovolt reichen kann, setzt die Ionen in Bewegung. Entsprechend ihrer unterschiedlichen Beweglichkeit wandern sie gleichzeitig verschieden weit auf die Elektroden zu. Ihren jeweils erreichten Fortschritt macht man soweit die Teilchen sich nicht durch eigene Farbe zu erkennen geben - mit geeigneten Indikatoren sichtbar.

Ausführung

<u>Chemikalien und Geräte</u>

kleiner Kaliumpermanganatkristall
wäßrige Kaliumchloridlösung (0,01 M)
Glasobjektträger aus der Mikroskopie (27·57 mm)
Filterpapier
Aluminiumfolie
Netzgerät

<u>Aufbau</u>

An den Schmalseiten des Objektträgers wird eine Streifen Almuniumfolie als Elektrode so mit Klebeband befestigt, daß anschließend ein schmaler Filterpapierstreifen aufgelegt werden kann. Er wird mit der Kaliumchloridlösung getränkt, damit bleibt er auf Glas und Elektrode haften. An die beiden Elektroden wird eine Gleichspannung von ca. 7 Volt angelegt. In die Mitte zwischen den

3 Elektrochemie mit Stromfluß und Stoffumsatz   61

beiden Elektroden wird ein kleiner Kaliumpermanganatkristall gelegt*.

Versuchsablauf

Nachdem sich erste Spuren des Kaliumpermanganats aufgelöst haben und die unmittelbare Umgebung des Kristalls tief violett eingefärbt haben ist rasch eine Vorzugsrichtung der Wanderung der Permanganationen zur Anode zu erkennen. Die ebenfalls beobachtete Braunfärbung ist auf Oxidation von Papierbestandteilen unter Ausbildung von Braunstein zurückzuführen.

Versuch 3.3: Ladungstransport in Elektrolytlösungen

Aufgabenstellung

1. Bestimmung der Zellkonstanten C einer Leitfähigkeitsmeßzelle
2. Bestimmung der spezifischen Leitfähigkeit κ als Funktion der Konzentration und der Äquivalentleitfähigkeit bei unendlicher Verdünnung λ_0 für Lösungen von HCl, NaCl, CH_3COOH und CH_3COONa
3. Berechnung des Dissoziationsgrades α für Essigsäure als Funktion der Konzentration, Berechnung der Dissoziationskonstanten K_c
4. Bestimmung der Sättigungskonzentration einer $CaSO_4$-Lösung aus Leitfähigkeitsmessungen

Grundlagen

Salze, Säure und Laugen (Elektrolyte) zerfallen in ausreichend polaren Lösungsmitteln in solvatisierte Ionen, die als bewegliche Ladungsträger die ionische Leitfähigkeit# L der Lösung bewirken. Die zwischen zwei Elektroden von je $A = 1 cm^2$ Fläche in $d = 1$ cm Abstand gemessene spezifische Leitfähigkeit κ (deren Kehrwert der spezifische Widerstand ρ ist) einer solchen Lösung hängt von zahlreichen experimentellen Bedingungen und Stoffeigenschaften ab. Zum Vergleich verschiedener Elektrolyte geht man von der spezifischen Leitfähigkeit

---

* Bei einer auch vorgeschlagenen methodisch vereinfachten Variante dieses Versuches ohne Filterpapier wird die Elektrolytlösung so zwischen die beiden Elektroden aufgetropft, daß sich eine kleine Pfütze ausbildet. In sie wird der Kaliumpermanganatkristall gelegt. Da hier die durch Diffusion verursachte Ausbreitung der Permanganationen rasch in alle Richtung erfolgt und die Anordnung zudem labil und empfindlich gegen mechanische Stöße ist, führt sie seltener zu einem optisch erkennbaren eindeutigen Ergebnis.

\# Neben dem Begriff der Leitfähigkeit wird synonym der Begriff Leitwert benutzt.

$$\kappa = L \cdot d/A \tag{3.4}$$

zur molaren Leitfähigkeit Λ_{mol} über, zu deren Berechnung κ durch c dividiert wird. Dividiert man schließlich durch die Zahl der Ionenladungen z, so erhält man die Äquivalentleitfähigkeit Λ_{eq}.

Da die Leitfähigkeitsmeßzelle meist nicht exakt die oben genannten mechanischen Dimensionen hat, kalibriert man die vorhandene Zelle durch Messung des Leitwertes einer KCl-Lösung bekannter Leitfähigkeit. Die so ermittelte Zellkonstante C folgt aus $C = \kappa_{lit} / L_{gem.}$ (dies entspricht dem Verhältnis d/A der verwendeten Meßzelle). In den folgenden Messungen werden alle experimentell gefundenen Leitwerte mit C multipliziert.

Für die Berechnung der spezifischen Leitfähigkeit unter Berücksichtigung der Zellkonstante C darf bei kleinen Konzentrationen die Eigenleitfähigkeit des Wassers κ_{Wasser} nicht vernachlässigt werden. Daraus ergibt sich folgende Formel für die spezifische Leitfähigkeit:

$$\kappa = (L_{Lösung} - L_{Wasser}) \cdot C \tag{3.5}$$

Bei höheren Konzentrationen kann dagegen κ_{Wasser} vernachlässigt werden. Die so berechneten Äquivalentleitfähigkeiten werden gegen $c^{1/2}$ aufgetragen. Aus der graphischen Darstellung können die Grenzleitfähigkeit Λ_0 (Extrapolation der Geraden bis zur Y-Achse) und die Kohlrausch-Konstante k bestimmt werden. Die Maßeinheiten der Konstante k können Sie aus dem Quadratwurzelgesetz erschließen:

$$\Lambda_{eq} = \Lambda_0 - k \cdot c^{1/2} \tag{3.6}$$

oder

$$k = \frac{d(\Lambda)_{eq}}{d(c^{1/2})} \tag{3.7}$$

Für schwache Elektrolyte gilt das Kohlrausch-Quadratwurzelgesetz nicht, hier hängt die Leitfähigkeit von dem konzentrationsabhängigen Dissoziationsgrad α ab. Er hängt mit den Äquivalentleitfähigkeiten nach

$$\alpha = \frac{\Lambda_{eq}}{\Lambda_0} \tag{3.8}$$

zusammen. Weiterhin gilt (am Beispiel der Essigsäure) $c_{H^+} = c_{Ac^-} = \alpha \cdot c_0$, $c_{HAc} = (1 - \alpha) \cdot c_0 = c_{HAc, undiss.}$ mit c_0 = Gesamtkonzentration des Elektrolyten zusammen. Die Dissoziationskonstante des Ostwaldschen Verdünnungsgesetzes kann damit berechnet werden:

$$K_c = \frac{\alpha^2 \cdot c_0^2}{(1-\alpha) \cdot c_0} = \frac{\alpha^2 \cdot c_0}{1-\alpha} \qquad (3.9)$$

Bei der Untersuchung schwacher Elektrolyte fällt auf, daß eine Darstellung von Λ_{eq} als Funktion von $c_{1/2}$ keine Gerade ergibt. Dies ist auf den mit der Konzentration des Elektrolyten sich verändernden Dissoziationsgrad α zurückzuführen. Eine Extrapolation zur Ermittlung von Λ_0 ist recht unsicher, praktisch kaum möglich. Da sich Λ_0 additiv aus den Kationen- und Anionenleitfähigkeiten zusammensetzt, kann der Wert von $\Lambda_{0,CH3COOH}$ folgendermaßen ermittelt werden:

$$\Lambda_{0,HCl} = \Lambda_{0,H^+} + \Lambda_{0,Cl^-} \qquad (3.10)$$
$$\Lambda_{0,NaCl} = \Lambda_{0,Na^+} + \Lambda_{0,Cl^-} \qquad (3.11)$$
$$\Lambda_{0,CH3COONa} = \Lambda_{0,Na^+} + \Lambda_{0,CH3COO^-} \qquad (3.12)$$

$$\text{Gl. 3.10} - \text{Gl. 3.11} + \text{Gl. 3.12} = \Lambda_{0,HCl} - \Lambda_{0,NaCl} + \Lambda_{0,CH3COONa} =$$
$$\Lambda_{0,H^+} + \Lambda_{0,CH3COO^-} = \Lambda_{0,CH3COOH} \qquad (3.13)$$

Ausführung

<u>Chemikalien und Geräte</u>

wäßrige Lösungen von 0,1 M HCl, KCl, CH_3COOH und CH_3COONa in Wasser
gesättigte $CaSO_4$-Lösung
Leitfähigkeitsmeßzelle
RCL-Meßbrücke oder Leitfähigkeitsmeßgerät

<u>Aufbau</u>

Zur Messung des Zellwiderstandes wird eine RCL-Meßbrücke verwendet. Alternativ kann ein Leitfähigkeitsmeßgerät verwendet werden. Hier entfällt natürlich die Umrechnung der Meßwerte in Leitwerte.

Alle Messungen werden mit einer Frequenz von 1000 Hz durchgeführt. Da die elektrolytische Leitfähigkeit stark von der Temperatur abhängt, ist jeweils die Temperatur der Meßlösung zu bestimmen. Bei der Messung ist zunächst mit geringer Empfindlichkeit durch Drehen am Abstimmknopf ein grober Abgleich auf ein Minimum am Nullinstrument zu suchen. Wenn er erreicht ist, kann der Abgleich in einem empfindlicheren Meßbereich erneut vorgenommen werden, bis ein möglichst genauer Wert des Zellwiderstandes ermittelt wird.

Versuchsablauf

1. Bestimmung der Zellkonstanten C und des Eigenleitwertes hochreinen Wassers.

Die Zelle wird mit Wasser gespült, bis sich ein konstanter Leitwert ergibt. Anschließend wird nach dem Spülen mit KCl-Lösung der Leitwert einer 0,01 M Kaliumchloridlösung ermittelt. Dazu wird jeweils der Widerstand der Zelle ermittelt und in den Leitwert L umgerechnet. Aus dem Literaturwert der spezifischen Leitfähigkeit κ_{KCl} für die wäßrige 0,01 M KCl-Lösung (falls kein Wert bei der gemessenen Temperatur in der Literatur zu finden ist, so muß er durch Interpolation ermittelt werden) wird die Zellkonstante C nach

$$C = \kappa/L \tag{3.14}$$

berechnet.

2. Messung konzentrationsabhängiger Leitfähigkeiten.

Die spezifischen Leitfähigkeiten von Lösungen der genannten Elektrolyte sind bei folgenden Konzentrationen zu bestimmen:

2.1. Salzsäure, Natriumchlorid, Natriumacetat
$c = 10^{-2}, 5 \cdot 10^{-3}, 10^{-3}, 5 \cdot 10^{-4}, 10^{-4}$ M

2.2. Essigsäure
$c = 10^{-1}, 5 \cdot 10^{-2}, 10^{-2}, 10^{-3}, 10^{-4}$ M

Die Lösungen werden dazu durch Verdünnung der Stammlösung hergestellt. Man beginnt die Messung mit der verdünntesten Lösung.

2.3. Gesättigte $CaSO_4$-Lösung, 1:10 verdünnt (25°C)

Das Meßprotokoll enthält in tabellarischer Übersicht die ermittelten Leitfähigkeiten für die untersuchten Lösungen unter Angabe der Temperatur und Konzentration.

Auswertung

Das Versuchsprotokoll sollte die berechnete Zellkonstante sowie die graphische Auftragung der ermittelten Äquivalentleitfähigkeiten als Funktion von $c^{1/2}$ (Kohlrauschsches Quadratwurzelgesetz) enthalten. Durch Extrapolation ist Λ_0 zu ermitteln. Dies gelingt beim schwachen Elektrolyt CH_3COOH naturgemäß nicht, hier ist der im Grundlagenabschnitt beschriebene Umweg zu wählen.

3 Elektrochemie mit Stromfluß und Stoffumsatz

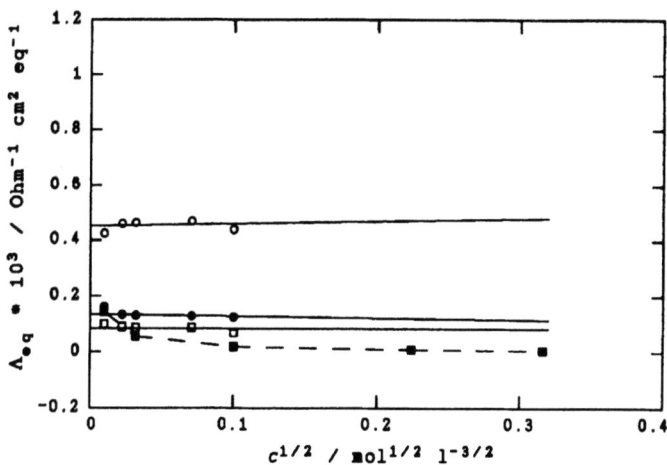

Bild 3.2 Typische Werte molarer Äquivalentleitwerte in der Auftragung nach Kohlrausch.

In Bild 3.2 sind typische Ergebnisse einschließlich der Extrapolationsgeraden für die untersuchten starken Elektrolyte dargestellt.

Für Essigsäure sind außerdem der Dissoziationsgrad α und die Dissoziationskonstante K_c zu berechnen und als Funktion der Konzentration darzustellen. Typische Resultate zeigt Bild 3.3.

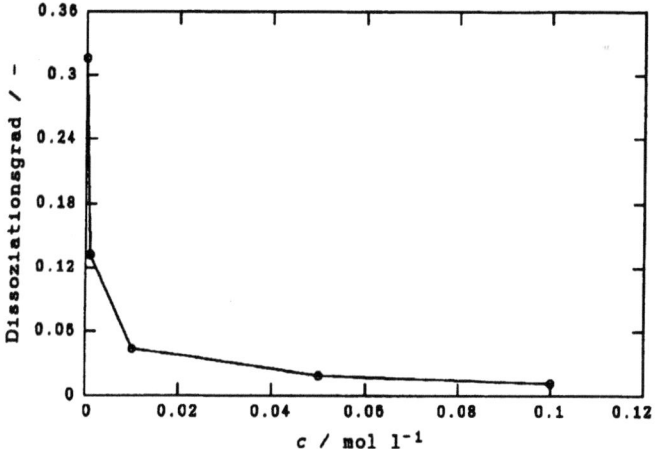

Bild 3.3 Dissoziationsgrad α von Essigsäure als Funktion der Konzentration.

Aus der Leitfähigkeit der $CaSO_4$-Lösung wird unter Berücksichtigung der Verdünnung der gesättigten Lösung vor der Messung die Löslichkeit berechnet. In einem typischen Experiment wird für die untersuchte Lösung ein spezifischer Leitwert von $\kappa = 2{,}99 \cdot 10^{-4}$ S·cm^{-1} gefunden. Mit dem Leitwert des verwendeten hochreinen Wassers und der Äquivalentleitfähigkeit $\Lambda_{0,Ca2SO4}$ ergibt sich eine Konzentration des Kalziumsulfates von $5{,}37 \cdot 10^{-4}$ mol·l^{-1}. Auf die unverdünnte Lösung umgerechnet ergibt sich eine Sättigungskonzentration von $5{,}37 \cdot 10^{-3}$ mol·l^{-1}. Der aus dem Literaturwert des Löslichkeitsproduktes $L = 2{,}4 \cdot 10^{-5}$ (A.F. Hollemann und E. Wiberg, Lehrbuch der Anorganischen Chemie, Walter de Gruyter, Berlin [91-100] 1985) berechnete Wert ist $4{,}9 \cdot 10^{-3}$ mol·l^{-1}.

Kontrollfragen

- Warum müssen Leifähigkeitsmessungen von Elektrolytlösungen mit Wechselstrom ausgeführt werden?
- Warum durchläuft die spezifische Leitfähigkeit vieler Elektrolytlösungen mit zunehmender Elektrolytkonzentration ein Maximum?
- Wie groß ist die spezifische Leitfähigkeit von entmineralisiertem Wasser und von ultrareinem Wasser (sogenanntem "Leitfähigkeitswasser")? Wie kann man aus diesem Wert das Ionenprodukt des Wassers berechnen?
- Muß diese Eigenleitfähigkeit in den dargestellten Experimenten berücksichtigt werden; wenn ja: wie?
- Wie ist die Temperaturabhängigkeit der elektrolytischen Leitfähigkeit zu erklären?
- Können aus den ermittelten Werten von Λ_0 die Beiträge der Kationen und Anionen herausgerechnet werden? Wenn ja: wie? Wenn nein: welche Informationen benötigt man zusätzlich?
- Wird die gemessene Leitfähigkeit durch Rühren der Lösung verändert?
- Unter welchen Bedingungen verhält sich eine Elektrolytlösung (resp. eine Leitfähigkeitsmeßzelle in der Lösung) wie ein Ohmscher Widerstand?

Versuch 3.4: Konduktometrisch indizierte Titration

Aufgabenstellung

Mit einer Leitfähigkeitstitration (konduktometrisch indizierten Titration) sind die Zusammensetzungen verschiedener Lösungen aus starken und schwachen Elektrolyten zu analysieren.

Grundlagen

Die Leitfähigkeit einer Elektrolytlösung verändert sich in Abhängigkeit von der Konzentration der ladungstransportierenden Ionen. Wird während einer Titration die Konzentration dieser Ionen durch z.B. chemische Reaktion zwischen einem Ion und dem Titrationsmittel verändert, so verändert sich entsprechend der Leitwert der Lösung. Diese Veränderung kann zur Indizierung des Äquivalentpunktes bei Titrationen eingesetzt werden. Da in vielen Fällen die zugefügten Titrationsmittel selbst Elektrolyte darstellen und damit einen zusätzlichen Beitrag zur Leitfähigkeit liefern, ist dies auf den ersten Blick kein sehr attraktiver Weg der Indizierung. Schlagartig anders sieht die Situation aus, wenn die beteiligten Ionen sehr verschiedene ionische Äquivalentleitfähigkeiten (ausgedrückt als Grenzleitfähigkeit $\lambda_0^\pm$) haben. Wird bei einer Säure-Base-Titration eine Lauge mit einer Säure umgesetzt, so nimmt zunächst die Konzentration der besonders gut leitenden Protonen ab, während nur mäßig gut leitfähige Kationen des Titrationsmittels zugefügt werden. Nach dem Äquivalenzpunkt nimmt mit der Zugabe der Hydroxylionen aus dem Titrationsmittel mit einer ebenfalls hohen Äquivalentleitfähigkeit die Leitfähigkeit der Lösung wieder rasch zu. In dem nun V-förmigen Verlauf der Leitfähigkeit als Funktion des Volumens zugegebenen Titrationsmittels ist der Äquivalenzpunkt leicht als Minimum auszumachen.

Verwendet man Mischungen aus starken und schwachen Elektrolyten, so ist der Kurvenverlauf etwas komplexer; hierzu gibt die Literatur Auskunft (LF 148).

Ausführung

Chemikalien und Geräte

wäßrige Lösungen von HCl, CH_3COOH, CH_3COONa und KOH jeweils 1 M
automatische Büretten
Leitfähigkeitsmeßgerät
Leitfähigkeitsmeßzelle*
Magnetrührwerk
Becherglas 250 ml
Pipette 25 ml
Maßkolben 100 ml

---

* Da nur die relative Änderung des Leitwertes interessiert sind vereinfachte Ausführungen einer Leitfähigkeitsmeßzelle verwendbar, zu Einzelheiten siehe die folgende Abbildung.

Aufbau

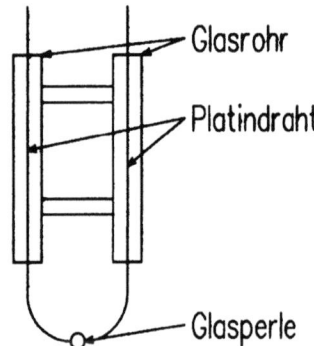

Bild 3.4 Aufbau einer vereinfachten Leitfähigkeitsmeßzelle.

Versuchsablauf

1. Es sind folgende Titrationskurven aufzunehmen:

Vorlage (Je 5 ml, 1 M)	Maßlösung (1 M)
HCl	KOH
CH_3COOH	KOH
HCl + CH_3COOH	KOH
CH_3COONa	HCl

- Je 5 ml der 1 M Lösungen vorlegen und mit Wasser verdünnen, bis die Platinelektroden mit Sicherheit auch bei laufendem Rührwerk vollständig eintauchen.
- Einschalten des Leitfähigkeitsmeßgerätes (Bereich großer Leitfähigkeit wählen) und einen Meßbereich suchen, bei dem das Anzeigeinstrument einen ausreichenden Ausschlag zeigt. Danach den Meßbereich möglichst nicht mehr wechseln.
- Zugabe der Maßlösung in 0,5 ml-Schritten.

2. Bestimmen Sie den Gehalt an HCl und CH_3COOH einer Probelösung unbekannter Konzentration in einem Meßkolben (100 ml).
- Dazu den die Probelösung enthaltenden Maßkolben auffüllen.
- 20 ml vorlegen und mit 1 M KOH titrieren.

Auswertung

- Zeichnen Sie die Titrationskurven und ermitteln Sie die Äquivalenzpunkte.
- Berechnen Sie den Gehalt der Probelösung in mg/Maßkolben.

3 Elektrochemie mit Stromfluß und Stoffumsatz

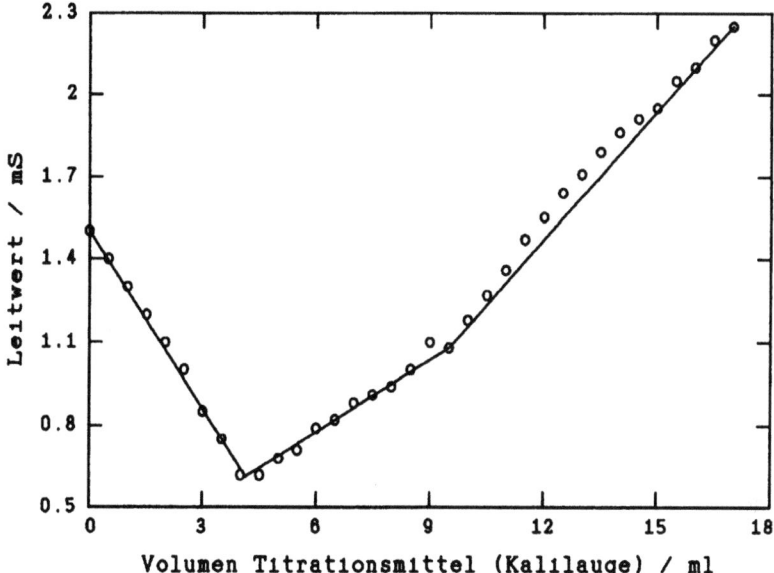

Bild 3.5 Typische Titrationskurve für eine Lösung unbekannten Gehaltes an Essig- und Salzsäure mit einer 1 M Lösung von KOH als Titriermittel.

Bei V_{KOH} = 4,14 ml und 9,5 ml werden Umschlagspunkte gefunden. Die gesuchte Masse an Salzsäure ergibt sich nach

$$m = 5 \cdot V_{KOH} \cdot c_{KOH} \cdot M_{HCl} = 5 \cdot 4,14 \cdot 10^{-3} \cdot 36,458$$

zu m_{HCl} = 0,754 g im Maßkolben. Eingefüllt waren 0,73 g. Die entsprechende Berechnung für die enthaltene Essigsäure lautet

$$m = 5 \cdot V_{KOH} \cdot c_{KOH} \cdot M_{CH3COOH} = 5 \cdot 5,36 \cdot 10^{-3} \cdot 60,1$$

Es folgt eine Gehalt von 1,61 g Essigsäure im Meßkolben. Eingefüllt waren 1,5 g.

Kontrollfragen

- Erläutern Sie die zu erwartenden Kurvenverläufe anhand der Titrationsreaktionen und der Ionenleitfähigkeiten.
- Können auch Fällungstitrationen (zB. $BaCl_2$ mit K_2SO_4, KCl mit $AgNO_3$) mit konduktometrischer Indikation ausgeführt werden? Welche Kurvenverläufe erwarten Sie? (Siehe dazu auch Versuch 4.4)

- Ist die konduktometrische Indikation für Titrationen schwacher Säuren mit schwachen Basen (und umgekehrt) geeignet? Begründung?

Literatur

G. Jander, K.F. Jahr und H. Knoll: Maßanalyse, Walter de Gruyter, Berlin 1973.

Versuch 3.5: Chemische Konstitution und elektrolytischer Leitwert

Aufgabenstellung

Die Konstitutionsisomerie einer aliphatischen Nitroverbindung ist durch Messung des elektrolytischen Leitwerts zu untersuchen.

Grundlagen

Nitroethan (CH_3-CH_2-NO_2) besitzt entsprechend seiner Konstitutionsformel kein saures Proton. Seine wäßrige Lösung zeigt einen sehr geringen elektrolytischen Leitwert. Versetzt man diese Lösung mit Natronlauge, so verhält sich Nitroethan wie eine Säure (aci-Form), das entsprechende Natriumsalz wird gebildet. Die Reaktionsfolge entspricht

$$CH_3\text{-}CH_2\text{-}NO_2 \rightarrow CH_3\text{-}CH=NOOH \qquad (3.15)$$

$$CH_3\text{-}CH=NOOH + NaOH \rightarrow CH_3\text{-}CH=NOONa + H_2O \qquad (3.16)$$

Die zweite Reaktion (Gl. (3.16)) verläuft als Neutralisationsreaktion sehr schnell, über die erste Reaktion ist zunächst keine Aussage möglich. Die Messung des zeitabhängigen elektrolytischen Leitwertes oder in einfacher Weise des Widerstandes der Elektrolytlösung mit einer einfachen Leitwertmeßanordnung erlaubt eine Aussage. Ein langsam steigender Widerstand zeigt eine entsprechend langsame Isomerisierung an, der die schnelle Salzbildung unter Verbrauch der Natronlauge bei ansteigendem Zellwiderstand folgt.

Setzt man der Reaktionsmischung anschließend Salzsäure zu, so sind folgende Reaktionen denkbar:

$$CH_3\text{-}CH=NOONa + HCl \rightarrow NaCl + CH_3\text{-}CH=NOOH \qquad (3.17)$$

$$CH_3\text{-}CH=NOOH \rightarrow CH_3\text{-}CH_2\text{-}NO_2 \qquad (3.18)$$

Auch hier vermag die zeitabhängige Messung des Zellwiderstandes Auskunft über die relativen Geschwindigkeiten der beiden Reaktionen zu geben. Da die

3 Elektrochemie mit Stromfluß und Stoffumsatz

Reaktion des Natriumsalzes mit der Salzsäure als ionische Reaktion sehr schnell verläuft wird rasch eine konstante Kochsalzkonzentration und ein damit verbundener Zellwiderstand erreicht werden. Die Isomerisierung, die mit einer Umwandlung der wenn auch nur wenig leitenden aci-Form des Nitroethans in die nichtleitende Form verbunden ist, wird vermutlich langsamer verlaufen und so eine langsame Zunahme des Zellwiderstandes verursachen.

Ausführung

Chemikalien und Geräte

10 ml einer wäßrigen Lösung von Nitroethan 0,1 M
10 ml einer wäßrigen Lösung von Natriumhydroxid 0,1 M
10 ml einer wäßrigen Lösung von Salzsäure 0,1 M
Leitfähigkeitsmeßgerät
Leitfähigkeitsmeßzelle*
Kryostat oder einfache Anordnung zur Abkühlung einer Reaktionsmischung

Aufbau

vgl. Versuch 3.4.

Versuchsablauf

10 ml einer wäßrigen Lösung von Nitroethan 0,1 M und 10 ml einer wäßrigen Lösung von Natriumhydroxid 0,1 M werden bei einer Temperatur von 0 °C vermischt. Der Leitwert wird zeitabhängig in Minutenintervallen gemessen. Wenn ein konstanter Leitwert erreicht ist wird die Reaktionsmischung auf 25 °C erwärmt und mit 10 ml einer wäßrigen Lösung von Salzsäure 0,1 M versetzt. Wiederum wird der Leitwert zeitabhängig gemessen. Zum Vergleich wird abschließend bei gleicher Temperatur der Leitwert einer Mischung von 10 ml einer wäßrigen Lösung von Natriumhydroxid 0,1 M, 10 ml einer wäßrigen Lösung von Salzsäure 0,1 M und 10 ml Wasser ermittelt.

Auswertung

Bild 3.6 (nächste Seite) zeigt typische Meßergebnisse, dargestellt ist der Widerstand der Meßzelle.

---

* Da nur die relative Änderung des Leitwertes interessiert sind vereinfachte Ausführungen einer Leitfähigkeitsmeßzelle verwendbar, zu Einzelheiten siehe Bild 3.4.

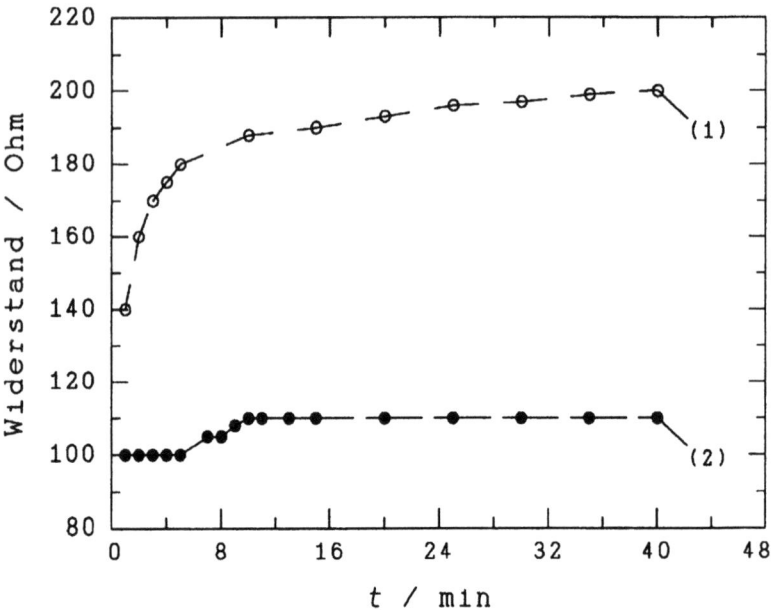

Bild 3.6 Zeitabhängigkeit des Zellwiderstandes bei der Umsetzung von Nitroethan mit Natronlauge (1) und bei der folgenden Umsetzung mit Salzsäure (2).

Die Auftragung des zeitabhängigen Widerstandes bei Ablauf der ersten Reaktionsfolge (Gl. (3.15) und (3.16)) zeigt, daß die Isomerisierungsreaktion vergleichsweise langsam abläuft. Ein entsprechendes Verhalten wird bei der zweiten Reaktionsfolge gefunden (Gl. (3.17) und (3.18)). Berücksichtigt man ferner, daß die Umsetzung des Natrium-Nitroethans mit Salzsäure bei erheblich höherer Temperatur als die Umsetzung des Nitroethans mit Natronlage vorgenommen wurde, so kann im folgenden Reaktionsgleichgewicht

$$CH_3\text{-}CH_2NO_2 \rightleftarrows CH_3CH=NOOH \qquad (3.19)$$

die Hinreaktion (Bildung der aci- oder Pseudonitroform) als die bedeutend schnellere Reaktion angenommen werden. Die Vermutung einer vollständigen Umsetzung des Natrium-Nitroethans unter Rückbildung der Nitroform des Nitroethans wird durch die Übereinstimmung des Widerstandes der Reaktionsmischung nach Erreichen eines konstanten Widerstandswertes mit dem Widerstandswert von $R = 107\ \Omega$ der Mischung von 10 ml einer wäßrigen Lösung von Natriumhydroxid 0,1 M, 10 ml einer wäßrigen Lösung von Salzsäure 0,1 M und 10 ml Wasser bestätigt.

3 Elektrochemie mit Stromfluß und Stoffumsatz

Versuch 3.6: Faradaysches Gesetz

Aufgabenstellung

Bestimmung der Stoffumsätze an stromdurchflossenen Elektroden

Grundlagen

In der Elektrochemie versteht man unter einer Elektrode die Kombination eines Elektronenleiters mit einer Elektrolytlösung (z.b. einen Kupferstab, der in eine Kupfersulfatlösung taucht). Zwei Elektroden bilden eine elektrochemische Zelle.

Fließt durch eine Zelle ein elektrischer Strom, so müssen an den Elektroden zwangsläufig chemische Reaktionen ablaufen, damit der notwendige Wechsel zwischen Elektronen- und Ionenleitung an den Phasengrenzen der Elektroden vollzogen werden kann.

Fließen dabei die Elektronen aus der Elektrode in den äußeren Stromkreis ab, müssen sie von einem Lösungsbestandteil oder vom Elektronenleiter (Metall) selbst, abgegeben werden. Das heißt, an dieser Elektrode findet eine Oxidation (=Elektronenabgabe) statt. Die Elektrode mit der Oxidationsreaktion wird als *Anode* bezeichnet.

An der zweiten Elektrode treten die Elektronen vom Elektronenleiter in den Elektrolyten über. Dieser Übergang ist mit der Elektronenaufnahme (=Reduktion) eines Lösungsbestandteils verbunden. Die Elektrode, an der reduziert wird, heißt *Kathode*. Eine typische Kathodenreaktion ist die Reduktion von Metallionen zum elementaren Metall bei einer Elektrolysezelle.

Eine genauere Gewichtsanalyse der beobachteten Gewichtsveränderungen der Kathode zeigt, daß die Masse der elektrolytischen Zersetzungsprodukte der durchgeflossenen Elektrizitätsmenge (der elektrischen Ladung) proportional ist. Dieser Zusammenhang wurde erstmalig von M. Faraday beobachtet, er stellt das 1. Faradaysche Gesetz dar. Schaltet man mehrere Elektrolysezellen elektrisch hintereinander, indem jeweils Anoden und Kathoden benachbarter Zellen verbunden und die an den Enden dieser Kette verbleibenden Elektroden mit einer Spannungsquelle ausreichend großer Spannung verbunden werden, so können wir in den Zellen entsprechend ihrer Lösungszusammensetzung verschiedene Vorgänge beobachten. Vergleichen wir die Massen m z.B. des kathodisch entstandenen Wasserstoffs mit der Masse abgeschiedenen Kupfers und Silbers, so beobachten wir ein Verhältnis $m_H : m_{Cu} : m_{Ag} = 1 : 31,8 : 107,9$. Dies entspricht dem Verhältnis der durch die Ionenladungszahl z dividierten molaren Massen: $(2/2) : (63,6/2) : (107,9/1)$, diese Quotienten wurden früher auch

Äquivalentgewichte genannt. Der Zusammenhang wird als das zweite Faradaysche Gesetz formuliert: Die durch gleiche Elektrizitätsmengen aus verschiedenen Elektrolyten abgeschiedenen Stoffmengen sind den durch die Ionenladungszahl dividierten molaren Massen proportional.

Bezeichnet man die transportierte elektrische Ladung mit Q, so hängt sie von der Elektrolysezeit t und der Stromstärke I nach

$$Q = t \cdot I \tag{3.20}$$

ab. Wenn in dieser Zeit m Gramm Ionen entladen werden, so sind dies mit der molaren Masse M (m/M) Mol Ionen, bei einer Ionenladungszahl z werden (m/M)·z Mol Elektronen oder (m/M)·z·N_A Elektronen umgesetzt. Mit der elektrischen Elementarladung q_e, auch e_0 genannt, ist ein Mol Elektronen

$$N_A \cdot e_0 = N_A \cdot q_e = 96484 \text{ A·s} = 96484 \text{ C} \tag{3.21}$$

Diese Ladungsmenge wird als 1 Farad (F) bezeichnet. Mit diesen Begriffen ist das 1. Faradaysche Gesetz

$$m = I \cdot t \cdot (M/(z \cdot F)) \tag{3.22}$$

und das 2. Gesetz lautet:

$$m_1/m_2 = (M_1/z_1)/(M_2/z_2) \tag{3.23}$$

Diese Zusammenhänge wurden lange Zeit zur Messung der durch einen elektrischen Stromkreis fließenden Ladung genutzt, mit dem Coulometer ermöglichten sie im Stiazähler die Vorläufer der heutigen "Elektrizitätszähler".

Ausführung

Chemikalien und Geräte

wäßrige Kaliumsulfat-Lösung 10%
Kupfersulfat-Lösung 1 M
Silbernitrat-Lösung 1 M
Konstantstromquelle 100 mA
Multimeter
Knallgascoulometer
2 Kupferelektroden
Silberelektrode
Platinelektrode

3 Elektrochemie mit Stromfluß und Stoffumsatz

Aufbau:

Das folgende Bild zeigt schematisch den experimentellen Aufbau und die erforderlichen elektrischen Verbindungen. Statt eines Knallgascoulometers kann eine andere Anordnung zur Wasserelektrolyse verwendet werden, die eine genaue Messung des entstandenen Gasvolumens erlaubt.

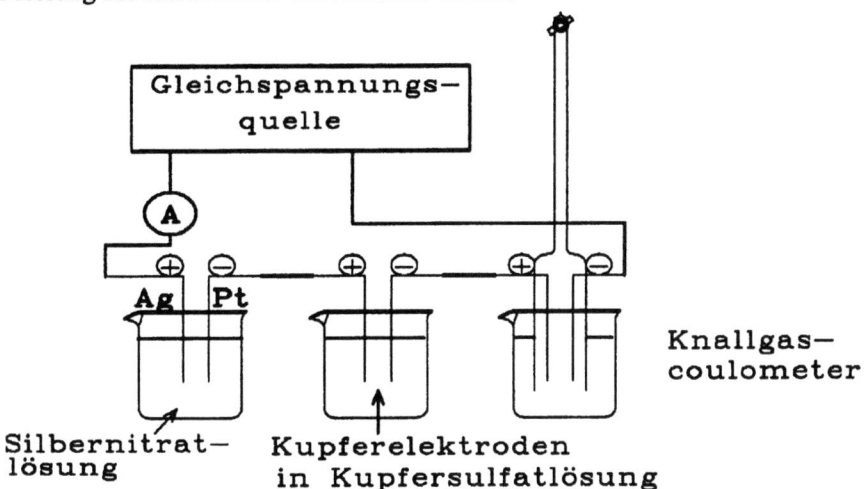

Bild 3.78 Schematische Darstellung der Meßanordnung zur Überprüfung der Faradayschen Gesetze.

Durchführung:

- Bestimmung der Masse der Metallelektroden, Elektrolytspiegel im Eudiometer auf Null einstellen
- Versuch nach Skizze aufbauen und für mindestens 20 min 100 mA Strom fließen lassen
- Nach Abschalten des Stromes das entstandene Knallgasvolumen ablesen, die Elektroden gut spülen und nach dem Trocknen erneut die Masse bestimmen.

Auswertung

Berechnung Sie die Stoffumsätze nach dem Faradayschen Gesetz und vergleichen Sie mit den experimentellen Ergebnissen.

Versuch 3.7: Kinetik der Esterverseifung

Aufgabenstellung

Bestimmung der Geschwindigkeit, der Aktivierungsenergie und des präexponentiellen Faktors einer chemischen Reaktion durch Leitwertmessung.

Grundlagen

Für die Ermittlung der Geschwindigkeitskonstante k der alkalischen Esterverseifung von Ethylacetat und von deren Temperaturabhängigkeit gehen wir von der Reaktionsgleichung aus:

$$CH_3CO_2C_2H_5 + K^+ + OH^- \rightarrow CH_3CO_2^- + K^+ + C_2H_5OH \qquad (3.24)$$

Im Versuch wird von einer äquimolaren Mischung von Ethylacetat und Kalilauge ausgegangen. Während des Reaktionsablaufs reagieren Hydroxylionen ab, es entstehen Acetationen $CH_3CO_2^-$, während sich die Konzentration der Kaliumionen nicht ändert. Da OH^- und $CH_3CO_2^-$-Ionen stark unterschiedliche Äquivalentleitfähigkeiten aufweisen, läßt sich der Reaktionsfortschritt über die Messung des spezifischen Leitwertes der Reaktionslösung verfolgen. Aus $\kappa = \kappa(t)$ ist die Reaktionsgeschwindigkeitskonstante k der zugrundeliegenden Reaktion berechenbar.

Zur Auswertung der Ergebnisse verwendet man Gl. 3.42 (s. u.) und trägt $1/\kappa_0 - \kappa$ gegen $1/t$ auf. Aus der Steigung der Geraden erhält man k. Wenn man die Reaktionsgeschwindigkeitskonstante k für verschiedene Meßtemperaturen bestimmt hat, läßt sich aus diesen Daten die Aktivierungsenergie E_a der Esterverseifung bestimmen.

Der spezifische Leitwert $\kappa = \kappa(t)$ unserer Versuchslösung ist zu jedem Zeitpunkt t mit κ_0 als Anfangswert:

$\kappa = \kappa_0$ −Beitrag der bis t verbrauchten ionalen Konzentrationen zum spezifischen Leitwert
 + Beitrag der bis t entstandenen ionalen Konzentration

Für den Beitrag einer Ionensorte zum spezifischen Leitwert ist mit

$$\Lambda_{eq} = \lambda_+ + \lambda_- = \frac{\kappa}{z \cdot c} \qquad (3.25)$$

in unserem Fall der Ausdruck

$$\lambda_{OH^-} \cdot c_{OH^-} \qquad (3.26)$$

und

$$\lambda_{Ac^-} \cdot c_{Ac^-} \tag{3.27}$$

einzusetzen ($z = 1$, c in mol/ml). Die bis zur Zeit t umgesetzte OH⁻-Konzentration entspricht laut Reaktionsgleichung der bis zur Zeit t entstandenen Acetatkonzentration. Sie sei gleich

$$\Delta c = c_0 - c \tag{3.28}$$

mit c_0 = Anfangskonzentration der Hydroxylionen und c = Konzentration zur Zeit t in mol/l.

Damit wird aus Gl. (3.28)

$$\kappa = \kappa_0 - \Delta c \cdot \lambda_{OH^-} \cdot 0{,}001 + \Delta c \cdot \lambda_{Ac^-} \cdot 0{,}001 \tag{3.29}$$

bzw.

$$\Delta c = \frac{\kappa_0 - \kappa}{(\lambda_{OH^-} - \lambda_{Ac^-}) \cdot 0{,}001} \tag{3.30}$$

Der Faktor 0,001 rührt von der Umrechnung der Konzentration in mol·l⁻¹ in die für die spezifische Leitfähigkeit übliche Konzentrationsangabe mol·cm⁻³ her.

Wir betrachten die Äquivalentleitfähigkeiten als konstant, da sich die Gesamtkonzentration der Ionen nicht merklich ändert, setzen zur Vereinfachung

$$(\lambda_{OH^-} - \lambda_{Ac^-}) \cdot 0{,}001 = A \tag{3.31}$$

und erhalten durch Einsetzen in Gl. (3.28)

$$\Delta c = \frac{\kappa_0 - \kappa}{A} \tag{3.32}$$

Die durchgeführte alkalische Esterverseifung stellt eine Reaktion zweiter Ordnung dar gemäß

$$A + B \rightarrow C + D \tag{3.33}$$

(mit A = Ester, B = Hydroxylionen, C = Acetationen und D = Ethanol, die Indizes sind entsprechend gewählt), bei welcher sämtliche stöchiometrischen Faktoren gleich eins sind. Dann gilt für die Reaktionsgeschwindigkeit

$$v = -\frac{dc_A}{dt} = k \cdot c_A \cdot c_B \tag{3.34}$$

Da

$$c_A = c_B = c_{OH} = c \tag{3.35}$$

ist, wird

$$v = \frac{dc}{dt} = k \cdot c^2 \tag{3.36}$$

oder

$$-\frac{dc}{c^2} = k \cdot dt \tag{3.37}$$

Integration dieser Gleichung von $t = 0$ bis t liefert

$$-\frac{1}{c} + \frac{1}{c_0} = -k \cdot t \tag{3.38}$$

Wir fragen nach dem Konzentrationsanteil Δc, der bis zur Zeit t abreagiert ist, wenn c_0 die Anfangskonzentration ist

$$\Delta c = c_0 - c \tag{3.39}$$

und setzen c aus Gl. 3.38 ein. Nach Umrechnung erhalten wir

$$\Delta c = c_0 \cdot \left(1 - \frac{1}{1 + c_0 \cdot k \cdot t}\right) \tag{3.40}$$

Die Reaktionsgeschwindigkeitskonstante k wird einer Bestimmung zugänglich, wenn k in Bezug zu κ gesetzt wird. Hierzu setzen wir Gl. 3.32 und Gl. 3.40 gleich und erhalten

$$\frac{\kappa_0 - \kappa}{A} = c_0 \left(1 - \frac{1}{1 + c_0 \cdot k \cdot t}\right) \tag{3.41}$$

Nach entsprechender Umformung erhalten wir mit $B = A \cdot c_0$

$$\frac{1}{\kappa_0 - \kappa} = \frac{1}{c_0 \cdot k \cdot t \cdot B} + \frac{1}{B} \tag{3.42}$$

Eine Auftragung von $1/(\kappa_0-\kappa)$ gegen $1/t$ liefert als Achsenabschnitt die Konstante $1/B$. k wird anschließend aus der Steigung $1/c_0 \cdot k \cdot B$ der gezeichneten Geraden berechnet.

Ausführung

Chemikalien und Geräte

wäßrige Ethylacetatlösung 0,125 M
wäßrige Kalilauge 0,125 M
Konduktometer
Leitfähigkeits-Meßzelle
Thermostat
Magnetrührer
thermostatisierbares Meßgefäß
Stoppuhr
Pipetten
Thermometer

Ausführung

Die Zellkonstante wird wie in Versuch 3.3 bestimmt. Um die Anfangsleitfähigkeit κ_0 zu bestimmen, füllt man 90 ml Reinstwasser in das sorgfältig gereinigte, durch den Thermostaten temperierte Temperiergefäß und pipettiert 10 ml der 0,125 M Kalilauge hinzu. Die Lösung wird mit Hilfe eines Magnetrührers gut durchmischt, anschließend wird der spezifische Leitwert bestimmt. Nach sorgfältigem Spülen und Trocknen werden nun 80 ml Reinstwasser und 10 ml 0,125 M Kalilauge mit einer weiteren Pipette in das Temperiergefäß gegeben. Sobald sich unter Rühren die gewählte Temperatur eingestellt hat, werden 10 ml 0,125 M Ethylacetat-Lösung aus einer Pipette schnell zugegeben. Während die Stoppuhr gestartet wird, zieht man die Leitfähigkeits-Meßzelle einige Male heraus und taucht sie wieder ein, um vollständige Durchmischung zu gewährleisten. Der Rührer läuft dabei auf Hochtouren.

Nach 1, 5, 10, 20, 30 und 60 Minuten wird der Leitwert notiert (dabei achte man beim Wechseln der Meßbereiche auf Vergleichbarkeit der Anzeige). Die Prozedur wird bei 15 °C*, 35 °C und 50 °C oder anderen apparativ zugänglichen, möglichst weit auseinander liegenden Temperaturen durchgeführt.

Auswertung

---

* Falls kein Kryostat zur Verfügung steht kann dieser Wert durch einen etwas höheren Wert ersetzt werden. Um das untersuchte Temperaturintervall nicht unnötig einzuengen und die Aussagekraft der Ergebnisse möglichst wenig zu beeinträchtigen sollte eine möglichst hohe Temperatur im dritten Versuch gewählt werden.

Aus E_a (experimentell) und k (35 °C) bestimme man $k_{70\,°C}$.

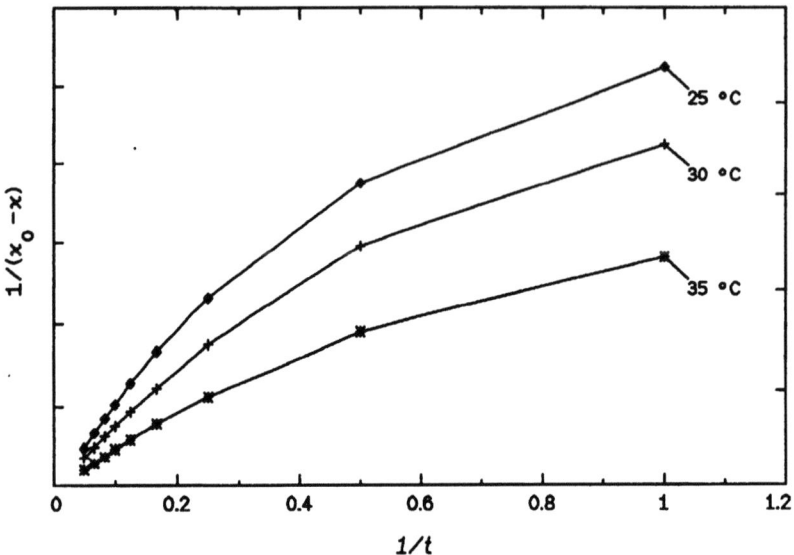

Bild 3.8 Auftragung der Meßergebnisse der Leitwertmessung während der alkalischen Esterverseifung.

Bei $T = 25$ °C werden eine Steigung von 1,0 und ein Achsenabschnitt von 0,52 ermittelt, bei $T = 30$ °C betragen die Werte 0,82 und 0,48 sowie bei $T = 35$ °C 0,55 und 0,44. Die Reaktionsgeschwindigkeit berechnet sich daher bei $T = 25$ °C zu $k = 41{,}6$ l·mol^{-1}·min^{-1}; bei $T = 30$ °C zu $k = 46{,}8$ l·mol^{-1}·min^{-1} und bei $T = 35$ °C zu $k = 64$ l·mol^{-1}·min^{-1}. Als Literaturwert kann $k = 0{,}111$ l·mol^{-1}·s^{-1} herangezogen werden. Dieser Versuch liefert keine sehr genauen Ergebnisse. Daher ist es sinnvoll, den statistischen Fehler der berechneten Werte auszurechnen.

Kontrollfragen

Welche Werte sind zu vernachlässigen, wenn nicht alle Meßwerte auf einer Geraden liegen?

Literatur

A.J. Kirby in: Compr.Chem.Kin. Vol. 10 (C.H. Bamford und C.F.H. Tripper Hrsg.), Elsevier, Amsterdam 1972

Versuch 3.8: Ionenwanderung und Hittorfsche Überführungszahl

Aufgabenstellung

1. Bestimmung der Überführungszahl t des Sulfations bei der Elektrolyse einer Lösung von 0,1 M H_2SO_4.
2. Berechnung der Äquivalentleitfähigkeit des Sulfations bei unendlicher Verdünnung (Grenzleitfähigkeit λ_0^-).
3. Bestimmung der Ionenbeweglichkeit, der Äquivalentleitfähigkeit und des Ionenradius des Permanganations.

Grundlagen

Beim Transport von elektrischem Strom durch einen Ionenleiter, genauer durch eine Elektrolytlösung, eine Schmelze oder einen Festelektrolyten, werden zum Transport der Ladung geladene Teilchen, d.h. Ionen bewegt. Der beschleunigenden Kraft im elektrischen Feld der Feldstärke E wirkt in Elektrolytlösungen die Stokessche Reibungskraft entgegen. Im Gleichgewicht der Kräfte stellt sich eine konstante Transportgeschwindigkeit (v) ein:

$$v = \frac{z \cdot e_0 \cdot E}{6 \cdot \pi \cdot \eta \cdot r_i} \tag{3.43}$$

Die auf die Feldstärke normierte Transportgeschwindigkeit wird als Ionenbeweglichkeit u bezeichnet

$$u = v/E \tag{3.44}$$

Bestimmt man die Wanderungsgeschwindigkeit experimentell, z.B. bei farbigen Ionen aus der Verschiebungsgeschwindigkeit einer Grenzschicht, so kann man nach Gleichung (3.43) bei bekannter Viskosität der Lösung den Ionenradius r_i berechnen. Über den Zusammenhang zwischen Ionenbeweglichkeit und Ionenäquivalentleitfähigkeit

$$\lambda_{eq} = u \cdot F \tag{3.45}$$

ist schließlich auch die Ionenäquivalentleitfähigkeit zugänglich.

Wenn die Transporteigenschaften der Ionen für Kationen und Anionen gleich wären, so würden z.B. bei einem 1:1-Elektrolyten für den Fluß von 1 C Ladung 0,5 Mol Anionen und 0,5 Mol Kationen in jeweils entgegengesetzte Richtung wandern. In Wirklichkeit sind die Eigenschaften einschließlich der Transporteigenschaften von Ionen jedoch recht unterschiedlich. So ist die Extraleitfähigkeit der Protonen und Hydroxylionen auf einen speziellen Wanderungsmechanismus zurückzuführen, der diese Ionen zu einem überproportionalen Beitrag zum Stromfluß befähigt (LF 148).

Die experimentelle Untersuchung des Effektes führt zur Bestimmung der Überführungszahl t, die nach ihrem Urheber auch Hittorfsche Überführungszahl genannt wird. So gibt t_+ den von den Kationen getragenen Anteil I_k am Gesamtstrom I nach $I_k = t_+ \cdot I$ an. Dabei gilt, daß die Summe der Zahlen für das Kation t_+ und das Anion t_- gleich 1 ist:

$$t_+ + t_- = 1 \tag{3.46}$$

Die Bestimmung der Zahl kann nach Hittorf in einem einfachen Elektrolyseexperiment geschehen. Dabei werden Anoden- und Kathodenraum sorgfältig getrennt (durch ein Diaphragma oder eine geeignete Zellkonstruktion). Aus der Untersuchung der Konzentrationen der Elektrolytbestandteile in beiden Räumen vor und nach der Elektrolyse und der Kenntnis der transportierten Ladung können die auf Kationen und Anionen entfallenden Anteile berechnet werden. Dabei muß zwischen Prozessen, bei denen die ladungstransportierenden Teilchen in der Elektrolyse umgesetzt werden, und Prozessen, bei denen dies nicht geschieht, unterschieden werden. Ein Beispiel für den ersten Fall ist die Untersuchung von Salzsäure, hier werden aus dem Elektrolyten Chlor und Wasserstoff entwickelt. Die Untersuchung von Schwefelsäure entspricht dem zweiten Fall. Während aus den Protonen an der Kathode erwartungsgemäß Wasserstoff gebildet wird, wird das Sulfation nicht oxidiert, vielmehr wird Sauerstoff entwickelt. Diese Entkoppelung muß bei der Diskussion der Ergebnisse berücksichtigt werden (vgl. LF 134).

Im vorliegenden Versuch wird Schwefelsäure elektrolysiert. Zur Auswertung werden die Veränderungen der Konzentrationen der Protonen herangezogen. Aus den durch Titration der Lösungen im Anoden- und Kathodenraum vor und nach der Elektrolyse ermittelten Konzentrationen können die entsprechenden Molzahlen der Protonen n_A und n_K und ihre Veränderungen Δn bestimmt werden. Aus dem Mittelwert der Molzahlveränderung in beiden Räumen

$$\bar{\Delta n} = (|\Delta n_A| + |\Delta n_K|)/2 \tag{3.47}$$

kann die vom Anion transportierte Ladung q_- nach

$$q_- = \bar{\Delta n} \cdot F \tag{3.48}$$

ermittelt werden. Da die von Kationen und Anionen insgesamt transportierte Ladung q aus dem Produkt von Elektrolysezeit und -stromstärke (oder aus der Ladungsmesser mit einem Coulometer) bekannt ist, kann die Überführungszahl nach

$$t_- = q_- / (q_- + q_+) \tag{3.49}$$

3 Elektrochemie mit Stromfluß und Stoffumsatz

berechnet werden. Mit ihr kann entsprechend

$$\lambda_{0,SO4(2-)} = t_- \cdot \lambda_{H2SO4} \qquad (3.50)$$

die Grenzleitfähigkeit des Sulfations $\lambda_{0,SO4(2-)}$ ermittelt werden.

Ausführung

Chemikalien und Geräte

0,1 M Schwefelsäure
0,1 M Kalilauge
Schwefelsäure 20 %ig
0,005 M $KMnO_4$-Lösung
0,005 M KNO_3-Lösung
Harnstoff
Hilfsmittel zur Säure-Base-Titration
Elektrolysegefäß mit Platin-Elektroden
Gleichstromquelle 40 V
neigbar aufgehängtes Elektrolysegefäß
Knallgascoulometer oder elektronisches Coulometer (Integrator)
2 Platinelektroden

Aufbau

Aufgaben 1 + 2:

Den experimentellen Aufbau gibt Bild 3.9 (nächste Seite) schematisch wieder.

Versuchsablauf

Vorbereitung des Elektrolysegefäßes

Das in die Halterung eingehängte Gefäß wird bis etwas über die Hähne blasenfrei mit Schwefelsäure gefüllt. Nach Schließen der Hähne wird überstehende Schwefelsäure mit einer Pipette möglichst vollständig abgesaugt. Anoden- und Kathodenraum werden bis zur Markierung mit Schwefelsäure aufgefüllt; zur Ermittlung der Volumina werden zweckmäßig zunächst 50 ml mit einer Vollpipette eingefüllt, der Rest wird mit einer Bürette zugegeben. Die Hähne werden wieder geöffnet. Falls die Elektrolytspiegel danach verschoben sind, muß die Halterung nach Lösen der Befestigung so lange geneigt werden, bis die Menisken wieder an den Markierungen stehen.

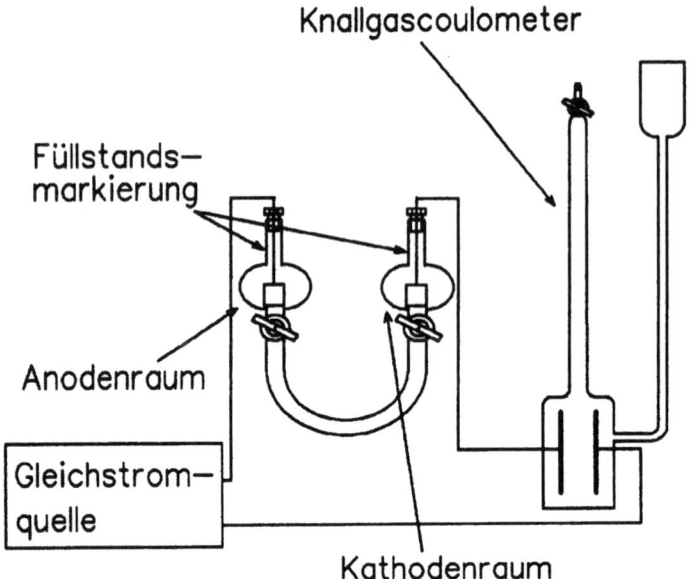

Bild 3.9 Experimenteller Aufbau zur Bestimmung der Überführungszahl.

<u>Vorbereitung des Knallgascoulometers</u>*

(Dieses Gerät stellt eine recht altmodische Möglichkeit der Messung elektrischer Ladung (Stia-Zähler) dar, es gibt inzwischen präzise elektronische Meßgeräte für diesen Zweck. Im vorliegenden Fall dient es auch nur zur Kontrolle der geflossenen Ladungsmenge, die natürlich viel einfacher aus der Kenntnis von abgelaufener Zeit und eingestellter Stromstärke ermittelt wird. Darüberhinaus dient es zur Übung der Faradayschen Gesetze.) Für die Elektrolyse wird das Coulometer mit 20%iger Schwefelsäure gefüllt, nach Öffnen des Hahns am Bürettenrohr wird durch Verschieben des Ausgleichsgefäßes der Meniskus in der Bürette auf "0" gestellt. Anschließend wird der obere Hahn an der Bürette geschlossen. Für die Ermittlung der Ladungsmenge muß das abgelesene Gasvolumen unter Verwendung der Gasgesetze und der aktuellen Luftdruck- und Temperaturwerte auf Normalvolumen umgerechnet werden.

- Nach korrekter Verdrahtung Netzschalter auf "Ein", Sollspannungs-Drehknöp-

---

* Dieser Teil des Versuches entfällt naturgemäß bei Benutzung eines elektronischen Coulometers. Bei Verwendung einer hochkonstanten Stromquelle kann ebenfalls auf diesen Teil verzichtet werden, da die umgesetzte Ladung aus Meßzeit und eingestelltem Strom ermittelt werden kann.

fe auf "Null" stellen.
- Die Spannung erhöhen, bis ein Strom von ca. 25 mA erreicht ist. Einen Strom von genau 25 mA einregeln. Eine Elektrolysedauer von mindestens 120 min ist zweckmäßig.

Beendigung der Elektrolyse

Nach Schließen der Hähne wird das Netzgerät ausgeschaltet. Die Elektroden werden entnommen und in die Aufbewahrungsgefäße zurückgesteckt. Anoden- und Kathodengefäß werden mit Stopfen verschlossen und nach Herausnehmen aus der Halterung vorsichtig geschüttelt (warum?). Aus beiden Gefäßen werden Proben entnommen und titriert. Zusätzlich ist eine Probe der verwendeten 0,1 M Schwefelsäure zur Bestimmung der Ausgangskonzentration zu titrieren.

Meßprotokoll

Das Meßprotokoll soll die Volumina der beiden Elektrodenräume, die Temperatur, die umgesetzte Ladung (aus Zeit und Stromstärke und zum Vergleich aus dem Gasvolumen im Coulometer) sowie die Konzentrationen nach Beendigung der Elektrolyse enthalten. Aus den Konzentrationen sind die Stoffmengen als Molzahlen n zu berechnen.

Auswertung

Folgende Meßwerte sind für die Auswertung erforderlich:
- Volumen der Elektrodenräume
- Temperatur
- Ausgangskonzentration der Schwefelsäure
- Konzentration der Schwefelsäure im Kathoden- und Anodenraum nach der Elektrolyse
- Stromstärke und Dauer der Elektrolyse
- Knallgasvolumen (Temperatur und Druck)

Ermitteln Sie nach Gleichung (3.47) die mittlere Molzahländerung in den Elektrodenräumen. Aus Gleichung (3.49) erhält man die vom Anion überführte Ladung. Nach Berechnung der Gesamtladung (aus $I \cdot t$ sowie aus dem Knallgasvolumen) kann mittels Gleichung 3.49 die Überführungszahl des Anions ermittelt werden. Aus der Äquivalentleitfähigkeit von Schwefelsäure (vgl. Tabellenwerke) kann anschließend die Ionenleitfähigkeit des Sulfations berechnet werden.

In einem typischen Experiment wurde die Konzentration an Schwefelsäure in den beiden Elektrolysegefäßen zu $c = 0,197$ N bestimmt. Die Elektrolyse wurde bei $I = 25$ mA während zwei Stunden durchgeführt. Damit floß eine Ladung von 180 As. Aus der Entwicklung von 36 ml Knallgas wurde unter Berücksichtigung von Temperatur und Luftdruck eine Ladung von 186,7 As ermittelt. Da dieser Wert wegen der begrenzten Einstellgenauigkeit der Gleichspannungsquelle zuverlässig ist wird mit ihm weiter gerechnet. Nach der Elektrolyse hatte sich im Anodenraum eine Veränderung zu $c = 0,2053$ N ergeben, im Kathodenraum betrug der Wert $c = 0,1903$ N. Unter Berücksichtigung des Flüssigkeitsvolumens von 54,9 ml im Kathoden und 51,3 ml im Anodenraum ergeben sich Veränderungen der Molzahl an Protonen im Kathodenraum $\Delta n_K = -3,97 \cdot 10^{-4}$ mol und im Anodenraum $\Delta n_A = 4,28 \cdot 10^{-4}$ mol. Der Mittelwert der Veränderung der Molzahl beträgt $\Delta n = 4,125 \cdot 10^{-4}$ mol. Für die Überführungszahl des Sulfatanions folgt $t_- = 0,213$. Für seine Grenzleitfähigkeit folgt in befriedigender Übereinstimmung mit Literaturangaben $\lambda_{0,SO4(2-)} = 183,2$ cm$^2 \cdot \Omega^{-1} \cdot$mol^{-1}

Aufgabe 3:

Das Elektrolysegefäß ist in Bild 3.10 dargestellt. Der Abstand der Pt-Elektroden beträgt in einem typischen Baumuster $l = 32,5$ cm.

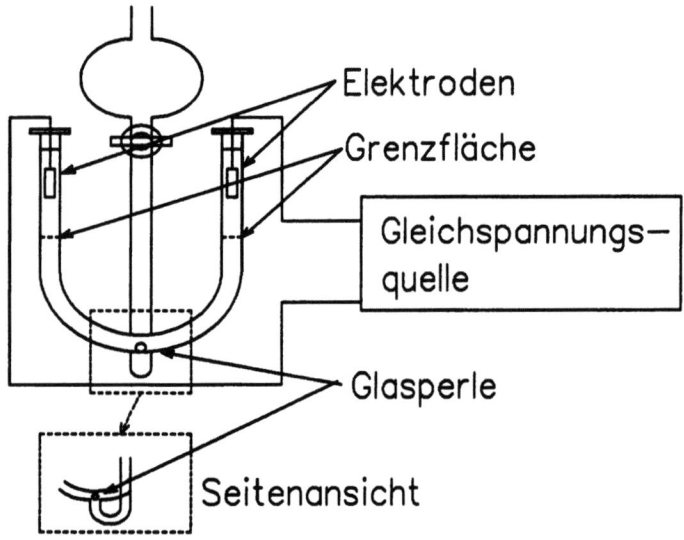

Bild 3.10 Elektrolysegefäß zur Bestimmung der Wanderungsgeschwindigkeit.

<u>Versuchsablauf</u>

3 Elektrochemie mit Stromfluß und Stoffumsatz

In den Vorratsbehälter des Elektrolysegefäßes werden 100 ml $KMnO_4$-Lösung, der zur Erhöhung der Dichte ca. 3 g Harnstoff zugesetzt wurden, gegeben. Einen kleinen Teil der Lösung läßt man einfließen, bis die Eintrittsöffnung zum U-Rohr gerade erreicht ist. Nun wird das U-Rohr über einen Rohrschenkel bis zur Hälfte mit KNO_3-Lösung gefüllt, ohne die $KMnO_4$-Lösung zu verwirbeln. Durch Öffnen des Hahnes wird die KNO_3-Lösung vorsichtig mit $KMnO_4$-Lösung aus dem Vorratsgefäß unterschichtet. Die Glasperle soll eine Verwirbelung verhindern, so daß gut sichtbare, scharfe Grenzflächen entstehen. Gelingt dies nicht, muß der Vorgang wiederholt werden.

Die Lage der Grenzflächen wird markiert. Nach dem Einsetzen der Elektroden eine Gleichspannung von ca. 40 V angelegt. Man bestimmt nach 5; 10; 15 und 20 min die Verschiebung der Grenzflächen und bildet den Mittelwert.

Auswertung

Aus dem Elektrodenabstand (l = 32,5 cm) und der angelegten Spannung ermittelt man die Feldstärke E. Damit kann aus der Wanderungsgeschwindigkeit der Grenzfläche unmittelbar die Ionenbeweglichkeit des $KMnO_4$-Ions ermittelt werden. Die Berechnung der Ionenäquivalentleitfähigkeit und des Ionenradius erfolgt nach den Gleichungen (3.44) und (3.43). Für die Viskosität der Lösung ist der Wert für Wasser bei Versuchstemperatur einzusetzen (Tabellenbuch).

In einem Versuch wurde bei dem erwähnten Elektrodenabstand eine Gleichspannung von U = 40 V angelegt. Folgende gemittelte Verschiebungen der Grenzflächen im Anoden- und Kathodenraum wurden beobachtet:

Zeit/min	Verschiebung
5	0,55
10	0,85
15	1,1
20	1,4

Die Geschwindigkeit v der Verschiebung der Grenzfläche ergibt sich nach erneuter Mittelwertbildung über den Meßzeitraum, es folgt für die Beweglichkeit u in befriedigender Übereinstimmung mit vergleichbaren Literaturwerten:

$$u = v/E = (vl)/U = 0{,}76 \cdot 10^{-3} \cdot 32{,}5)/40 = 0{,}88 \cdot 10^{-3} \text{ cm}^2 \cdot \text{V}^{-1} \cdot \text{s}^{-1} \quad (3.51)$$

Für die Grenzleitfähigkeit folgt damit nach Gl. 3.45

$$\lambda_{eq} = u \cdot F = 0{,}76 \cdot 10^{-3} \cdot 96494 = 73{,}3 \text{ cm}^2 \cdot \Omega^{-1} \cdot \text{mol}^{-1} \quad (3.52)$$

Der Ionenradius r_i wird gemäß

$$r_i = \frac{z \cdot e_0 \cdot E \cdot t}{6 \cdot \pi \cdot \eta \cdot v} \qquad (3.53)$$

zu r_i = 125 pm berechnet. Der Vergleich mit kristallographisch bestimmten Ionenradien legt die Annahme einer nur geringen Solvatation mit der damit verbundenen Vergrößerung der wirksamen Ionenradius nahe.

Kontrollfragen

- Wie kann aus der Kenntnis der Äquivalentleitfähigkeit eines Elektrolyten und der Überführungszahl auf die Einzelleitfähigkeiten der Ionen geschlossen werden?
- Gibt es andere Wege zur Ermittlung der Einzelleitfähigkeiten?
- Spielt die Wahl des Elektrolyten in dem hier durchgeführten Experiment zur Bestimmung der Überführungszahl eine Rolle? Wäre die Auswertung bei Verwendung von Salzsäure anders?

Versuch 3.9: Polarographische Untersuchung der Elektroreduktion von Formaldehyd[*]

Aufgabenstellung

Die Geschwindigkeitskonstante der Dehydratation des Formaldehydhydrats wird mit der Polarographie bestimmt.

Grundlagen

Polarographie kann auch zu kinetischen und mechanistischen Untersuchungen eingesetzt werden, wenn im Verlauf der Reaktion elektrochemisch aktive Teilchen auftauchen, deren Konzentration über die zu untersuchenden Fragestellungen Aussagen gestatten. Die von ihrer Umsetzung verursachten und als kinetische Ströme bezeichneten Grenzströmen sind durch die Geschwindigkeit einer der Durchtrittsreaktion vorangehenden oder nachfolgenden chemischen Reaktion bestimmt. Bei einer vorgelagerten Reaktion entstehen aus elektrochemisch inaktiven Teilchen polarographisch aktive, die an der Quecksilbertropfelektrode

---

[*] Polarographische Verfahren werden ganz überwiegend in der Analytik eingesetzt; sie werden daher in Kap. 4 eingehender behandelt. Die hier beschriebene Anwendung hat weniger analytischen Charakter und wird daher im Zusammenhang mit anderen kinetischen Untersuchungen dargestellt. Weitere Einzelheiten der Polarograpie finden sich in Kap. 4.

reduziert oder oxidiert werden können. Ist diese Reaktion wesentlich langsamer als die Durchtrittsreaktion, wird der kinetische Grenzstrom von der Geschwindigkeitskonstante k der Bildungsreaktion bestimmt.

Ein Beispiel hierfür ist die kathodische Reduktion von Formaldehyd. In wäßriger Lösung liegt Formaldehyd fast vollständig als Methylenglykol in hydratisierter Form vor. Diese Form ist polarographisch inaktiv. Nur das nach

$$CH_2(OH)_2 \underset{k_r}{\overset{k_v}{\rightleftarrows}} CH_2O + H_2O \tag{3.54}$$

im Gleichgewicht mit der hydratisierten Form stehende freie Formaldehyd kann reduziert werden. Seine Konzentration* ergibt sich aus der Gleichgewichtskonstanten

$$K = [CH_2O] / [CH_2(OH)_2] = k_v/k_r \tag{3.55}$$

Die Reduktion erfolgt dann nach

$$2\ H_2O + CH_2O + 2\ e^- \rightarrow CH_3OH + 2OH^- \tag{3.56}$$

Die Reaktion unterliegt einer allgemeinen Säure-Base-Katalyse. Nicht nur Hydroxylionen, sondern auch Brönsted-Basen wirken katalytisch. Die allgemeine Geschwindigkeitsgleichung lautet damit:

$$k_v = k_0 + k_H \cdot [H^+] + k_{OH} \cdot [OH^-] + \Sigma k_A \cdot [A^-] + \Sigma k_B \cdot [B^+] \tag{3.57}$$

Darin ist k_v die für eine gegebene Lösungszusammensetzung geltende Geschwindigkeitskonstante der Dehydratisierung, k_0 ist der Wert in neutraler Lösung und ohne Zusatz von wirksamen Ionen; $k_H \cdot [H^+]$ beschreibt den Beitrag vorhandener Protonen, $k_{OH} \cdot [OH^-]$ den der Hydroxylionen, und $\Sigma k_A \cdot [A^-]$ sowie $\Sigma k_B \cdot [B^+]$ den Einfluß weiterer saurer oder basischer Teilchen.

Da die gebildeten Hydroxylionen autokatalytisch auf die Reaktion (Gl. 3.56) wirken würden wird in gepufferter Lösung gearbeitet. Um die Reaktionsgeschwindigkeit in neutraler und ungepufferter Lösung (k_0) zu erhalten werden die bei verschiedenen Pufferkonzentrationen erhaltenen Ergebnisse auf die Pufferkonzentration Null extrapoliert.

Zur Berechnung des kinetischen Grenzstromes kann analog zur Nernstschen Diffusionsschicht eine Reaktionsschicht der Dicke δ_r angenommen werden, in

---

* Konzentrationsangaben werden der besseren Übersichtlichkeit wegen bei dieser Beschreibung mit [] gekennzeichnet.

welcher der geschwindigkeitsbestimmende Schritt (CH_2O-Bildung) abläuft. Die Konzentration von $CH_2(OH)_2$ ist in der Reaktionsschicht konstant und gleich c_0, wenn die Bildungsrate von CH_2O

$$d[CH_2O] / dt = k_v [CH_2(OH)_2] \tag{3.58}$$

klein ist verglichen mit der Diffusionsrate von $CH_2(OH)_2$ in die Reaktionsschicht.

Mit den Annahmen eines chemischen Gleichgewichts außerhalb der Reaktionsschicht und eines stationären Zustand in ihr erhält man die mittlere kinetische Grenzstromdichte an der Quecksilber-Tropfelektrode

$$\bar{I}_k = 5{,}1 \cdot 10^{-3} \cdot n \cdot F \cdot [CH_2(OH)_2] \cdot (m \cdot \tau)^{2/3} \cdot (D_{CH2O} \cdot k_v \cdot K)^{1/2} \tag{3.59}$$

Zur Bestimmung von $(k_v \cdot K)$ wird der durch die Ilkovic-Gleichung beschriebene Strom unter gleichen experimentellen Bedingungen mit der Annahme einer im Vergleich zur Nachdiffusion des Hydrates schnellen Umwandlung berechnet. Hier ist der Strom naturgemäß nur durch die Diffusion begrenzt.

$$\bar{I}_{lim,diff} = 607 \cdot n \cdot (D_{CH2(OH)2})^{1/2} \cdot m^{2/3} \cdot [CH_2(OH)_2] \cdot \tau^{1/6} \tag{3.60}$$

Bildet man das Verhältnis der beiden Ströme unter der Annahme, daß $D_{CH2O} = D_{CH2(OH)2}$, so erhält man

$$\bar{I}_k / \bar{I}_{lim,diff} = 0{,}81 \cdot (\tau \cdot K \cdot k_v)^{1/2} \tag{3.61}$$

Bei Kenntnis der Gleichgewichtskonstanten K kann die gesuchte Geschwindigkeitskonstante k_v berechnet werden.

Die Reaktionskontrolle des polarographisch bestimmtem Grenzstromes kann leicht durch Messung dieses Stroms bei verschiedenen Höhen der Quecksilbersäule, d.h. bei verschiedenen Tropfzeiten, nachgewiesen werden. Umstellen der Ilkovic-Gleichung (Gl. 3.60) führt zu

$$\bar{I}_{lim,diff} = 607 \cdot n \cdot (D_{CH2(OH)2})^{1/2} \cdot [CH_2(OH)_2O] \cdot (m \cdot \tau)^{1/6} \cdot m^{1/2} \tag{3.62}$$

Darin entspricht $(m \cdot \tau)$ der Masse eines Quecksilbertropfens. Diese ist nur von den Bedingungen an der Kapillare (Durchmesser, Oberflächenspannung etc.) abhängig, nicht jedoch von der Säulenhöhe oder Tropfzeit. Also gilt

$$\bar{I}_{lim,diff} \approx m^{1/2} \tag{3.63}$$

Eine entsprechende Proportionalität (Tropfzeit- oder Höhenabhängigkeit) ist

3 Elektrochemie mit Stromfluß und Stoffumsatz

dagegen beim kinetischen Grenzstrom (vgl. Gl. 3.59) nicht feststellbar.

Ausführung

<u>Chemikalien und Geräte</u>

wäßrige Stammlösung 0,025 M NaH_2PO_4
wäßrige Stammlösung 0,025 M Na_2HPO_4
wäßrige Formaldehydlösung 36%
Polarograph zur Gleichstrompolarographie
Quecksilber-Tropfelektrode
X-Y-Schreiber
Vollpipette 10 ml
Meßpipette 2 ml
8 Stück 100 ml Maßkolben

<u>Aufbau</u>

Zur Aufnahme der Polarogramme wird eine 3-Elektroden-Anordnung verwendet (vgl. Bild 4.19).

<u>Versuchsablauf</u>*

1. Aufnahme von Polarogrammen einer $6,2 \cdot 10^{-2}$ M CH_2O-Lösung in Phosphat-Puffer (Variation der Pufferkonzentration zur Extrapolation auf $c_{Puffer} = 0$)
   Methode: Gleichstrompolarographie (Filter 1s)
   $E_{Ag/AgCl} = -1,0 \ldots -1,8$ V; 5 µA; 10mV/s; $\Delta U = 50$ mV
   a) 0,0025 M (je 10 ml der Pufferstammlösungen + 0,5 ml CH_2O-Lösung (36%) auf 100 ml)
   b) 0,0050 M (je 20 ml der Pufferstammlösungen + 0,5 ml CH_2O-Lösung (36%) auf 100 ml)
   c) 0,0075 M (je 30 ml der Pufferstammlösungen + 0,5 ml CH_2O-Lösung (36%) auf 100 ml)
2. Untersuchung des Einflusses der Tropfzeit auf den kinetischen Grenzstrom
   Parameter wie oben, Lösung aus Teil c)
   a) $\tau = 1$ s
   b) $\tau = 0,5$ s
   c) $\tau = 0,2$ s

---

* Die folgenden Angaben beziehen sich auf einen vorhandenen Polarographen und die damit vorgegebene Zellgröße. Die Angaben müssen nach Bedarf angepaßt werden. Für die Untersuchung reicht auch eine einfache Quecksilbertropfelektrode.

Auswertung

- Bestimmen Sie die kinetischen Grenzströme der Formaldehydreduktion für die untersuchten Pufferkonzentrationen und extrapolieren Sie auf $c_{\text{Puffer}} = 0$.
- Berechnen Sie nach Gleichung 3.60 den Diffusionsgrenzstrom, der fließen würde, wenn die vorgelagerte Reaktion vergleichsweise unendlich schnell wäre, so daß die Diffusion strombestimmend wird (Diffusionsgrenzstrom). Für die Fließgeschwindigkeit m der Hg-Tropfelektrode wurden für den verwendeten Polarographen abhängig von der Tropfzeit τ folgende Werte ermittelt:

δ/s	m/mg/s (Gesamtausfluß pro Sekunde)
1	3
0,5	5,3
0,2	12,8

(Falls diese Werte nicht bekannt sind, können sie durch Abwägen der Quecksilbermenge, die in einer definierten Zeit aus der Kapillare durch die Luft in ein gewogenes Fläschchen fällt, bestimmt werden.)
Der Diffusionskoeffizient D für $CH_2(OH)_2$ wird zu $1{,}6 \cdot 10^{-5}$ cm²/s angenommen (dies ist der für Methanol bestimmte Wert).
- Berechnen Sie nach Gleichung 3.55 die Geschwindigkeitskonstante k für die Umwandlung des hydratisierten Formaldehyds in die freie Form. Die Gleichgewichtskonstante K wird in der Literatur (P. Valenta, Collection Czechoslov. Chem. Commun. 25 (1960) 853) mit $4{,}4 \cdot 10^{-4}$ angegeben.

Typische Polarogramme für verschiedene Pufferkonzentrationen zeigt Bild 3.11.

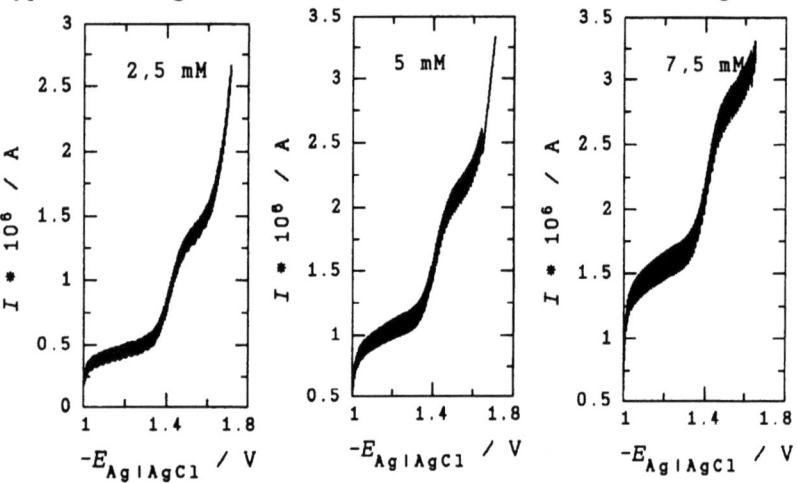

Bild 3.11 Typische Polarogramme für verschiedene Pufferkonzentrationen.

Eine Auftragung des kinetischen Stroms $\overline{I}_k$ über der Pufferkonzentration zeigt

3 Elektrochemie mit Stromfluß und Stoffumsatz

Bild 3.12.

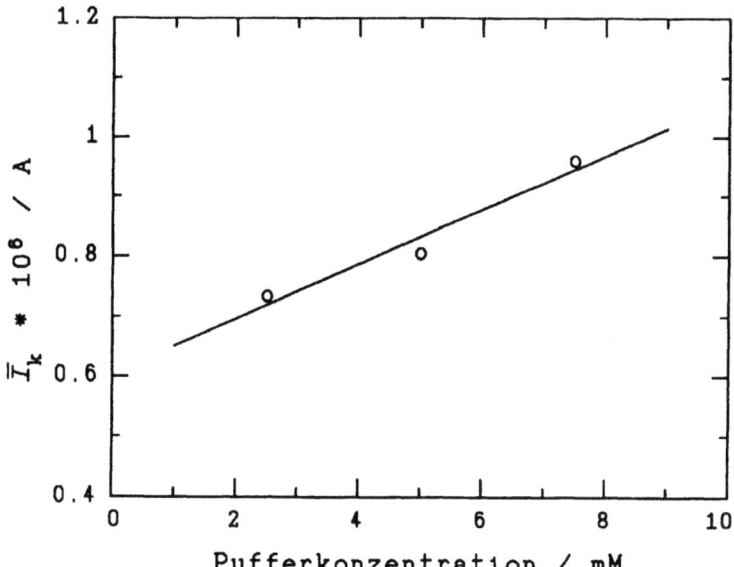

Bild 3.12 Auftragung der kinetischen Ströme der Formaldehydreduktion als Funktion der Pufferkonzentration.

Der für eine Pufferkonzentration Null extrapolierte Wert ist $\overline{I}_k$ = 0,605 µA. Aus den Daten der Tropfelektrode kann ein Wert für $\overline{I}_{lim,diffk}$ = 805 µA errechnet werden. Daraus errechnet sich die Geschwindigkeitskonstante k_0 = 3,9·10^{-3} s^{-1} in guter Übereinstimmung mit dem Literaturwert von k_0 = 3,4·10^{-3} s^{-1}

Die Messung des Grenzstroms bei verschiedenen Tropfzeiten zeigt in Bild 3.13 (nächste Seite) wie erwartet die für einen kinetischen Grenzstrom typische Unabhängigkeit von der Tropfzeit.

Literatur

J.E. Crooks and R.S. Bulmer, J. Chem. Educ. 45 (1968) 725.
R. Brdicka, Collection Czechoslov. Chem. Commun. 20 (1955) 387.
N. Landqvist, Acta Chem. Scand. 9 (1955) 867.
K. Vesely und R. Brdicka, Collection Czechoslov. Chem. Commun. 12 (1947) 313.
M. Geissler, Polarographische Analyse, Geest & Portig KG, Leipzig 1980.
G. Henze und R. Neeb, Elektrochemische Analytik, Springer-Verlag, Heidelberg 1986.

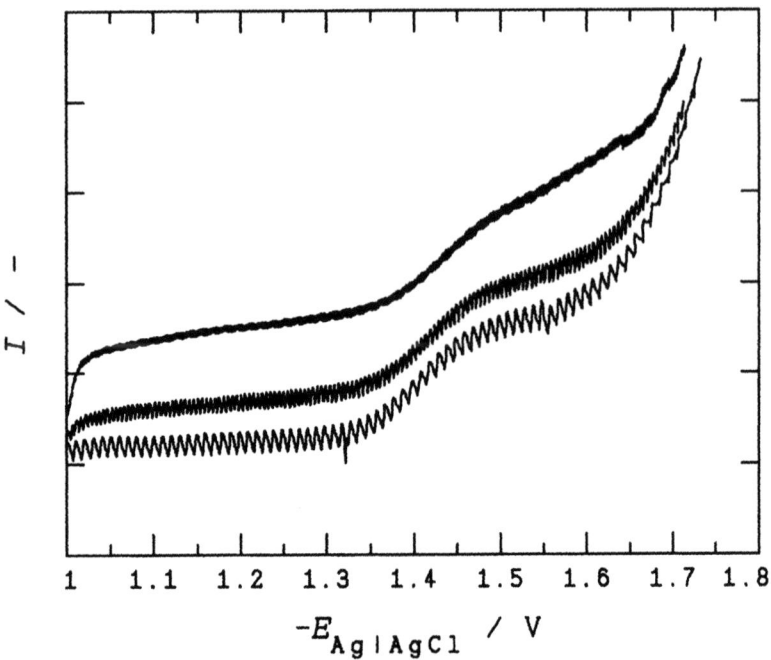

Bild 3.13 Typische Polarogramme für verschiedene Tropfzeiten: τ = 0,2 s; 0,5 s; 1,0 s (von oben nach unten; zur besseren Übersicht sind die Kurven senkrecht versetzt.)

Versuch 3.10: Galvanostatische Messung stationärer Strom-Spannungskurven

Aufgabenstellung

Die Stromdichte-Potentialkurven der Sauerstoff- und der Wasserstoffentwicklung an platinierten Platinelektroden sind zu messen und zur Ermittlung der Austauschstromdichte j_0 auszuwerten.

Grundlagen

Die als Butler-Volmer-Gleichung bezeichnete Beziehung stellt den Zusammenhang zwischen den kathodischen und anodischen Teilstromdichten, der im äußeren Stromkreis meßbaren Stromdichte j_D und der Durchtrittsüberspannung η_D her:

3 Elektrochemie mit Stromfluß und Stoffumsatz

$$j_D = j_{D,ox} - j_{D,red} = j_0 \left\{ \exp \frac{\alpha \cdot n \cdot F}{R \cdot T} \eta_D - \exp - \frac{(1-\alpha) n \cdot F}{R \cdot T} \eta_D \right\} \quad (3.64)$$

Bei einer Überspannung $\eta > R \cdot T/n \cdot F$ kann die Gegenreaktion, entsprechend die zugehörigen Teilstromdichte, vernachlässigt werden. Nehmen wir eine hinreichend große kathodische Überspannung an, so vereinfacht sich die Gleichung zu

$$j_D = -j_0 \exp \frac{-(1-\alpha) \cdot n \cdot F}{R \cdot T} \eta_D \quad (3.65)$$

Logarithmieren der Gleichung und anschließendes Umstellen führt zu

$$\eta_D = \frac{R \cdot T}{(1-\alpha) n \cdot F} 2{,}303 \lg j_0 - \frac{R \cdot T}{(1-\alpha) n \cdot F} 2{,}303 \lg |j_D| \quad (3.66)$$

Diese Gleichung entspricht einer allgemeinen Geradengleichung der Form

$$\eta_D = A - B \cdot \lg |j_D| \quad (3.67)$$

Sie wird nach ihrem Urheber als Tafel-Gerade bezeichnet; der Steigungsterm wird Tafel-Neigung genannt. Ohne die erwähnte Umstellung hätte die Gleichung die leichter auswertbare Form

$$\lg |j_D| = \lg j_0 + \frac{(1-\alpha) \cdot n \cdot F}{2{,}303 \, R \cdot T} |\eta_D| \quad (3.68)$$

behalten. Hier wird deutlich, wie aus einer halblogarithmischen Auftragung von $\lg |j_D|$ über $|\eta_D|$ aus dem Achsenabschnitt j_0 sowie n und α aus der Geradensteigung zugänglich werden. Diese Näherung wird bei kleinen Strömen von der nicht mehr vernachlässigbaren Gegenreaktion, bei hohen Strömen von einsetzender Transporthemmung (Diffusion) begrenzt. Im zwischen diesen Grenzen liegenden Stromstärkebereich ist eine graphische Auswertung von Strom-Potentialkurven zur Ermittlung kinetischer Daten der Elektrodenreaktion möglich.

In diesem Versuch sollen entsprechende Kurven für die Wasserstoff- und die Sauerstoffentwicklungsreaktion aus Schwefelsäure an platinierten Platinelektroden aufgezeichnet und ausgewertet werden.

Ausführung

<u>Chemikalien und Geräte</u>

wäßrige Schwefelsäure 1 M

einstellbare Stromquelle (Galvanostat)
hochohmiges Millivoltmeter
platinierte Platinelektrode
Platinblechelektrode
Wasserstoffbezugselektrode
H-Zelle
Stickstoffgas

Aufbau

Die platinierte Platinelektrode wird in der H-Zelle als Arbeitselektrode eingesetzt, die Platinblechelektrode dient als Gegenelektrode. Die Wasserstoffelektrode wird mit der Elektrolytlösung gefüllt und mit Wasserstoff beladen (s. S. 12). Der Galvanostat wird mit der Polarität entsprechend der zu untersuchenden Zellreaktion mit Arbeits- und Gegenelektrode verbunden. Das hochohmige Millivoltmeter wird mit Arbeits- und Bezugselektrode verbunden.

Versuchsablauf

Die Elektrolytlösung wird mit Stickstoffgas gesättigt. Beginnend mit der Stromstärke $j = 0$ mA wird das Arbeitselektrodenpotential gemessen. Der Strom wird schrittweise bis $j = 0,5$ A erhöht, dabei sollte je Dekade bei drei Stromwerten abgelesen werden. Für die Sauerstoffentwicklung ist durch dreiminütige Sauerstoffentwicklung die Elektrode vor dem eigentlichen Meßvorgang zu formieren.

Auswertung

Bild 3.15 (nächste Seite) zeigt eine Tafel-Auftragung für die Wasserstoffentwicklung. Aus dem Achsenabschnitt folgt eine Austauschstromdichte von $j_0 = 9,5$ $\mu A \cdot cm^2$. Der Wert liegt über dem Wert, der für unplatiniertes Platin als Elektrodenmaterial gefunden wird. Aus der Steigung kann eine Tafel-Neigung von 14 mV je Dekade der Stromdichte ermittelt werden. Dieser Wert liegt bei dem von Vetter (K.J. Vetter, Angew. Chem. 73 (1961) 277) diskutierten Wert von ca. 30 mV beim Vorliegen einer Reaktionsüberspannung. Dies bedeutet, daß die Stromdichte-Potentialkurve im untersuchten Bereich von der Geschwindigkeit der Rekombinationsreaktion der adsorbierten Wasserstoffatome kontrolliert ist, während die Durchtrittsreaktion sehr schnell verläuft. An glattem Platin ist dagegen eine andere Steigung von ca. 120 mV zu erwarten, die für das Vorliegen einer Durchtrittshemmung typisch ist.

3 Elektrochemie mit Stromfluß und Stoffumsatz

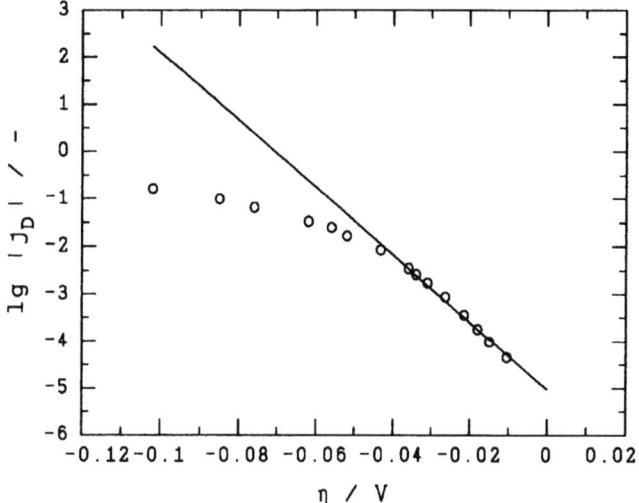

Bild 3.14 Tafel-Auftragung für die Wasserstoffentwicklungsreaktion an einer platinierten Platinelektrode aus wäßriger 1 M Schwefelsäure.

Für die Sauerstoffentwicklung ergibt sich die in Bild 3.15 gezeigte Darstellung.

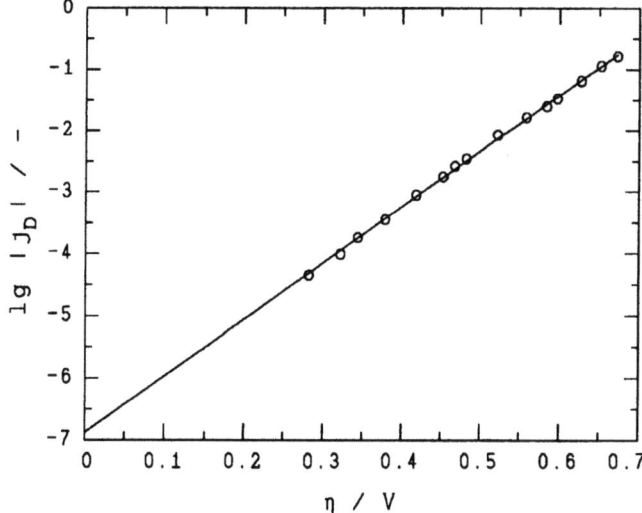

Bild 3.15 Tafel-Auftragung für die Sauerstoffentwicklungsreaktion an einer platinierten Platinelektrode aus wäßriger 1 M Schwefelsäure.

Da die Bestimmung des Ruhepotentials E_0 für diese Reaktion unsicher ist wurde der thermodynamisch ermittelte Wert von $E_{0,NHE}$ = 1,229 V angenommen. Aus dem Achsenabschnitt folgt eine Austauschstromdichte von j_0 = 1,3·10^{-7} A·cm^2. Die Tafel-Neigung von 109 mV liegt nahe bei dem Literaturwert von 120 mV.

Literatur

K.J. Vetter, Angew. Chem. 73 (1961) 277.
K.J. Vetter: Elektrochemische Kinetik, Springer, Berlin 1961.

Versuch 3.11: Zyklische Voltammetrie

Aufgabenstellung

1. Typische Ad- und Desorptionsprozesse an einer Platinelektrode in einer schwefelsauren Lösung sollen mit zyklischer Voltammetrie identifiziert werden.
2. Die Oxidation einer organischen Verbindung soll mit dieser Methode untersucht werden.
3. Die Korrosion von Nickel* in einer wäßrigen Lösung soll mit zyklischer Voltammetrie studiert werden, dabei sind Durchbruchs-, Flade- und Passivierungspotentiale zu ermitteln.

Grundlagen

Die zyklische Voltammetrie ist ein klassisches Untersuchungsverfahren der Elektrochemie, sie hat sich seit vielen Jahren als ein Standardverfahren zur Charakterisierung elektrochemischer Prozesse an der Phasengrenze Elektrode/Elektrolyte etabliert.

Bei diesem Verfahren wird, wie schon aus dem Namen entnehmbar, das Elektrodenpotential E zyklisch zwischen zwei Grenzen mit konstanter Geschwindigkeit dE/dt verändert. Die dabei benutzte Sollspannung, die dem elektrochemischen System über ein als Potentiostat bezeichnetes Meßgerät aufgeprägt wird, hat die Form eines Dreiecks. Die Methode wird daher auch als Dreiecksspannungsmethode bezeichnet. Das Verfahren zählt zu den instationären Methoden. Um die erwünschte Veränderung des Elektrodenpotentials zu erreichen, müssen an der Phasengrenze entsprechend der Nernstschen Gleichung Konzentrationsveränderungen erreicht werden. Dies wird bewirkt, in dem durch die zu unter-

---

* Weitere Versuche zu grundlegenden und anwendungsnahen Aspekten der Korrosion finden sich in am Ende dieses Kapitels.

3 Elektrochemie mit Stromfluß und Stoffumsatz

suchende Elektrode und eine weitere, als Gegen- oder Hilfselektrode bezeichnete Elektrode ein Strom geeigneter Stärke und Polarität geschickt wird. Hat sich die Zusammensetzung der elektrochemischen Phasengrenze so eingestellt, daß das Potential der Arbeitselektrode vom Potentiostaten gegen die stromlose Bezugselektrode gemessen gleich dem Wert der Sollspannung ist, wird der Stromfluß eingestellt. Die Verwendung von drei Elektroden (Arbeits- (AE), Bezugs- (BE) und Gegenelektrode (GE)) hat der Meßanordnung (nicht etwa der Methode) zum Namen "Dreielektrodenanordnung" verholfen. Eine Aufzeichnung von Elektrodenpotential (ersatzweise auch der Sollspannung, beide sind im Fall idealer Regeleigenschaften des Potentiostaten ja gleich) und fließendem Strom liefert ein als zyklisches Voltammogramm (oder "Dreieckspannungsdiagramm") bezeichnetes Bild. Aus ihm sind charakteristische Potentiale zu entnehmen, bei denen an der Elektrode Prozesse (Oxidation, Reduktion, Metallauflösung, Adsorption, Desorption) einsetzen. Typische Anwendungsgebiete der zyklischen Voltammetrie liegen u.a. in der Aufnahme von Deckschichtdiagrammen, der Untersuchung von Redoxsystemen und der Metallabscheidung. Aus Cyclovoltammogrammen (CV) lassen sich Informationen über die Thermodynamik von Redoxsystemen und die Kinetik von heterogenen Elektronentransferreaktionen sowie angekoppelten chemischen Reaktionen erhalten. Eine genauere Analyse der Bilder vor allem nach einer systematischen Variation der verschiedenen manipulierbaren experimentellen Parameter erlaubt außerdem den Zugang zu einer Vielzahl weiterer Daten des elektrochemischen Systems.

In diesem Versuch sollen zunächst einige einfache elektrochemische Untersuchungen durchgeführt werden, bei deren Interpretation weniger die quantitativ genaue Auswertung als die ideenreiche Interpretation der Meßergebnisse auf der Grundlage der Literatur und eigener Überlegungen gefragt ist.

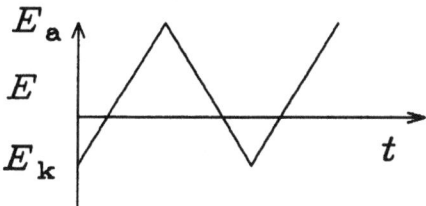

Bild 3.16 Potential-Zeit-Verlauf an der Arbeitselektrode bei der Dreiecksspannungsmethode.

Als Umkehrpotentiale der "Dreieckspannung" werden in wäßriger Lösung meist die Potentiale der beginnenden anodischen Sauerstoffentwicklung und der kathodischen Wasserstoffentwicklung gewählt.

Zur Erzeugung des gewünschten Potentialverlaufs an der Meßelektrode dient folgende Schaltung.

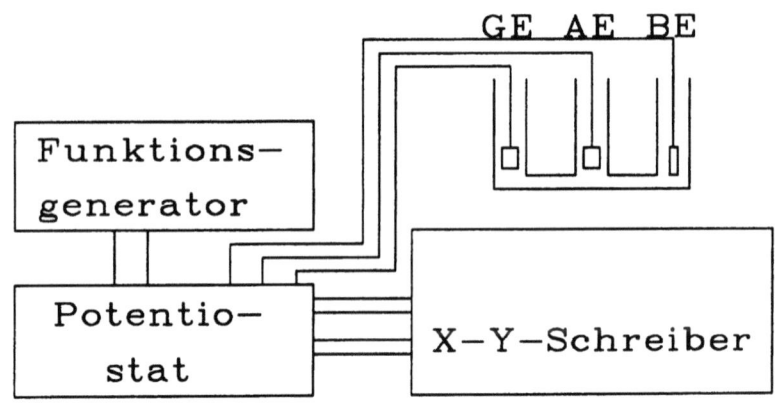

Bild 3.17 Potentiostatische Schaltung zur Aufnahme von Dreieckspannungsdiagrammen; BE: Bezugs-, AE: Arbeits-, GE: Gegenelektrode.

Im Versuch sollen zunächst Deckschichtdiagramme einer Platinelektrode im Kontakt mit einer wäßrigen Schwefelsäurelösung aufgenommen und interpretiert werden. Anschließend soll die bei Zugabe einer elektrochemisch aktiven Substanz (Ameisensäure) auftretenden Veränderungen beobachtet und gedeutet werden. Abschließend sollen CVs einer Nickelelektrode aufgezeichnet werden.

Ausführung

Chemikalien und Geräte

wäßrige H_2SO_4-Lösung 0,1 N
wäßrige H_2SO_4 + 0,1 M Ameisensäure-Lösung 0,1 N
Potentiostat (alternativ: PC mit Wandlerkarte)
X-Y-Schreiber
2 Platinelektroden
1 Nickelelektrode
1 Wasserstoffbezugselektrode
1 gesättigte Kalomelbezugselektrode
Gasversorgung für Inertgasspülung

Aufbau

Mit Blick auf die Vielzahl denkbarer Kombinationen von Potentiostaten, Funktionsgeneratoren, Aufzeichnungsgeräten und weiteren rechnergestützten Komponenten ist eine Darstellung der Verbindung der Einzelgeräte nicht nötig.

Versuchsablauf

1. Aufnahme von Deckschichtdiagrammen

Die Meßzelle wird mit 0,1 N Schwefelsäure gefüllt, als Arbeits- und Gegenelektrode werden Platin-Elektroden und als Bezugselektrode eine Wasserstoffelektrode (z.B. nach Will, s. S. 12) eingesetzt. Vor der Aufnahme des Deckschichtdiagramms wird etwa 10 Minuten mit Stickstoff oder Argon gespült, um den gelösten Sauerstoff zu entfernen. Die Messung selbst wird in ruhender Lösung vorgenommen.

Die Empfindlichkeitseinstellungen sind so zu wählen, daß das komplette Deckschichtdiagramm aufgenommen werden kann. Berücksichtigen Sie dabei, daß der durch die Arbeitselektrode fließende Strom am Meßwiderstand des Potentiostaten eine Spannung hervorruft, die nach dem Ohmschen Gesetz mit dem Strom zusammenhängt. Der Durchlauf soll etwa den Bereich $20 < E_{RHE} < 1660$ mV umfassen. Um eine reproduzierbar aktive Oberfläche der Arbeits-Elektrode zu erhalten, wird diese vorher durch schnelle Potentialdurchläufe ($dE/dt = 1$ V/s) im eingestellten Potentialbereich aktiviert.

Ein typisches Meßergebnis zeigt Bild 3.18.

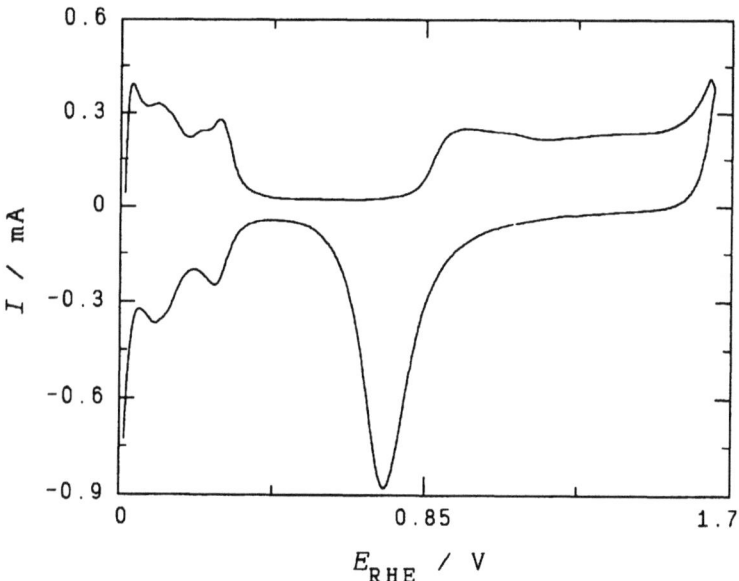

Bild 3.18 Zyklisches Voltammogramm von Platin in 0,1 N H_2SO_4, $dE/dt = 100$ mV·s^{-1}, N_2-gespült.

Zeichnen Sie den Bereich von ca. $20 < E_{RHE} < 800$ mV mit größerer Empfindlichkeit getrennt auf. Anschließend wird der Bereich $300 < E_{RHE} < 500$ mV, also der Doppelschichtbereich, aufgezeichnet. Die Spannungsanstiegsgeschwindigkeit wird von 20–100 mV·s^{-1} in 20 mV-Schritten variiert. Es ist sinnvoll, mit der größten Spannungsanstiegsgeschwindigkeit zu beginnen, um eine optimale Abbildung zu erhalten (der Strom wächst mit steigender Spannungsanstiegsgeschwindigkeit). Vor Aufnahme des jeweils neuen Diagramms sollte der Durchlauf etwa dreimal wiederholt werden. Das Ergebnis zeigt Bild 3.19.

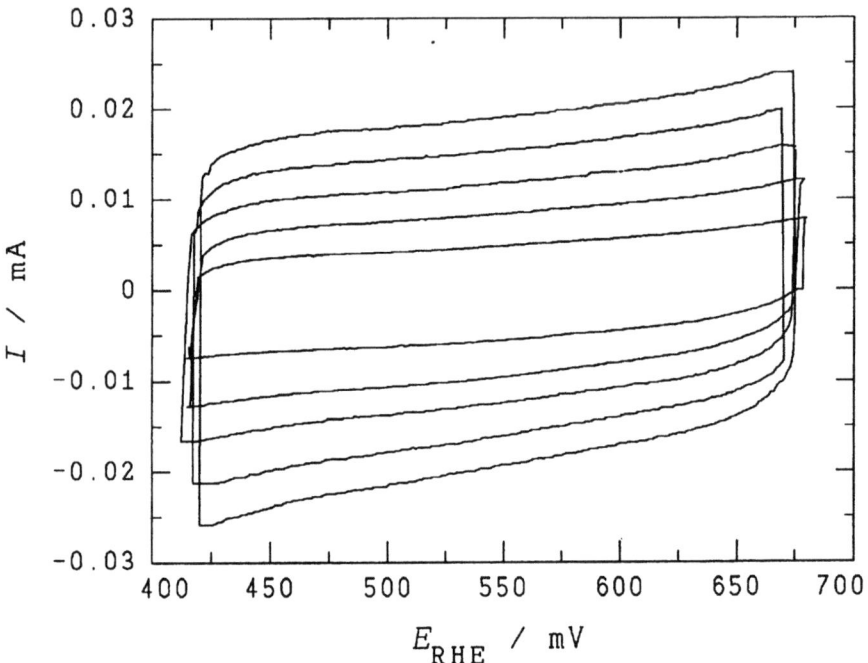

Bild 3.19 CVs im Doppelschichtbereich bei verschiedenen Durchlaufgeschwindigkeiten, $dE/dt = 20 .. 100$ mV·s^{-1} (von innen nach außen).

2. Cyclovoltammogramm von Ameisensäure

Die Meßzelle wird mit einer Lösung von ca 0,1 N H_2SO_4 und 0,1 M Ameisensäure gefüllt. Als Bezugselektrode dient eine Wasserstoff-Elektrode. Ein typisches Meßergebnis zeigt Bild 3.20 (nächste Seite).

3 Elektrochemie mit Stromfluß und Stoffumsatz

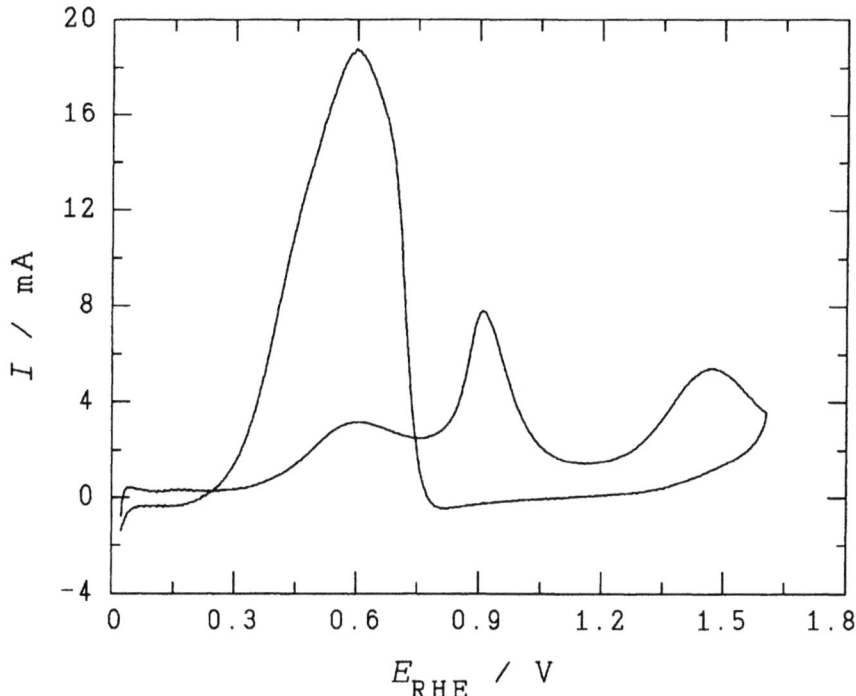

Bild 3.20 CV einer Platinelektrode in einer wäßrigen Lösung von 0,1 N H_2SO_4 + 0,1 M HCOOH, $dE/dt = 100$ mV·s^{-1}.

3. Cyclovoltammogramm einer Nickelelektrode in 0,1 N H_2SO_4

Mit $dE/dt = 100$ mV/s ist das CV einer Nickelelektrode (Nickeldraht, ersatzweise auch Spatel) in 0,1 N H_2SO_4 aufzuzeichnen. Beginnend am negativen Umkehrpotential sind die ersten drei Durchläufe aufzuzeichnen.

Auswertung

1. Aufnahme des Deckschichtdiagramms der Platinelektrode
Aufnahme des Bereiches von $20 < E_{RHE} < 1620$ mV

Das Potential hat den Bereich zwischen beginnender Wasserstoff- und Sauerstoffentwicklung durchlaufen. Im anodischen Durchlauf wird zunächst die Wasserstoffbelegung der Oberfläche oxidiert. Die zwei ausgeprägten Stromspitzen entsprechen mindesten zwei Arten atomar adsorbierten Wasserstoffs H_{ad}. Zwischen 350 mV < E_{RHE} < 800 mV fließt nur der Ladestrom für die Doppelschicht. Etwa bei E_{RHE} = 800 mV beginnt die Ausbildung der Sauerstoff-Chemisorptionsschicht. Um E_{RHE} = 1600 setzt die Sauerstoff-Entwicklung ein. Im kathodischen Rücklauf wird die Sauerstoff-Belegung mit einer Überspannung von mehreren hundert Millivolt reduziert. Ab E_{RHE} = 350 mV belegt sich die Oberfläche wieder mit atomarem Wasserstoff.

Aufnahme des Bereiches zwischen 20 < E_{RHE} < 800 mV

Die vergrößerte Aufnahme dieses Teils des Deckschichtdiagrammes ermöglicht die Bestimmung der tatsächlichen Oberfläche der Elektrode und des Rauhigkeitsfaktors Rf. Dazu wird die Fläche unter der Kurve (Wasserstoff-Adsorptionsbereich) von 0 < E_{RHE} < 360 mV bestimmt. Daraus wird die Wasserstoff-Ladung Q_H^- für die Bildung von H_{ad} im Bereich 0 < E_{RHE} < 360 mV abzüglich der 2,25-fachen anodischen Doppelschichtaufladung Q_d im Bereich 480 mV < E_{RHE} < 640 mV berechnet; diese Korrektur eliminiert den Beitrag des kapazitiven Ladestroms während der H_{ad}-Bildung.

Aus dem in Bild 3.18 gezeigten Voltammogramm ergibt sich für die kathodische Wasserstoffladung vor Abzug der anodischen Doppelschichtaufladung:

$$Q_H^{'-} = 1{,}68 \text{ mAs} = 1{,}68 \cdot 10^{-3} \text{ As} \tag{3.69}$$

Die anodische Doppelschichtaufladung beträgt:

$$Q_d = 0{,}1 \text{ mAs} = 0{,}1 \cdot 10^{-3} \text{ As} \tag{3.70}$$

Für Q_H^- ergibt sich also:

$$Q_H^- = 1{,}68 \cdot 10^{-3} \text{ C} - 0{,}1 \cdot 10^{-3} \text{ C} = 1{,}58 \cdot 10^{-3} \text{ C} \tag{3.71}$$

Geht man davon aus, daß in dem Bereich von 0 < E_{RHE} < 360 mV 90 % der Platin-Oberflächenatome ein Wasserstoff tragen (entspricht einem Bedeckungsgrad θ = 0,9), und legt man einen Wert von $2{,}1 \cdot 10^{-4}$ C/cm^2 zugrunde (ergibt sich aus der Zahl der Platin-Atome pro Flächeneinheit zu $1{,}3 \cdot 10^{15}$ cm^{-2} und der Elementarladung = $1{,}6 \cdot 10^{-19}$ C), so ergibt sich für die tatsächliche Oberfläche ein Wert von 7,5 cm^2.

Der Rauhigkeitsfaktor ist der Quotient aus wahrer und geometrischer Oberfläche. Mit einer geometrischen Oberfläche von 3 cm^2 folgt also für den Rauhigkeitsfaktor: Rf = 4.

Aufnahme des Bereichs zwischen 350 < E_{RHE} < 600 mV (Doppelschichtbereich).

Bei E_{RHE} = 600 mV werden die zu den jeweiligen Spannungsanstiegsgeschwindigkeiten gehörenden Stromwerte abgelesen. Eine Auftragung des Stromes im Doppelschichtbereich als Funktion der Durchlaufgeschwindigkeit dE/dt ergibt den in Bild 3.21 gezeigten Zusammenhang; das Verhalten der Doppelschicht entspricht also dem eines Plattenkondensators.

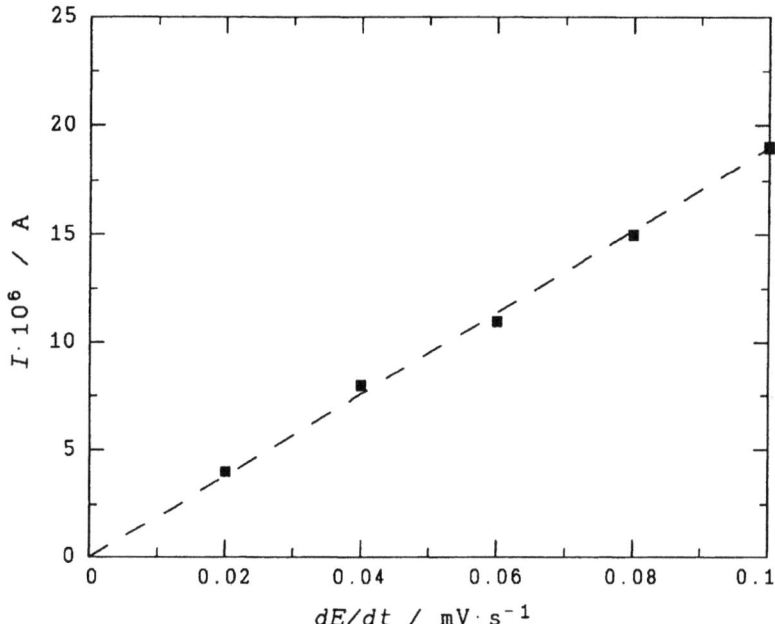

Bild 3.21 Auftragung des Stromes im Doppelschichtbereich für eine Platinelektrode mit 3 cm^2 geometrischer Oberfläche in einer wäßrigen Lösung von 0,1 N Schwefelsäure in Abhängigkeit von der Durchlaufgeschwindigkeit dE/dt.

Die Steigung der Ausgleichsgeraden stellt die Doppelschichtkapazität C_D dar. Sie beträgt im Beispiel C_D = 194 µF. Bei einer geometrischen Elektrodenoberfläche von 3 cm^2 und einer angenommenen Doppelschichtkapazität von C_D = 20 µF für eine ideal glatte Metallelektrode ergibt sich durch Division ein Rauhigkeitsfaktor Rf = 3,2. Das Resultat liegt nahe bei dem aus der Wasserstoffadsorption ermittelten Wert.

2. Cyclovoltammogramm von Ameisensäure

Das Diagramm weist im Potentialhinlauf Stromwellen bei E_{RHE} = 600, 1000 und 1500 mV auf. Im Rücklauf erhält man dagegen nur einen starken Oxidationspeak im Bereich der ersten Welle des Hinlaufs. Dabei führt man die Maxima bei

E_{RHE} = 1000 und 1500 mV auf die Bildung von Pt-OH- bzw. Pt-O-Chemisorptionsschichten zurück. Die ausgeprägte anodische Welle bei E_{RHE} = 600 mV im Potentialrücklauf wird dadurch erklärt, daß die Ameisensäureoxidation nach Reduktion der Pt-O-Belegung (s. das kleine Reduktionsmaximum bei E_{RHE} = 750 mV) an der nun freien, aktiven Oberfläche wieder einsetzt.

3. Cyclovoltammogramm einer Nickelelektrode

Deuten Sie qualitativ die beobachteten Stromwellen und die Unterschiede zwischen den aufeinander folgenden Durchläufen. Bild 3.22 zeigt ein typisches Meßergebnis, das mit einer Nickeldrahtelektrode erhalten wurde. Dabei wurde die Elektrode vor dem ersten Potentialdurchlauf zehn Sekunden bei E_{RHE} = – 0,4 V gehalten, um eventuell vorhandene Oxidschichtreste oder Passivierungen zu reduzieren.

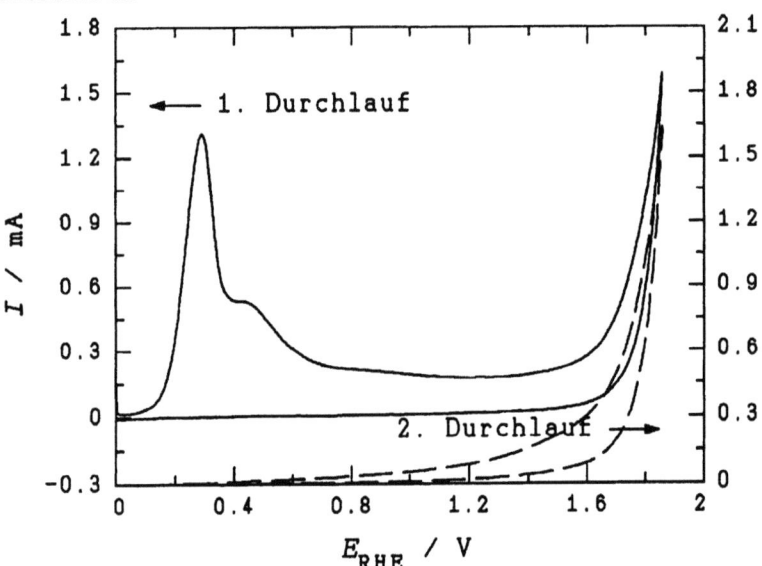

Bild 3.22 Cyclovoltammogramm einer Nickelelektrode in einer wäßrigen Lösung von 0,1 N H_2SO_4; dE/dt = 0,1 V·s^{-1}, stickstoffgesättigt. Der Übersichtlichkeit halber ist das Diagramm des zweiten Potentialdurchlaufes verschoben.

Im Bild ist das Fladepotential E_F als das Strommaximum im ersten Potentialdurchlauf gut zu erkennen. Das Durchbruchspotential kann durch Extrapolation des Stromanstiegs zu diesem Maximum am Fladepotential auf die Y-Achse ermittelt werden. Der anodische Stromfluß im transpassiven Bereich, der auf Weiteroxidation der bevorzugt auf die einsetzende˙ Sauerstoffentwicklung zurückgeht, ist deutlich. Das zum erneuten Stromanstieg im transpassiven

3 Elektrochemie mit Stromfluß und Stoffumsatz

Bereich wird mitunter auch als Durchbruchspotential bezeichnet. Ebenfalls gut erkennbar ist das Passivierungspotential, bei dem die Nickelelektrode nach Erhöhung des Elektrodenpotentials über das Fladepotentials hinaus in den passiven Zustand übergeht. Das Aktivierungspotential, bei dem im Potentialrücklauf die Elektrode aus dem passiven in den wieder aktiven Zustand übergeht, ist am Fuß des rapiden Stromabfalls positiv zum Passivierungspotential erkennbar. In der verwendeten Elektrolytlösung tritt allerdings kein erneuter anodischer Stromfluß unter Metallauflösung auf. Dieses Potential wird mitunter auch als Fladepotential bezeichnet.

Kontrollfragen

- Ist die zyklische Voltammetrie eine stationäre Meßmethode?
- Können Sie Redoxpotentiale aus den zyklischen Voltammogrammen der entsprechenden gelösten Substanzen entnehmen?
- Wie unterscheiden sich geometrische und wahre Elektrodenoberfläche?

Literatur

H. Kaesche, Die Korrosion der Metalle, Springer-Verlag, Berlin [3]1990.
H. Gerischer, Angew. Chem. 70 (1958) 285.

Versuch 3.13: Langsame zyklische Voltammetrie

Aufgabenstellung

Das elektrochemische Verhalten der Redoxsysteme Pb/Pb^{2+} und Pb^{2+}/Pb^{4+} soll mit langsamer zyklischer Voltammetrie untersucht werden.

Grundlagen

Zyklische Voltammetrie kann potentiostatisch mit einer in einem sehr breiten Rahmen variabel wählbaren Potentialvorschubgeschwindigkeit (Durchlaufgeschwindigkeit) durchgeführt werden. Entsprechend der Charakterisierung dieser Methode als quasistationärem Verfahren (LF 239) entspricht dabei eine sehr langsame Geschwindigkeit einem fast stationären Fall, während sehr hohe Geschwindigkeiten das Verfahren in die Nähe instationärer Methoden rücken. In diesem Versuch wird eine sehr kleine Geschwindigkeit verwendet, die Resultate ähneln daher den Ergebnissen von Messungen der Stromdichte-Potentialkurve bei schrittweise variiertem Potential und Ablesung des zugehörigen Stromes nach Erreichen eines stationären Wertes.

Für die Untersuchung der beiden Redoxsysteme werden zwei Elektrolytlösungen verwendet, die zu extrem unterschiedlichen Ergebnissen führen. Dies illustriert erneut die schon von W. Nernst vorgeschlagene Definition der Elektrode als einer Kombination aus einem elektronenleitendem Material und einem ionenleitenden Medium (z.B. einem Bleidraht in einer Schwefelsäurelösung). In der verwendeten Perchlorsäurelösung sind Bleiionen extrem gut löslich (bei 25 °C sind 81 Gew% $Pb(ClO_4)_2$ in Wasser löslich), dagegen ist in einer Schwefelsäurelösung das extrem schwerlösliche Bleisulfat (bei 25 °C sind 0,0084 Gew% $PbSO_4$ in Wasser löslich) bestimmend. In der erstgenannten Lösung wird daher eine Elektrode erster Art (auch Lösungselektrode genannt) ausgebildet, während in der zweiten Elektrolytlösung eine Elektrode zweiter Art ausgebildet wird.

In Perchlorsäure (System I) laufen folgende Redoxreaktionen ab:

$$Pb^{2+} + 2\,e^- \rightleftarrows Pb \tag{3.72}$$

$$Pb^{2+} + 2\,H_2O \rightleftarrows PbO_2 + 4\,H^+ + 2\,e- \tag{3.73}$$

Die Verwendung eines Platin- an Stelle eines Bleibleches gestattet die Untersuchung der zweiten Redoxreaktion. Auf Blei selbst würde sich anodisch in einer Perchlorsäurelösung kein Bleidioxid (Passivierung) bilden, das Metall würde sich vielmehr anodisch vollständig auflösen.

In wäßriger Schwefelsäure (System II) laufen dagegen die aus dem Bleiakkumulator (vgl. Versuch 6.1 und LF 116) bekannten Prozesse ab:

$$PbSO_4 + 2\,e^- \rightleftarrows Pb + SO_4^{2-} \tag{3.74}$$

$$PbSO_4 + 2\,H_2O \rightleftarrows PbO_2 + 4\,H^+ + 2\,SO_4^{2-} \tag{3.75}$$

Hier kann ein Bleiblech* zur Herstellung der Elektrode verwendet werden.

Ausführung

<u>Chemikalien und Geräte</u>

wäßrige Lösung von H_2SO_4 1 M
wäßrige Lösung von 0,5 M $Pb(ClO_4)_2$
Mischung (1:1) aus Perhydrol und Eisessig zur Entfernung von Bleidioxidresten

---

* Handelsübliches Bleiblech kann Legierungsbestandteile enthalten, die ebenfalls elektrochemisch aktiv sind und das Ergebnis nachhaltig beeinflussen. Wenn kein ausreichend reines Blei zur Verfügung steht kann behelfsweise ein entsprechend zugeschnittenes Stück aus einem Akkumulator verwendet werden.

von Platinblechen
Potentiostat
Funktionsgenerator (alternativ: PC mit Wandlerkarte)
X-Y-Schreiber
1 H-Zelle
2 Platinelektroden
2 Bleielektroden
1 Quecksilbersulfatbezugselektrode
PTFE-Band (Teflon™-Band)

Aufbau

Mit Blick auf die Vielzahl denkbarer Kombinationen von Potentiostaten, Funktionsgeneratoren, Aufzeichnungsgeräten und weiteren rechnergestützten Komponenten ist eine sinnvolle Detaildarstellung der Verbindung der Einzelgeräte nicht sinnvoll.

Für die Untersuchungen mit der Bleiperchloratlösung werden Platinbleche als Arbeits- und Gegenelektrode eingesetzt; als Bezugselektrode wird ein Bleidraht benutzt. An ihm stellt sich in der bleiperchlorathaltigen Elektrolytlösung das entsprechende Potential einer Pb/Pb^+-Elektrode ein.

In der schwefelsauren Elektrolytlösung wird ein Bleiblech als Arbeitselektrode verwendet. Durch teilweises Umwickeln des Bleches mit PTFE-Band wird eine definierte Fläche für den Kontakt mit der Elektrolytlösung vorgegeben. Als Gegenelektrode wird ein weiteres, ebenso präparierter Bleiblech oder der im vorangegangenen Versuchsteil als Bezugselektrode verwendete Bleidraht verwendet. Als Bezugselektrode kann statt der vorgeschlagenen Quecksilbersulfatbezugselektrode auch eine Wasserstoffelektrode verwendet werden. All folgenden Potentialangaben sind dann entsprechend zu korrigieren.

Versuchsablauf

Bei der zyklischen Voltammetrie mit System I und mit $dE/dt = 2$ mV·s^{-1} in System wird ein Potentialbereich von $-10 < E < 2000$ mV gewählt. Die beiden Redoxprozesse sollten in diesem Potentialfenster ablaufen, bei Bedarf sind die Potentialgrenzen geringfügig zu verändern. Die erreichten Stromdichten sollten dabei $j = 100$ mA·cm^{-2} nicht wesentlich übersteigen. Falls die Auswertung der bei den Redoxprozessen umgesetzten Ladungen durch Integration der aufgezeichneten Voltammogramme (z.B. mit einem Planimeter) erfolgt, sollten zusätzlich Voltammogramme der beiden Prozesse separat und mit vergrößerter Auflösung aufgezeichnet werden.

Bei der Messung mit System II und einer Quecksilbersulfatbezugselektrode ist ein Potentialbereich $-1600 < E < 1600$ mV einzustellen.

Auswertung

Bild 3.23 zeigt das komplette Voltammogramm in der Elektrolytlösung von System I.

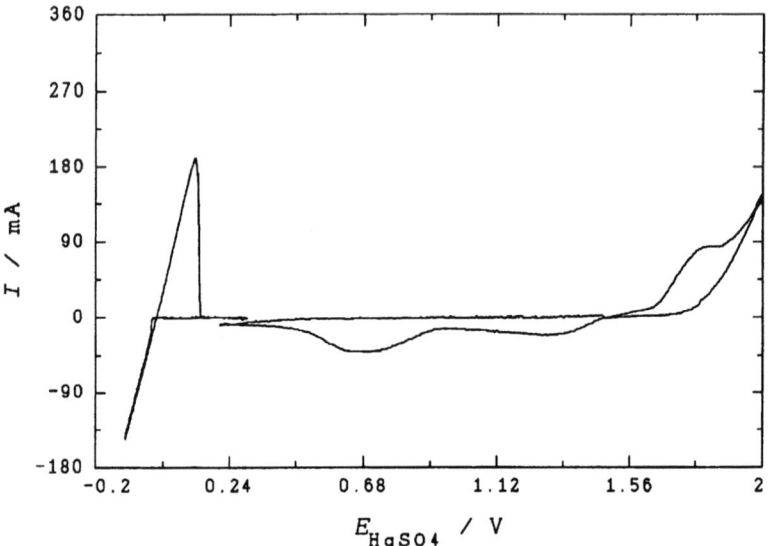

Bild 3.23 Zyklisches Voltammogramm einer Platinelektrode in einer wäßrigen Lösung von 1 M Pb(ClO$_4$)$_2$, dE/dt =1 mV·s^{-1}.

Durch Integration der Flächen, die der anodischen Bleiauflösung und der kathodischen Bleiabscheidung entsprechen, können die dabei umgesetzten Ladungsmengen ermittelt werden. Dabei ist zu beachten, das die kathodisch umgesetzte Ladung sowohl im kathodisch wie im anodisch laufenden Potentialdurchgang berücksichtigt werden muß. Die Bleielektrode (das Redoxsystem Pb/Pb^{2+}) erweist sich dabei als sehr reversibel, d.h. die beiden Teilprozesse sind nahezu perfekt umkehrbar. Die Strom-Potentialkurven passieren den Nullpunkt der Stromachse mit großer Steigung. Dies weist auf die extrem große Austauschstromdichte dieser Elektrode hin ($j_{00} \approx 100$ A·cm^{-2}). Eine entsprechende Auswertung für das Redoxpaar Pb^{2+}/Pb^{4+} zeigt, daß dieser Prozeß deutlich weniger ideal verläuft. Für die Bildung des Bleidioxids sind erhebliche Überspannungen aufzubringen. Die deutlich kleinere Steigung der Kurve zeigt eine viel geringere Austauschstromdichte dieser Elektrode an ($j_{00} \approx 1$ mA·cm^{-2})

Bild 3.24 zeigt das komplette Voltammogramm in der Elektrolytlösung von System II.

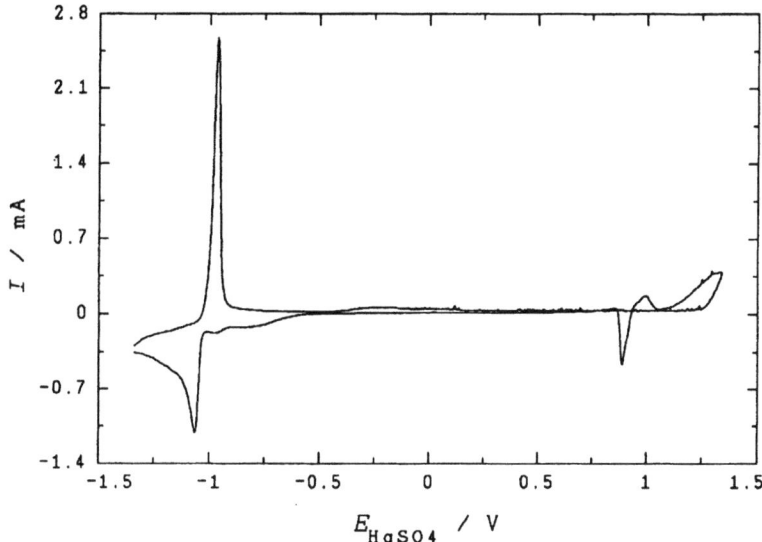

Bild 3.24 Zyklisches Voltammogramm einer Platinelektrode in einer wäßrigen Lösung von 1 M H_2SO_4, $dE/dt = 2$ mV·s^{-1}.

Die Bleiabscheidung/-auflösung erfolgt mit höherer Ausbeute, dies kann durch Integration der Flächen unter den entsprechenden Strompeaks überprüft werden. Für das Redoxpaar Pb^{2+}/Pb^{4+} zeigt sich, daß die Bildung des Bleidioxids und die Sauerstoffentwicklung kaum unterschieden werden können. Ein Vergleich der Ladung, die bei der Reduktion des PbO_2 verbraucht wird, mit der bei der Oxidation des Bleis bei der Bildung von $PbSO_4$ (aus dem Redoxpaar Pb/Pb^{2+}) bestätigt aber die grundsätzliche Umkehrbarkeit der studierten Prozesse. Der anodische Strompeak, der im in negativer Potentialrichtung laufenden Potentialvorschub beobachtet wird, wurde der Oxidation der Oxidation von Wasser unter Sauerstoffentwicklung durch intermediär auftretende $Pb^{3\pm}$Ionen zugeordnet.

Literatur

F. Beck in: The Electrochemistry of Lead (A.T. Kuhn Hrsg.), Academic Press, New York 1979, S. 65.
J.G. Sunderland, J. Electroanal. Chem. 71 (1976) 341.

Versuch 3.14: Kinetische Untersuchungen mit der zyklischen Voltammetrie

Aufgabenstellung

Die kinetischen Daten Austauschstromdichte j_0 und Durchtrittsfaktor α für ein Redoxsystem sind zu bestimmen.

Grundlagen

Um die kinetischen Daten (Austauschstromdichte j_0 und Durchtrittsfaktor α) zu bestimmen muß der Stofftransport zu einer ruhenden Elektrode in ungerührter Lösung rechnerisch behandelt werden. Dieser Stofftransport erfolgt ausschließlich durch Diffusion. Einzelheiten zu diesen sehr umfangreichen Rechnungen sind in der Literatur nachzulesen. An dieser Stelle wird lediglich ein Zusammenhang zwischen den experimentellen Beobachtungen und den zu bestimmenden Größen hergestellt.

Ein zyklisches Voltammogramm eines Redoxsystems zeigt Bild 3.25.

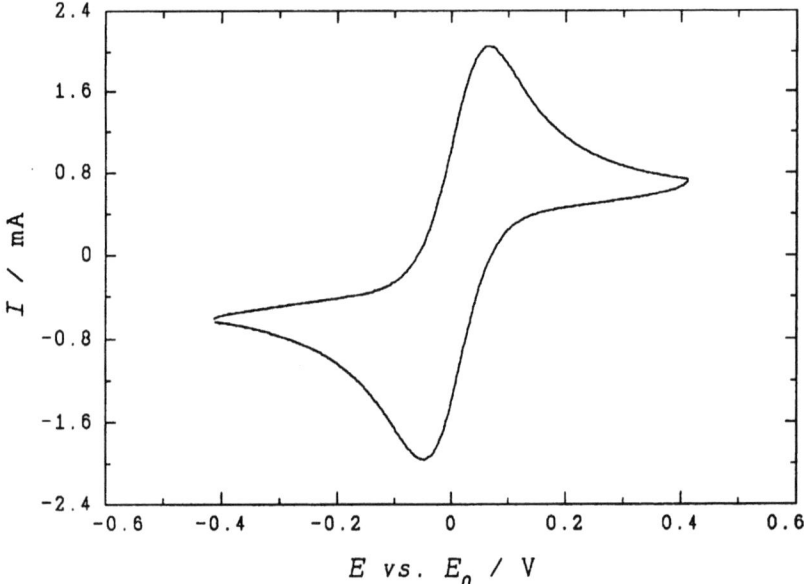

Bild 3.25 Zyklisches Voltammogramm des Redoxsystems Fe^{2+}/Fe^{3+} bei einmaligem Potentialdurchlauf mit dE/dt = 50 mV·s^{-1}, wäßrige Elektrolytlösung von je 5 mM $Fe(NH_4)(SO_4)_2 \cdot 12\, H_2O$ + $FeSO_4 \cdot 7\, H_2O$ in 1N H_2SO_4.

3 Elektrochemie mit Stromfluß und Stoffumsatz

Charakteristische Parameter im einfachen zyklischen Voltammogramms eines Redoxsystems der Art:

$$Ox^+ + e^- \rightarrow Red^0 \tag{3.76}$$

sind:
1. die Höhe der beiden Strompeaks (I_p)
2. die Differenz der Peakpotentiale (ΔE_p)

Die Theorie ergibt folgenden Zusammenhang zwischen der Höhe des Peakstroms I_p bzw. der Peakstromdichte j_p und der Geschwindigkeit des Potentialdurchlaufs $v = dE/dt$:

$$i_p = 3{,}01 \cdot 10^5 \cdot A \cdot n^{3/2} \cdot (1-\alpha)^{1/2} \cdot D_{ox}^{1/2} \cdot c_{0,ox} \cdot v^{1/2} \tag{3.77}$$

Die Auftragung von I_p gegen $v^{1/2}$ ergibt eine Gerade, aus deren Steigung der Durchtrittsfaktor α berechnet werden kann. Die Messung der Differenz der Peakpotentiale ΔE_p kann zur Bestimmung der Geschwindigkeitskonstanten k_0 herangezogen werden. Aus k_0 erhält man über die Beziehung

$$j_0 = F \cdot k_0 \cdot c_{ox}^{\alpha} \cdot c_{red}^{(1-\alpha)} \tag{3.78}$$

die Austauschstromdichte j_0.

Die Peakpotentialdifferenz ΔE_p steht im Zusammenhang mit der Funktion Y

Tabelle 3.1

Y	ΔE_p/mV	Y	ΔE_p/mV
20	61	1	84
7	63	0,75	92
5	65	0,5	105
4	66	0,35	121
3	68	0,25	141
2	72	0,1	212

Da es sich um eine numerisch nicht angebbare Beziehung handelt, ist für die Auswertung von Y eine Auftragung der angegebenen Werte entsprechend dem folgenden Bild nützlich.

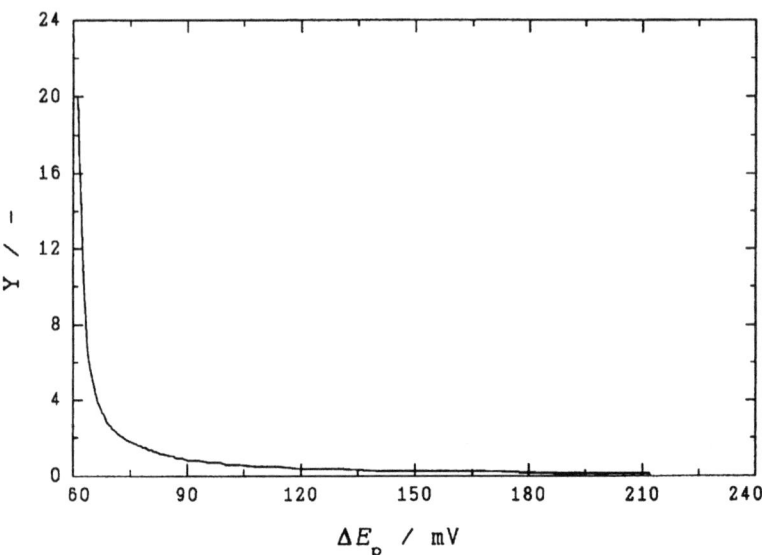

Bild 3.26 Auftragung von Y über ΔE_p.

Die Geschwindigkeitskonstante k_0 erhält man aus dem ermittelten Wert für Y über die folgende Gleichung:

$$Y = (D_{ox}/D_{red})^{\alpha/2} k_0 ((R \cdot T)^{1/2}/(n \cdot F \cdot v \cdot D_{ox})^{1/2}) \tag{3.79}$$

Als Umkehrpotentiale der "Dreieckspannung" werden in wäßriger Lösung meist die Potentiale der beginnenden anodischen Sauerstoffentwicklung und der kathodischen Wasserstoffentwicklung gewählt oder - in diesem Versuch - Potentiale, die unterhalb bzw. oberhalb der Redoxpeaks liegen.

Ausführung

<u>Chemikalien und Geräte</u>

wäßrige Lösung von H_2SO_4 0,1 N
wäßrige Lösung von 0,1 M $Fe(NH_4)(SO_4)_2 \cdot 12\, H_2O$ (Stammlösung)
wäßrige Lösung von 0,1 M $FeSO_4 \cdot 7\, H_2O$ (Stammlösung)
Potentiostat
Funktionsgenerator und X-Y-Schreiber (alternativ: PC mit Wandlerkarte)
1 H-Zelle
3 Platinelektroden

3 Elektrochemie mit Stromfluß und Stoffumsatz 115

Aufbau

Mit Blick auf die Vielzahl denkbarer Kombinationen von Potentiostaten, Funktionsgeneratoren, Aufzeichnungsgeräten und weiteren rechnergestützten Komponenten ist eine sinnvolle Detaildarstellung der Verbindung der Einzelgeräte nicht sinnvoll. Statt einer der gewohnten Bezugselektroden wird ein Platinblech verwendet, das in die Elektrolytlösung mit dem Redoxsystem eintaucht. An diesem Blech stellt sich das Ruhepotential E_0 des Redoxsystems ein; darauf werden alle weiteren Potentialangaben bezogen.

Versuchsablauf

In diesem Versuch wird das System Fe^{2+}/Fe^{3+} an Pt in einer wäßrigen Lösung von 1 N Schwefelsäure untersucht. Die Diffusionskoeffizienten sind:

$D_{red} = 5,04 \cdot 10^{-6}$ cm^2 s^{-1}
$D_{ox} = 4,65 \cdot 10^{-6}$ cm^2 s^{-1}

Die Zelle wird mit 0,005 M Fe^{2+}/Fe^{3+}-Lösung gefüllt. Diese Lösung wird durch Verdünnen der Stammlösung von 0,1 M Fe^{2+}/Fe^{3+}-Ionen mit 1 N Schwefelsäure hergestellt. Die Zelle wird mit Argon oder Stickstoff sauerstofffrei gemacht. Anschließend werden CVs im Bereich -400 mV $< E_0 < 400$ mV mit verschiedenen Potentialanstiegsgeschwindigkeiten aufgenommen (dE/dt = 100, 200, 400, 600, 800 und 1000 mV·s^{-1}). Ein typisches Ergebnis zeigt Bild 3.27.

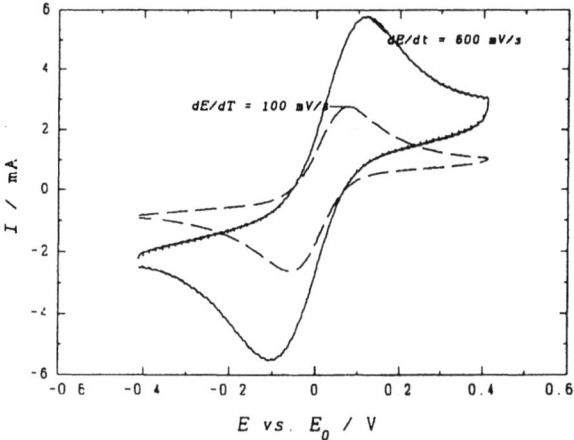

Bild 3.27 Zyklische Voltammogramme des Redoxsystems Fe^{2+}/Fe^{3+} bei einmaligem Potentialdurchlauf mit verschiedenen Durchlaufgeschwindigkeiten, Elektrolytlösung wäßrige Lösung von je 5 mM Fe(NH$_4$)(SO$_4$)$_2 \cdot$12 H$_2$O + FeSO$_4 \cdot$7 H$_2$O in 1N H$_2$SO$_4$.

Auswertung

Die Auftragung der Peakstromdichte des Eisenredoxsystems gegen $v^{1/2}$ sollte eine Ursprungsgerade ergeben (vgl. Bild 3.28).

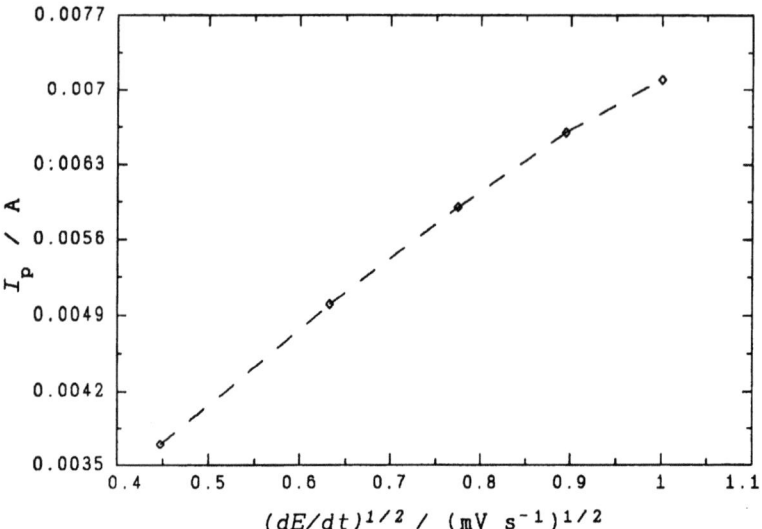

Bild 3.28 Auftragung der Peakströme über $(dE/dt)^{1/2}$ für das Redoxsystem aus Bild 3.27.

Aus der Steigung a der Geraden wird der Durchtrittsfaktor α nach:

$$1-\alpha = \left\{ \frac{a}{3{,}01 \cdot 10^5 \cdot n^{3/2} \cdot (4{,}65\, 10^{-6})^{1/2} \cdot c_{0,\text{ox}}} \right\} \tag{3.80}$$

berechnet. Falls statt der Peakstromdichten die Peakströme ermittelt wurden, ist Gl. 3.80 im Nenner um die Elektrodenfläche zu ergänzen. Die mathematische Verknüpfung der Konzentration des Redoxsystems mit den übrigen Parametern läßt das Ergebnis sehr empfindlich auf ungenaue Konzentrationsangaben[*] und ungenaue Angaben der Elektrodenoberfläche reagieren. Vor allem bei nichtpolierten Elektroden (z.B. Platinblech oder -draht) ist die im Vorversuch ermittelte Rauhigkeit zu berücksichtigen. Im dargestellten Beispiel wird $\alpha = 0{,}55$ ermittelt.

---

[*] In die Berechnungen geht die auf 1 cm³ bezogene Konzentration ein, die im vorliegenden Beispiel $5 \cdot 10^{-6}$ Mol·cm⁻³ betragen würde.

3 Elektrochemie mit Stromfluß und Stoffumsatz 117

Anhand der Daten von Tabelle 3.2 wird eine Kalibrierkurve erstellt. Nach der Messung von ΔE_p bestimmen Sie den zugehörigen Y-Wert und berechnen daraus k_0 und j_{00}. Vergleichen Sie ihre Ergebnisse mit aus der Literatur zugänglichen Resultaten.

Für die in Bild 3.27 gezeigten Voltammogramme wurden folgende Daten ermittelt:

Tabelle 3.2

dE/dt/V·s^{-1}	ΔE_p/V	Y	k_0/cm·s^{-1}
0,2	0,115	0,45	0,002840
0,4	0,140	0,224	0,001999
0,6	0,145	0,224	0,002448
0,8	0,150	0,224	0,002827
1	0,180	0,14	0,001976

Als Mittelwert für die Geschwindigkeitskonstante folgt $k_0 = 0.002418$ cm·s^{-1}; die zugehörige Austauschstromdichte ist $j_0 = 1,1$ mA·cm^{-2}.

Literatur

C.H. Hamann, W. Vielstich: Elektrochemie, Verlag Chemie, Weinheim 1998.
R.S. Nicholson, Anal. Chem. 37 (1965) 1351.

Versuch 3.15: Numerische Simulation zyklischer Voltammogramme

Aufgabenstellung

Die kinetischen Daten j_0 und α eines Redoxsystems sind durch numerische Simulation der zyklischen Voltammogramme des Systems zu ermitteln.

Grundlagen

Die kinetischen Daten (Austauschstromdichte j_0 und Durchtrittsfaktor α) eines elektrochemischen Systems können durch numerische Simulation der mit diesem System gemessenen zyklischen Voltammogramme bestimmt werden. Die umfangreichen mathematischen Grundlagen sind in der Literatur dargestellt. Verschiedene Rechenprogramme waren bei Drucklegung des Buches kostenlos erhältlich (Public domain oder Shareware), zwei weitere Programme waren käuflich zu erwerben. Die erstgenannten Programme erlaubten lediglich eine Simulation, nicht jedoch eine automatische Anpassung (Fit) bis zur optimalen

Übereinstimmung des gemessenen mit dem simulierten Programm. Die beiden käuflichen Programme (Polar 4.3, Dr. Huang Pty Ltd, und DigiSim, BAS*) erlauben diese automatische Anpassung. Dies ist ebenfalls mit den Programmen CVSIM und CVFIT möglich, die Bestandteil des Buches: D.K. Gosser Jr.: Cyclic Voltammetry, VCH, New York 1993, sind.

Ausführung

Chemikalien und Geräte

wäßrige Lösung von 5 mM $K_3Fe(CN)_6$ + 0,5 M K_2SO_4
Potentiostat
Funktionsgenerator (alternativ: PC mit Wandlerkarte)
X-Y-Schreiber
1 H-Zelle
3 Platinelektroden

Aufbau

Mit Blick auf die Vielzahl denkbarer Kombinationen von Potentiostaten, Funktionsgeneratoren, Aufzeichnungsgeräten und weiteren rechnergestützten Komponenten ist eine sinnvolle Detaildarstellung der Verbindung der Einzelgeräte nicht sinnvoll. Statt einer der gewohnten Bezugselektroden wird ein Platinblech verwendet, das in die Elektrolytlösung mit dem Redoxsystem eintaucht. An diesem Blech stellt sich das Ruhepotential E_0 des Redoxsystems ein; darauf werden alle weiteren Potentialangaben bezogen.

Versuchsablauf

Bei verschiedenen Potentialvorschubgeschwindigkeiten werden zyklische Voltammogramme aufgezeichnet.

Auswertung

Durch numerische Simulation werden die gesuchten kinetischen Parameter erhalten. Die Bilder 3.29 und 3.30 zeigen typische Ergebnisse. In die Simulation wurden die ausgemessen geometrische Elektrodenoberfläche, die Leitsalz- und

---

* Vom letztgenannten Programm, das bei Manuskriptfertigstellung für ca. 5000 DM angeboten wurde, existieren keine Demonstrations- oder Studentenversionen. das Programm konnte daher nicht erprobt und hier vorgestellt werden. Das Programm Polar ist wegen der praktisch fehlenden Bedienungsanleitung trotz seiner unbestreitbaren Leistungsfähigkeit schwer zu benutzen.

die Reaktandenkonzentration sowie die Potentialvorschubgeschwindigkeit eingegeben. Das Redoxpotential E_0 wurde zunächst aus den experimentellen Daten abgeschätzt, der genaue Wert $E_{0,SCE} = 0{,}235$ V wurde ebenso wie die kinetischen Daten mit dem Simulationsprogramm Polar 4.1 ermittelt.

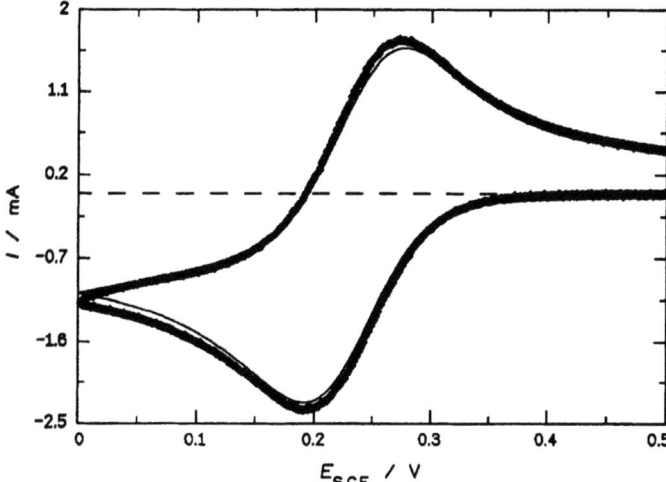

Bild 3.29 Simuliertes (–) und gemessenes zyklisches Voltammogramm mit $dE/dt = 0{,}1$ V·s^{-1}.

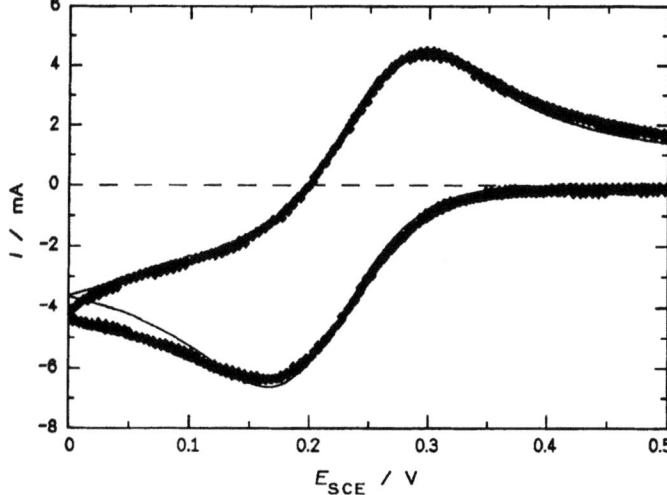

Bild 3.30 Simuliertes (–) und gemessenes zyklisches Voltammogramm mit $dE/dt = 1$ V·s^{-1}.

Die kinetischen Daten wurden zu $\alpha = 0{,}5$ und $k_0 = 3{,}1 \cdot 10^{-3}$ cm·s^{-1} ermittelt.

Versuch 3.16: Zyklische Voltammetrie mit Mikroelektroden

Aufgabenstellung

Mit einer Mikroelektrode sind zyklische Voltammogramme bei verschiedenen Durchlaufgeschwindigkeiten aufzuzeichnen und mit Transportmodellen zu vergleichen.

Grundlagen

Bei den üblichen Dimensionen von Arbeitselektroden der Elektrochemie (z.B. Scheibenelektroden mit einigen Millimetern Durchmesser, Blechelektroden von Quadratzentimetergröße etc.) kann von planarer Diffusion der Reaktanden ausgegangen werden. Die extreme Kleinheit des Quecksilbertropfens in der Polarographie, vor allem aber seine starke gekrümmte Oberfläche bewirken dagegen sphärische Diffusion. Eine ähnliche Situation besteht an der Phasengrenze Elektrode|Lösung, wenn die aktive Oberfläche der Elektrode eine charakteristische Dimension (Scheibendurchmesser, Streifenbreite) hat, der in der Größenordnung der Diffusionsschichtdicke liegt. Dies sind unter typischen Bedingungen einige Mikrometer. Auch an diesen als Mikroelektroden bezeichneten Systemen besteht sphärische Diffusion. Solche Mikroelektroden können durch Einbetten von dünnen Metallfäden (Durchmesser einige Mikrometer) oder Kohlenstoffasern in inerte Materialien (Glas, Kunststoff) erhalten werden. Dabei muß die Mikroelektrode nicht immer plan in eine Fläche eingebettet sein. Denkbar sind auch aus der Fläche herausschauende Halbkugeln oder an dünnen Drähten angebrachte kleinste Kugeln etc.

Für den diffusiven Stofftransport zu ihnen gelten die Gesetze der planaren oder linearen Diffusion nicht mehr. Bild 3.31 zeigt den Stofftransport entsprechend linearer Diffusion zu einer "großen" Elektrode sowie entsprechend sphärischer Diffusion zu einer Mikroelektrode (LF 248).

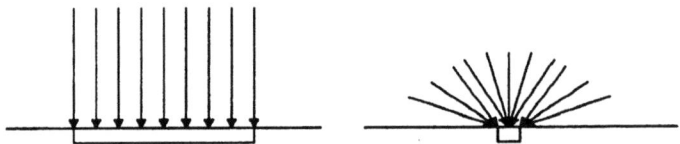

Bild 3.31 Stofftransport zu einer planaren, "großen" Elektrode (links) und zu einer Mikroelektrode (rechts).

Diese Veränderungen drücken sich in auch einer erhebliche Veränderung des erhaltenen Voltammogramms aus, da die Größe der Elektroden vergleichbar mit der Dicke der Nernstschen Diffusionsschicht wird.

Schon das Bild macht deutlich, daß der Stofftransport zu einer Mikroelektrode aus einem Anteil I_{plan}, der der planaren Diffusion entspricht, und einem zusätzlichen sphärischen Anteil $I_{sphär}$ zusammengesetzt werden kann. Im diffusionsbegrenzten Fall addieren sich die beiden Ströme nach

$$I = I_{plan} + I_{sphär} \tag{3.81}$$

Nach mathematischer Ableitung erhält man mit dem Radius r der Mikroelektrode und dem Formfaktor a

$$I_{sphär} = a \cdot r \cdot n \cdot F \cdot D \cdot c \tag{3.82}$$

Der Formfaktor ist $a = 4$ für eine flache Elektrode (Scheibe), 4π für eine Kugel und 2π für eine Halbkugel. Das relative Ausmaß der beiden Strombeiträge zum Gesamtstrom hängt vom Verhältnis der typischen Elektrodendimension r_0 zur Dicke der Diffusionsschicht ab. Als Kriterium kann mit der Zeit t der Quotient $D \cdot t / r_0^2$ verwendet werden. Ist sein Wert größer als 1, d.h. bei einer Diffusionsschichtdicke deutlich größer r_0, erreicht der Strom einen konstanten Grenzwert, der im zyklischen Voltammogramm leicht beobachtet werden kann. Im umgekehrten Fall wird dagegen die typische Form des Voltammogramms mit einem Strommaximum beobachtet. Wegen der konstanten Potentialvorschubgeschwindigkeit v entsprechen sich Elektrodenpotential E und der Parameter t aus dem als Kriterium verwendeten Quotienten. Die beiden Fälle können mit einer Elektrode einer bestimmten charakteristischen Dimension r_0 leicht durch Veränderung der Potentialvorschubgeschwindigkeit eingestellt werden. Bild 3.32 zeigt ein simuliertes Voltammogramm für eine Scheibenelektrode von 0,001 cm Durchmesser.

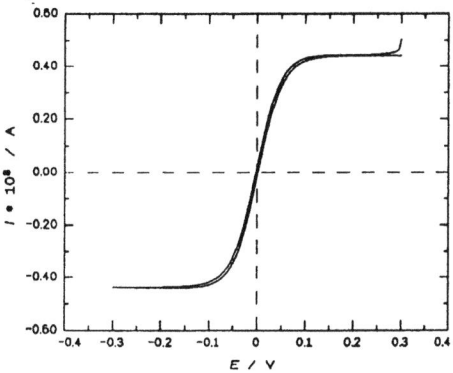

Bild 3.32 Simuliertes Voltammogramm einer Mikroelektrode von 0,001 cm Durchmesser; $dE/dt = 10$ mV·s^{-1}.

Den Einfluß der Vorschubsgeschwindigkeit und der typischen Elektrodendimension zeigen die Voltammogramme in Bild 3.33. Bei einem um eine Größenordnung erhöhten Elektrodendurchmesser, jedoch gleicher Potentialvorschubsgeschwindigkeit wird wieder das typische Voltammogramm erhalten (links). Andererseits kann für diese Elektrodengröße durch Herabsetzung der Geschwindigkeit wieder das typische Verhalten einer Mikroelektrode erhalten werden.

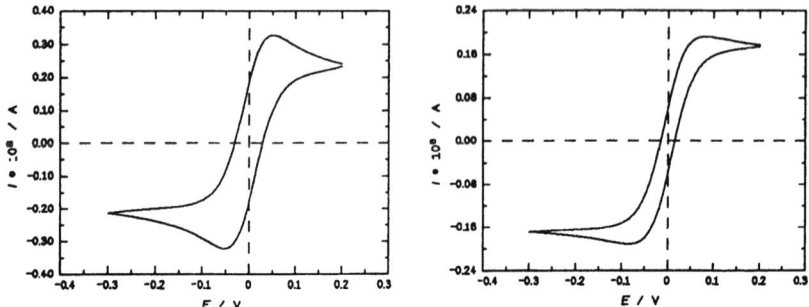

Bild 3.33 Simuliertes Voltammogramm einer Mikroelektrode; links: Durchmesser 0,01 cm; $dE/dt = 10$ mV·s^{-1}; rechts: Durchmesser 0,01 cm; $dE/dt = 1$ mV·s^{-1}.

Diese Simulationen werden experimentell überprüft.

Ausführung

<u>Chemikalien und Geräte</u>

wäßrige Lösung eines Redoxsystems, z.B. 5 mM $K_4Fe(CN)_6$ +
5 mM $K_3Fe(CN)_6$ + 0,5 M K_2SO_4
H-Zelle
Mikroelektrode
Platindrahtgegen- und -bezugselektrode
Potentiostat
Funktionsgenerator
X-Y-Schreiber

<u>Aufbau</u>

Es wird der übliche Aufbau für zyklische Voltammetrie verwendet.

<u>Versuchsablauf</u>

Mit den mit Stickstoff gesättigten Lösungen werden zyklische Voltammogramme bei verschiedenen Durchlaufgeschwindigkeiten aufgenommen.

Auswertung

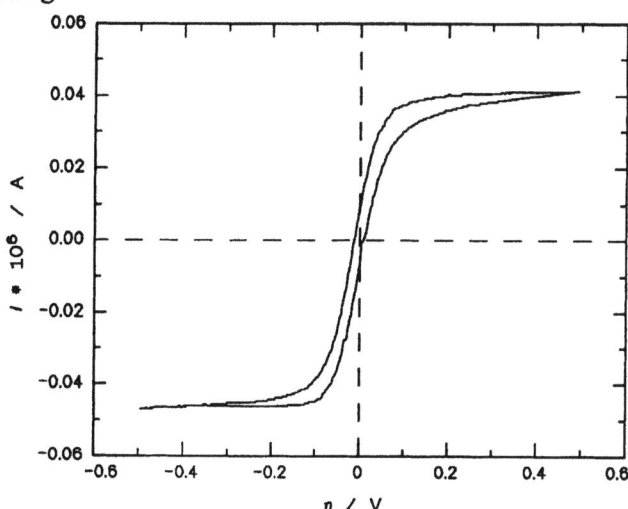

Bild 3.34 CV einer Mikroelektrode in einer wäßrigen Lösung von 5 mM $K_4Fe(CN)_6$ + 5 mM $K_3Fe(CN)_6$ + 0,5 M K_2SO_4, $dE/dt = 5$ mV·s^{-1}.

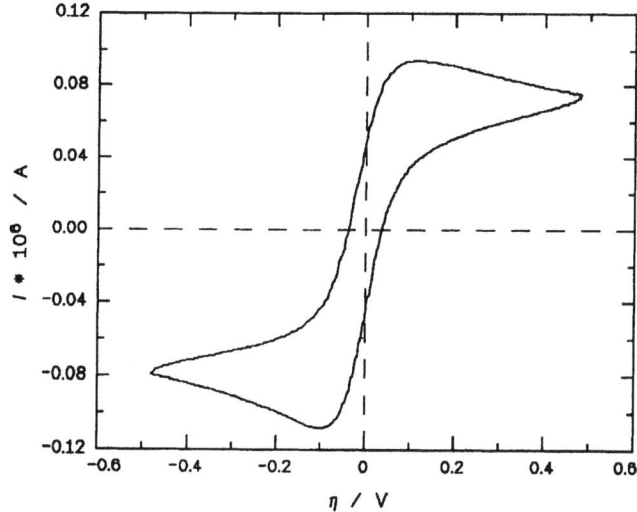

Bild 3.35 CV einer Mikroelektrode in einer wäßrigen Lösung von 5 mM $K_4Fe(CN)_6$ + 5 mM $K_3Fe(CN)_6$ + 0,5 M K_2SO_4, $dE/dt = 100$ mV·s^{-1}.

Die Bilder 3.34 und 3.35 zeigen für eine aus Kohlenstoffasern, die in Epoxidharz eingebettet wurden, bei kleinen Werten von dE/dt das typische Voltammogramm einer Mikroelektrode mit einem Diffusionsgrenzstrom; bei einem größeren Wert von dE/dt wird bei im übrigen unveränderten Parametern die bekannte Form des zyklischen Voltammogramms beobachtet.

Versuch 3.17: Zyklische Voltammetrie organischer Moleküle

Aufgabenstellung

Mit zyklischer Voltammetrie sind das Verhalten von N,N-Dimethylanilin und 2,6-Dimethylanilin zu untersuchen und Vorschläge für elektrochemische wie chemische Reaktionswege abzuleiten.

Grundlagen

Neben den bereits dargestellten Anwendungen der zyklischen Voltammetrie bei der Bestimmung elektrodenkinetischer Daten, der Charakterisierung der elektrochemischen Doppelschicht und der Festlegung von Elektrodenpotentialen für weiterführende Messungen ist diese Methode zur Aufklärung auch komplizierter elektrochemischer Prozesse, die im Einzelfall mit vor-, nach- und zwischengelagerten chemischen (homogenen) Reaktionsschritten verknüpft sein können, gut geeignet. Dies hat der Methode zu breiter Anwendung in der anorganischen wie der organischen Chemie, vor allem aber in der metallorganischen Chemie und der Komplexchemie, verholfen. Ladungsübertragungen zu koordinierten Metallionen wie zu ihren Liganden gestatten wichtige Rückschlüsse auf Bindungsverhältnisse, Reaktivitäten und intramolekulare Wechselwirkungen.

Je nach Anwendung wird ein einfacher Potentialdurchlauf beginnend von einem durch die Aufgabenstellung und die experimentellen Bedingungen definierten Startpotential zu einem Endpotential oder ein einfacher oder mehrfacher Potentialdurchlauf zwischen Start- und Endpotential durchgeführt. Im zweiten Fall werden die beiden Potentiale zweckmäßiger als positive und negative Umkehrpotentiale bezeichnet. Während in den bisher betrachteten Versuchen lediglich Peakstrom und Peakpotential von Bedeutung waren sind in den hier genannten Anwendungsfeldern weitere charakteristische Größen von Bedeutung. Im simulierten einmaligen Potentialdurchlauf wie im zyklischen Potentialdurchlauf sind diese typischen Größen eingezeichnet.

3 Elektrochemie mit Stromfluß und Stoffumsatz 125

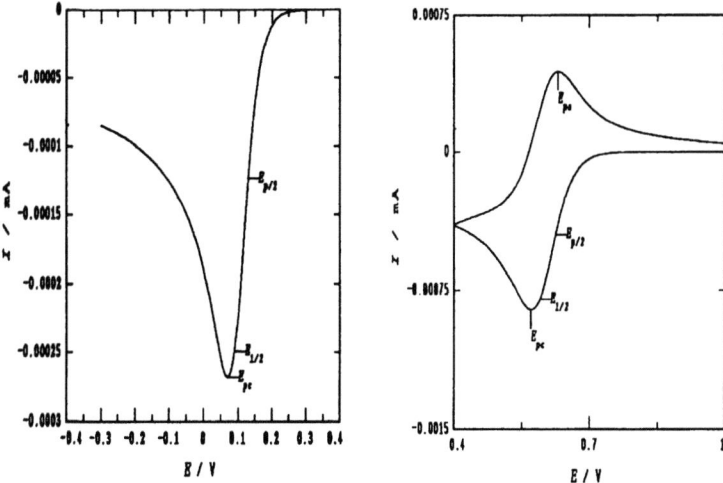

Bild 3.36 Simulierte Voltammogramme für einen einmaligen Potentialdurchlauf (links) und einen zyklischen Durchlauf (rechts) mit typischen Kenngrößen.

Für die Diskussion wichtig sind dabei stets die Peakpotentiale E_{pa} und E_{pc} und die zugehörigen Peakströme I_a und I_c. Die in der Literatur häufig genannten Halbstufenpotentiale $E_{1/2}$ (in Analogie zu den Halbstufenpotentialen der Polarographie, vgl. Versuch 4.8) sind in Wirklichkeit meist die bei halbem Peakstrommaximum abgelesenen Potentialwerte $E_{p/2}$. Der mathematische Zusammenhang ist vergleichsweise einfach, die Anwendung der folgenden Gleichung setzt allerdings Kenntnisse des Elektrodenprozesses voraus:

$$E_{p/2} = E_{1/2} + 1{,}09\,\frac{RT}{nF} = E_{1/2} + 28{,}0/n\,/\,\text{mV} \qquad (3.83)$$

Wenn das im ersten Reduktionsschritt umgesetzte Teilchen einer weiteren Reduktion (EE-Mechanismus)* unterliegt, so ergibt sich typisch das folgende Voltammogramm:

---

* Reaktionssequenzen werden symbolisch mit den Buchstaben E für einen elektrochemischen und C für einen chemischen Schritt gekennzeichnet.

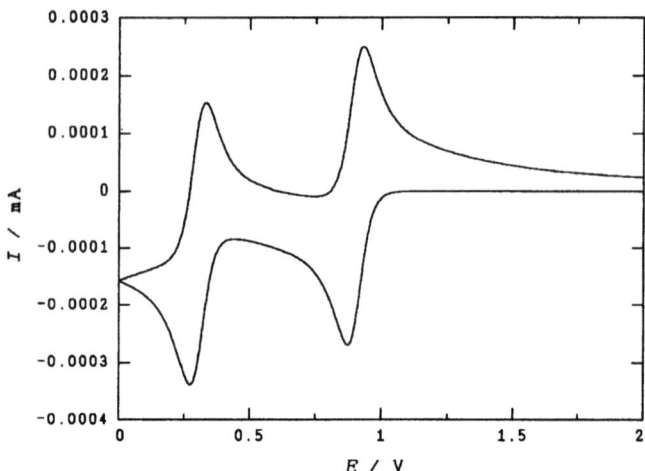

Bild 3.37 Simuliertes Voltammogramm für einen zyklischen Potentialdurchlauf mit zwei konsekutiven Ladungsdurchtritten.

Folgt dem elektrochemischen Ladungsdurchtritt eine chemische Reaktion, deren Produkt einer weiteren elektrochemischen Reaktion unterliegt, so wird das Voltammogramm erheblich komplizierter. Bild 3.38 zeigt ein simuliertes Beispiel.

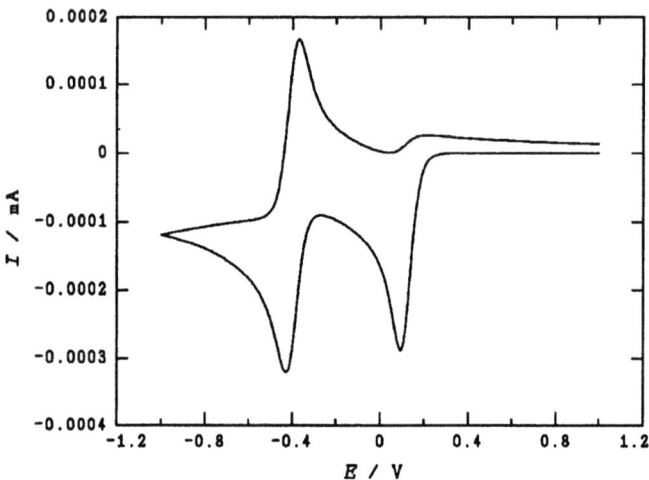

Bild 3.38 Simuliertes Voltammogramm für einen zyklischen Potentialdurchlauf mit zwei konsekutiven Ladungsdurchtritten mit einem zwischengelagerten chemischen Reaktionsschritt.

3 Elektrochemie mit Stromfluß und Stoffumsatz

Da das im ersten Schritt reduzierte Teilchen chemisch weiter umgesetzt wird und da das Produkt dieser Reaktion weiter elektrochemisch umgesetzt wird, ist im Potentialrücklauf zwar die Umkehr des letztgenannten elektrochemischen Schrittes als Oxidationspeak zu beobachten, der zweite Peak fällt dagegen sehr gering aus, da das Produkt der ersten Elektroreduktion in der chemischen Folgereaktion weitgehend aufgebraucht wurde. Eine Untersuchung der Abhängigkeit dieses Peakstromes von der Durchlaufgeschwindigkeit vermag Aufschluß über die Geschwindigkeit der chemischen Reaktion zu geben. Mit steigender Durchlaufgeschwindigkeit nimmt dieser Peak zu, da weniger Zeit für die chemische Folgereaktion bleibt.

Ausführung

Chemikalien und Geräte

wäßrige Lösung von 2 mM N,N-Dimethylanilin in 1 N H_2SO_4
wäßrige Lösung von 10 mM 2,6-Dimethylanilin in 1 N H_2SO_4
H-Zelle
2 Platinblechelektroden
Wasserstoffbezugselektrode
Potentiostat
Rechner mit ADDA-Wandlerkarte

Aufbau

Es wird der bereits beschriebene Meßplatz für zyklische Voltammetrie benutzt.

Versuchsablauf

Oxidation von N,N-Dimethylanilin

Beginnend bei $E_{RHE} = 0{,}4$ V wird bis $E_{RHE} = 1{,}14$ V eine Reihe von zyklischen Voltammogrammen mit $dE/dt = 0{,}1$ V·s^{-1} aufgezeichnet.

Oxidation von 2,6-Dimethylanilin

Beginnend bei $E_{RHE} = 0{,}4$ V wird bis $E_{RHE} = 1{,}14$ V eine Reihe von zyklischen Voltammogrammen mit $dE/dt = 0{,}1$ V·s^{-1} aufgezeichnet.

Auswertung

Oxidation von N,N-Dimethylanilin

Das auf der Folgeseite gezeigte Voltammogramm zeigt im ersten Durchlauf bei ca. E_{RHE} = 1,1 V einen anodischen Strompeak, der auf die Oxidation N,N-Dimethylanilin zurückzuführen ist. Im Potentialrücklauf wird ein kathodischer Strompeak bei E_{RHE} = 0,82 V beobachtet, der zunächst nicht eindeutig zuzuordnen ist. Die naheliegende Zuordnung zur Reduktion des zuvor gebildeten Oxidationsproduktes erweist sich als nicht haltbar, da in den Folgedurchläufen bei E_{RHE} = 0,89 V ein zum vorgenannten Peak korrespondierendes Strommaximum ausgebildet wird. Mit zunehmender Zyklenzahl nehmen die beiden letztgenannten Peaks zu. Überlegungen zur Weiterreaktion des aus dem Ausgangsmolekül vermutlich gebildeten Radikalkation führen zu N,N,N',N'-Tetramethylbenzidin. Die leicht gelbe Verfärbung der Elektrolytlösung spricht für diesen Vorschlag. Er kann durch Aufzeichnung des zyklischen Voltammogramms dieser Verbindung unter ansonsten identischen Bedingungen bestätigt werden, die entsprechenden Peaks werden dabei beobachtet. Die entsprechenden Reaktionsgleichungen zeigt Bild 3.40 (nächste Seite).

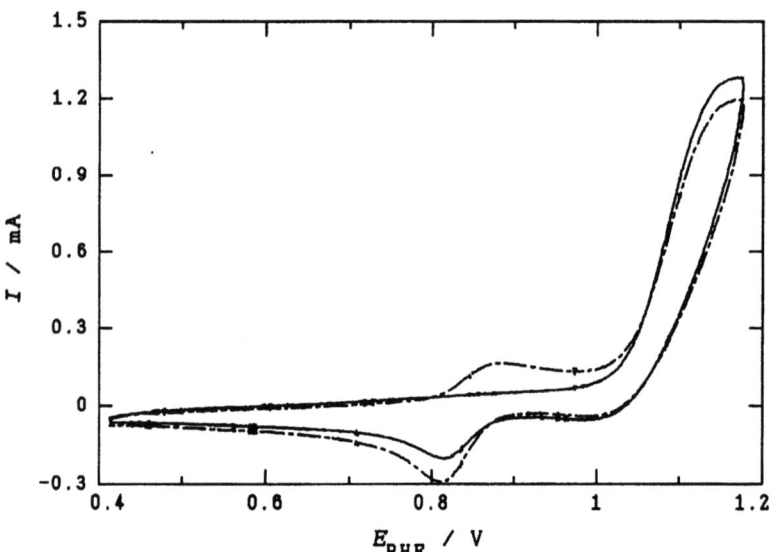

Bild 3.39   1. und 10. zyklisches Voltammogramm einer Platinelektrode in einer wäßrige Lösung von 2 mM N,N-Dimethylanilin in 1 N H_2SO_4, dE/dt = 0,1 V·s^{-1}.

Der Vorschlag kann zudem durch Vergleich mit einem simulierten Voltammogramm gestützt werden. Für die in Bild 3.39 gezeigten Voltammogramme wurde angenommen, daß eine nur in der reduzierten Form vorliegende Teilchensorte bei einem Potential E = 0 V oxidiert wird. Das Oxidationsprodukt geht in einer chemischen Reaktion in eine neue, elektrochemisch aktiver Verbindung über ECE-Mechanismus), deren Redoxpotential E_0 bei E_0 = – 0,4 V liegt. Im ersten Durchlauf ist dieses Redoxpeakpaar nur durch den entsprechenden Reduktions-

3 Elektrochemie mit Stromfluß und Stoffumsatz 129

peak erkennbar, im Folgedurchlauf ist es gut erkennbar. Entsprechend dem Umsatz an Ausgangsstoff ist dessen anodischer Oxidationspeak zurückgegangen.

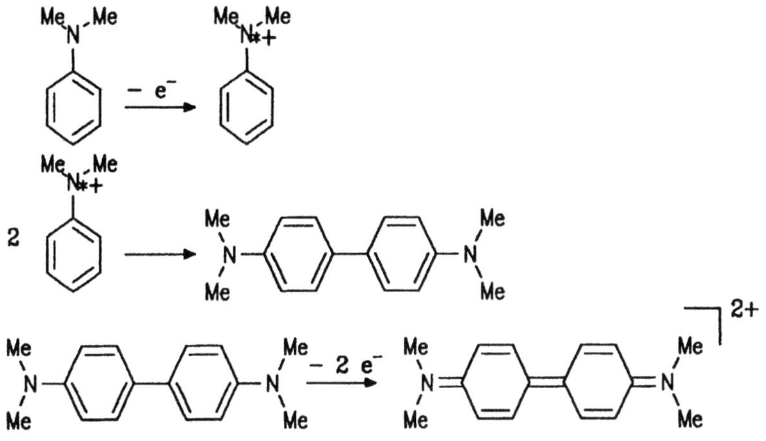

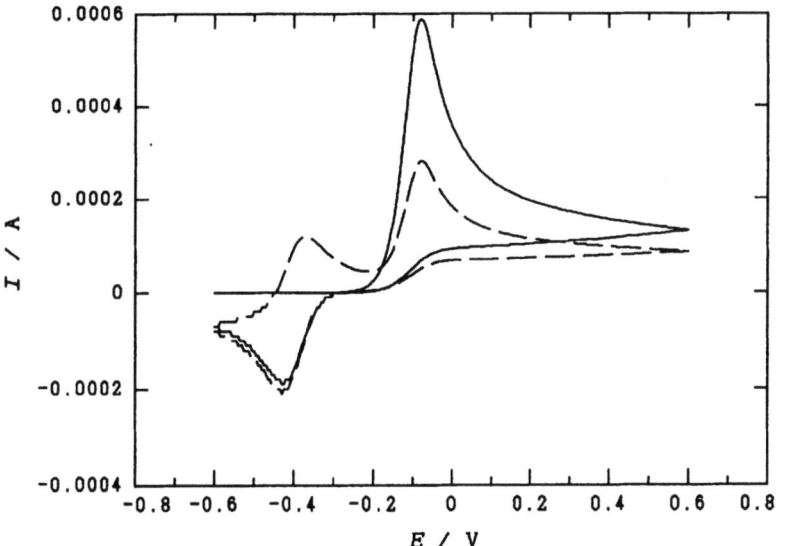

Bild 3.40 Reaktionsmechanismus der Umwandlung von *N,N*-Dimethylanilin und der Folgeprodukte.

Bild 3.41 Simulierte zyklische Voltammogramme (1. (–) und 2. (--) Durchlauf) für einen ECE-Mechanismus; Einzelheiten siehe Text.

Das Verhalten von 2,6-Dimethylanilin ist deutlich anders. Bild 3.42 zeigt das erste und das zweite zyklische Voltammogramm.

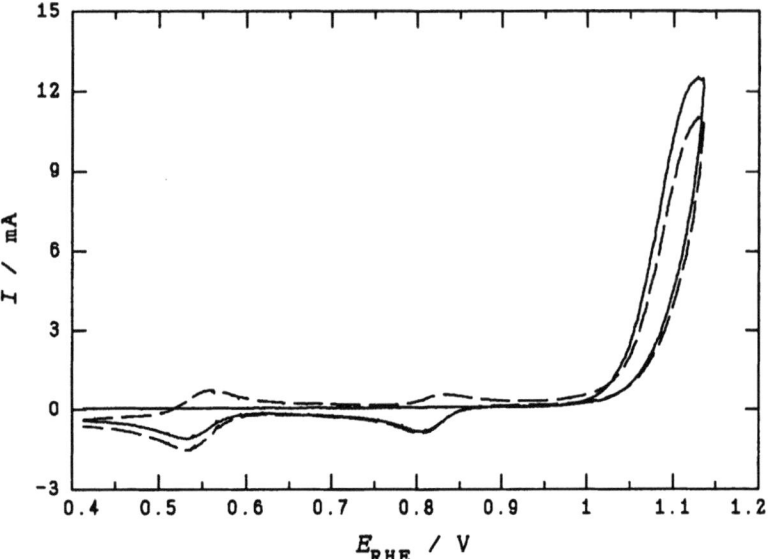

Bild 3.42 1. und 2. zyklisches Voltammogramm einer Goldelektrode in einer wäßrigen Lösung von 10 mM 2,6-Dimethylanilin in 1 N H_2SO_4, $dE/dt = 0,1$ V·s^{-1}.

Im ersten Durchlauf ist die anodische Oxidation der Ausgangsverbindung zu beobachten, deren Produkte im Potentialrücklauf zwei Reduktionspeaks verursachen. Im zweiten Durchlauf kommen zu diesen Reduktionspeaks jeweils anodische Strompeaks hinzu, die anodische Oxidation des Ausgangsverbindung zeigt erwartungsgemäß einen etwas niedrigeren Strom. Da die beiden Redoxpeaks nach Rühren der Lösung das gleiche Verhalten in einem neuen 1. und 2. Potentialdurchlauf zeigen handelt es sich nicht um Oligo- oder Polymere, die auf der Elektrode haften. Ihre Identität (es handelt sich vermutlich um das durch Schwanz-Schwanz-Kupplung entstandene substituierte Benzidin sowie das durch Kopf-Schwanz-Kupplung entstandene para-Phenylendiamin) kann durch Vergleich mit den Voltammogrammen der entsprechenden Verbindungen aufgeklärt werden*.

---

* Das unsubstituierte Benzidin ist stark kanzerogen, seine substituierten Verwandten sind weit weniger bedenklich. Trotzdem sollte mit ihnen vorsichtig umgegangen werden.

Literatur

B. Speiser, Curr. Org. Chem. 3 (1999) 171.
B. Speiser in: Electroanalytical Chemistry 19 (A.J. Bard Hrsg.), Marcel Dekker, New York 1996, S. 1.
T. Mizoguchi und R.N. Adams, J. Am. Chem. Soc. 84 (1962) 2058.
R.L. Hand und R.F. Nelson, J. Am. Chem. Soc. 96 (1974) 850.

Versuch 3.18: Zyklische Voltammetrie in nichtwäßrigen Lösungen

Aufgabenstellung

Die Redoxelektrochemie von Ferrocen in einer nichtwäßrigen Elektrolytlösung sind zyklische Voltammogramme wird untersucht.

Grundlagen

Zyklische Voltammetrie wird zur Untersuchung elektrochemischer Prozesse in wäßrigen Lösungen und zunehmend auch in nichtwäßrigen Lösungen intensiv genutzt. Auch wenn die elektrochemischen Grundtatsachen von der Art des verwendeten Lösungsmittels unabhängig sind zeigt sich rasch, daß einige apparative und experimentelle Besonderheiten zu berücksichtigen sind. Hierzu gehören die Wahl geeigneter Bezugselektroden, der meist erforderliche sorgfältige Ausschluß von Sauerstoff und Feuchtigkeit und die damit verbundene Reinigung und Trocknung aller verwendeter Substanzen und Geräte. Im hier vorgestellten Versuch wird das Redoxverhalten von Ferrocen an einer Platinelektrode in einer Elektrolytlösung von Acetonitril mit Tetraethylammoniumperchlorat als Leitsalz untersucht. Neben der Kinetik des System soll dabei auch die Festlegung eines Referenzpotentials betrachtet werden.

Ausführung

Chemikalien und Geräte

Acetonitril (gereinigt und getrocknet)
Tetraethylammoniumperchlorat (getrocknet)
Ferrocen
Stickstoff
H-Zelle
2 Platinelektroden
Silberchloridbezugselektrode mit Grundelektrolytfüllung
Meßplatz für zyklische Voltammetrie

Aufbau

Es wird der übliche Meßplatz für zyklische Voltammetrie benutzt. Das zur Stickstoffsättigung in die Elektrolytlösung eingeleitete Gas sollte wegen der gesundheitsgefährdenden Wirkung des Acetonitrils aus der Meßzelle in einen Abzug geleitet werden.

Versuchsablauf

Aus Lösungsmittel und Leitsalz wird die Grundelektrolytlösung hergestellt, die auch zur Füllung der Bezugselektrode dient. Um unnötige Kontamination mit Luftfeuchtigkeit zu vermeiden sollte zügig gearbeitet werden. Die eigentliche Meßlösung (c_{Ferrocen} = 1 mM) wird durch Auflösung der abgewogenen Menge Ferrocen hergestellt. Es werden zyklische Voltammogramme bei verschiedenen Durchlaufgeschwindigkeiten aufgezeichnet.

Auswertung

Bild 3.43 zeigt einen Satz typischer Voltammogramme.

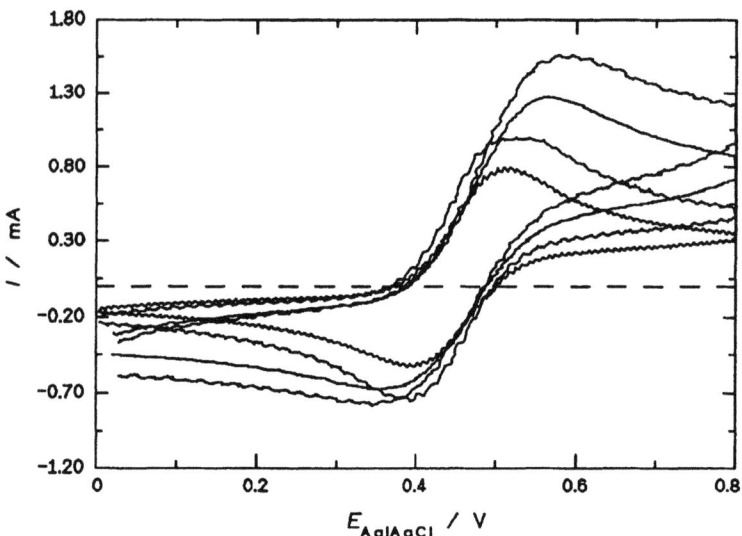

Bild 3.43 Zyklische Voltammogramme einer Platinelektrode in einer Lösung von 1 mM Ferrocen in Acetonitril + 0,1 M Et_4NClO_4, dE/dt = 50; 100; 500; 1000 $mV \cdot s^{-1}$.

Das für ein Redoxsystem typische Bild wird beobachtet. Die deutlich geringere

Leitfähigkeit der Elektrolytlösung stellt an den Potentiostaten, vor allem an seine maximale Ausgangsspannung, deutlich höhere Anforderungen und führt zu einem höheren Rauschanteil in den Meßkurven. Die Peakpotentialdifferenz nimmt mit wachsender Durchlaufgeschwindigkeit zu, dies weist auf eine vergleichsweise geringe Austauschstromdichte hin. Der Mittelwert der Peakpotential (oft auch als Redoxpotential oder E_0 bezeichnet) bleibt naturgemäß konstant bei $E_{Ag/AgCL}$ = 0,45 V. Da das Ferrocen/Ferrocinium-System häufig als Bezugspunkt für die Angabe von Elektrodenpotentialen verwendet wird ist dieser Wert von praktische Bedeutung. Seine Kenntnis macht die gängige Praxis, am Ende einer Untersuchung mit zyklischer Voltammetrie der Meßlösung Ferrocen zuzufügen und diesen Bezugspunkt durch weitere Voltammogramme zu bestimmen, unnötig. Durch Wechselwirkungen zwischen Ferrocen und dem eigentlich untersuchten System bewirkte Verschiebungen des Redoxpotentials kommen so ebenfalls nicht zum Tragen. Beim Verdacht auf Unbeständigkeit der Bezugselektrode erlaubt dieser Versuch eine einfache Überprüfung.

Literatur

zur zyklischen Voltammetrie: J. Heinze, Angew. Chemie **96** (1984) 823.
zur Reinigung von Lösungsmitteln: C.K. Mann in: Electroanalytical Chemistry 3 (A.J. Bard Hrsg.) Marcel Dekker, New York 1969, S. 57.

Versuch 3.19: Zyklische Voltammetrie bei konsekutiven Elektrodenprozessen

Aufgabenstellung

Mit zyklischer Voltammetrie soll ein Vorschlag für einen Reaktionsweg der Elektrooxidation und weiteren chemischen Reaktion eines hochsubstituierten aromatischen Amins erarbeitet werden.

Grundlagen

Durch Elektrooxidation eines organischen Moleküls A entsteht oft ein Radikalkation $A^{+\bullet}$. Dieses kann mit Reaktionspartnern (Lösungsbestandteilen, weiterem Molekül A etc.) abreagieren, es kann jedoch auch unter Abgabe eines weiteren Elektrons zu einem nichtradikalischen Dikation A^{2+} weiterreagieren, dem dann entsprechende Wege der Weiterreaktion offenstehen. Da die chemische Weiterreaktion stets in Konkurrenz zur elektrochemischen Reduktion der jeweils entstandenen Kationen steht, ergeben sich typische zyklische Voltammogramme, in denen die verschiedenen Oxidationspotentiale und Reaktionsgeschwindigkeiten zu einem recht komplizierten Bild gegenseitiger Abhängigkeiten führen. Für den dargestellten Weg

$$A \rightleftarrows A^{+\bullet} + e^- \rightleftarrows A^{2+} + e^- \; B \qquad (3.84)$$

ergeben sich in einer Simulation folgende Voltammogramme:

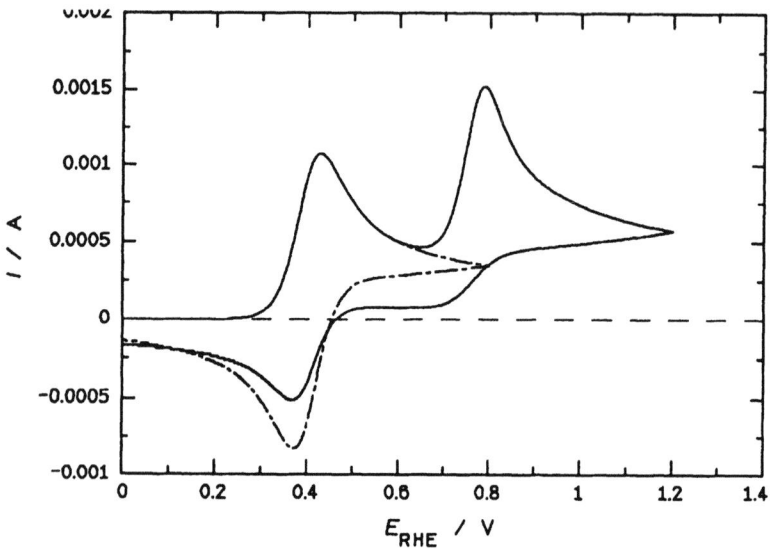

Bild 3.44 Simuliertes zyklisches Voltammogramm für einen EEC-Mechanismus bei unterschiedlichen anodischen Umkehrpotentialen, Simulation mit CVSIM (vgl. Versuch 3.15).

Liegt das anodische Umkehrpotential unterhalb des Wertes, bei dem die Bildung des Dikations stattfindet, so folgt das gewohnte Bild eines Voltammogramms für ein einfaches Redoxsystem. Wird das Umkehrpotential erhöht, so wird ein weiterer Oxidationspeak beobachtet. Der zugehörige Reduktionspeak wird wegen der hier angenommenen schnellen Weiterreaktion nicht beobachtet. Bei einer langsameren chemischen Weiterreaktion oder einer höheren Potentialvorschubgeschwindigkeit kann dieser Peak wieder beobachtet werden.

Das dargestellte Verhalten kann am Beispiel des N,N,N,N-tetramethyl-p-phenylendiamin untersucht werden. In wäßriger Lösung ist die umkehrbare

Elektrooxidation unter Bildung des Radikalkations* zu beobachten. Durch Weiteroxidation entsteht das Dikation, das in wäßriger Lösung chemischer Weiterreaktion durch nukleophilen Angriff von Lösungsbestandteilen ausgesetzt ist.

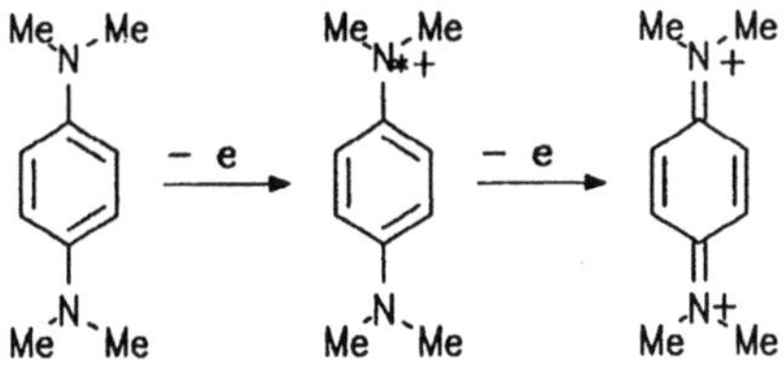

Bild 3.45 Vereinfachtes Reaktionsschema der Umsetzung von N,N,N',N'-tetramethyl-p-Phenylendiamin.

Ausführung

Chemikalien und Geräte

wäßrige Lösung von 2 mM N,N,N',N'-tetramethyl-p-Phenylendiamin in 1 N Schwefelsäure
Stickstoff
H-Zelle
2 Platinelektroden
Wasserstoffbezugselektrode
Meßplatz für zyklische Voltammetrie

Aufbau

Es wird der übliche Meßplatz für zyklische Voltammetrie benutzt.

Versuchsablauf

Es werden zyklische Voltammogramme bei verschiedenen Potentialvorschubgeschwindigkeiten und anodischen Umkehrpotentialen aufgezeichnet.

---

* Diese Verbindung wird wegen der intensiven Blaufärbung ihres Oxidationsproduktes als Wursters Blau bezeichnet, sie findet als Wurster-Reagenz Verwendung. Die intensive Blaufärbung dieses Oxidationsproduktes wurde ebenso wie die intensive Rotfärbung des Oxidationsproduktes des N,N-Dimethyl-p-phenylendiamins von Casimir Wurster (1856 - 1913) beobachtet, die Produkte wurden zunächst als Iminium-Salze aufgefaßt. Es handelt sich aber um Radikalkationen.

Auswertung

Bild 3.45a und 3.45b (nächste Seite) zeigen typische Voltammogramme, bei denen das anodische Umkehrpotential bei ansonsten unveränderten experimentellen Parametern verändert wurde. Zum Vergleich wurden Voltammogramme der Grundelektrolytlösung bei jeweils identischen Meßparametern aufgezeichnet, die eine Zuordnung von Strompeaks erleichtern. In Bild 3.45a ist das erwartete Voltammogramm eines Redoxpaares mit einer vergleichsweise langsamen Elektrodenreaktion zu sehen. Bild 3.45b läßt die Weiteroxidation erkennen, der zugehörige Reduktionspeak fällt wegen der relativ schnellen chemischen Weiterreaktion schwach aus.

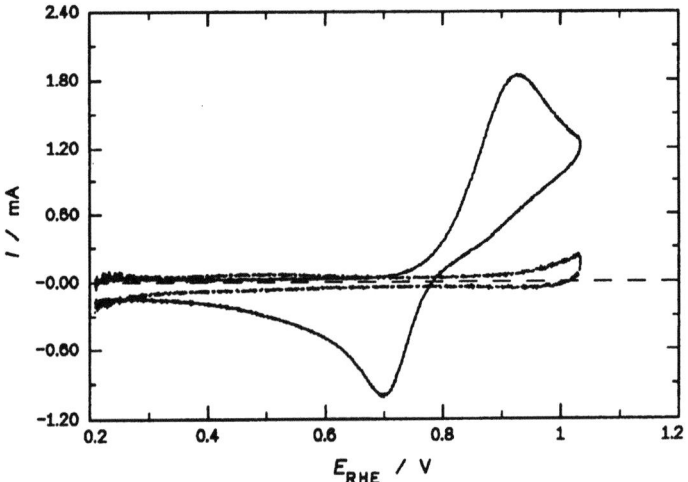

Bild 3.45a Zyklische Voltammogramm einer Platinelektrode in einer wäßrigen Lösung von 2 mM N,N,N',N'-tetramethyl-p-Phenylendiamin in 1 N Schwefelsäure, $dE/dt = 0,1$ V·s^{-1}, stickstoffgesättigt, (---) nur Grundelektrolytlösung.

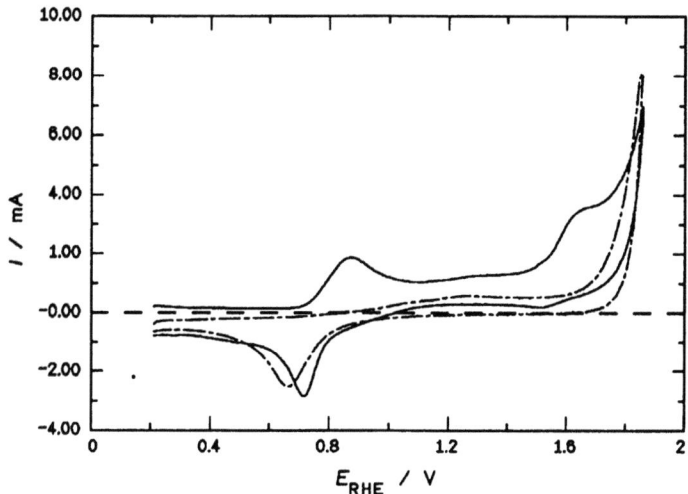

Bild 3.45b Zyklische Voltammogramm einer Platinelektrode in einer wäßrigen Lösung von 2 mM N,N,N',N'-tetramethyl-p-Phenylendiamin in 1 N Schwefelsäure, $dE/dt = 0,1$ V·s^{-1}, stickstoffgesättigt, (---) nur Grundelektrolytlösung.

Der Vergleich mit dem Voltammogramm der Grundlösung läßt die parallele Bedeckung der Platinelektrode mit Sauerstoffadsorbat erkennen. In Gegenwart des Amins sind dieser Prozeß und die Reduktion des Adsorbats vergleichsweise wenig ausgeprägt, der Reduktionspeak des Radikalkations ist in seiner Potentiallage nahezu unverändert. Er kann mit dem Peak der Sauerstoffadsorbatreduktion daher nicht verwechselt werden.

Literatur

R.N. Adams: Electrochemistry at Solid Electrodes, Marcel Dekker, New York 1969.
R. Hand, M. Melicharek, D.I. Scoggin, R. Stotz, A.K. Carpenter und R.F. Nelson, Collection Czechoslov. Chem. Commun. 36 (1971) 842.

Versuch 3.20: Zyklische Voltammetrie aromatischer Kohlenwasserstoffe

Aufgabenstellung

Mit zyklischer Voltammetrie in einem nichtwäßrigen Elektrolytlösungssystem sollen anodische wie kathodische Reaktionen eines aromatischen Kohlenwasserstoffs untersucht werden.

Grundlagen

Durch Elektrooxidation wie auch durch -reduktion können aus Neutralmolekülen Radikalionen entstehen. Sie können je nach Zusammensetzung der Elektrolytlösung in chemischen Reaktionen umgesetzt werden oder bei ausreichendem Elektrodenpotential zu den nichtradikalischen Diionen umgesetzt werden. Diese unterliegen meist chemischen Weiterreaktionen. Zyklische Voltammogramme, die dabei aufgenommen werden, zeigen je nach eingestellten Potentialgrenzen und verwendeten Potentialvorschubgeschwindigkeiten ein charakteristisches Aussehen (vgl. Bild. 3.44). Aus ihnen können Schlüsse auf die Geschwindigkeit der elektrochemischen wie auch der chemischen Reaktionen geschlossen werden. Als Untersuchungsbeispiel wird 6,10-Diphenylanthracen betrachtet. Sein Verhalten, vor allem die Abreaktion der Mono- und Diionen, hängt zudem sehr empfindlich vom Wassergehalt der Elektrolytlösung ab. Das elektrochemische Reaktionsschema für die anodischen Schritte zeigt Bild 3.46.

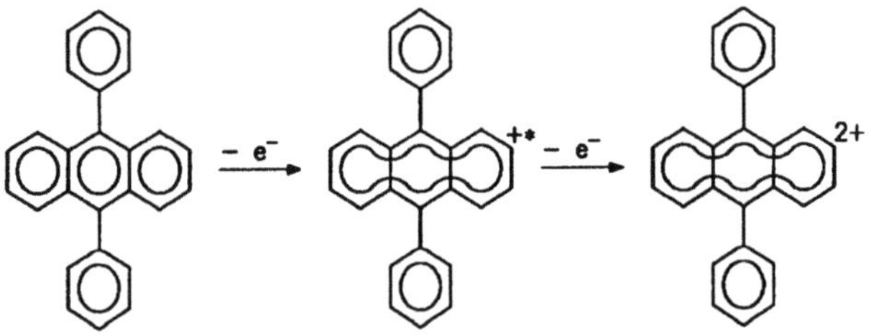

Bild 3.46 Vereinfachtes Reaktionsschema der Umsetzung von 6,10-Diphenylanthracen.

Ausführung

<u>Chemikalien und Geräte</u>

2 mM Lösung von 6,10-Diphenylanthracen in Acetonitril* mit 0,1 M Tetraethylammoniumperchlorat als Leitelektrolyt
Zelle für zyklische Voltammetrie
Stickstoff
2 Platinelektroden
Silberchloridbezugselektrode mit Grundelektrolytfüllung
Meßplatz für zyklische Voltammetrie

---

* Um den Feuchtigkeitseinfluß gut studieren zu können sind sorgfältige Trocknung des Acetonitrils, des Leitsalzes sowie der elektrochemischen Zelle nötig (vgl. Kap. 1).

3 Elektrochemie mit Stromfluß und Stoffumsatz

Aufbau

Es wird der übliche Meßplatz für zyklische Voltammetrie benutzt. Das zur Stickstoffsättigung in die Elektrolytlösung eingeleitete Gas sollte wegen der gesundheitsgefährdenden Wirkung des Acetonitrils aus der Meßzelle in einen Abzug geleitet werden.

Versuchsablauf

Aus Lösungsmittel und Leitsalz wird die Grundelektrolytlösung hergestellt, die auch zur Füllung der Bezugselektrode dient. Um unnötige Kontamination mit Luftfeuchtigkeit zu vermeiden sollte zügig gearbeitet werden. Die eigentliche Meßlösung ($c_{6,10\text{-Diphenylanthracen}}$ = 2 mM) wird durch Auflösung der abgewogenen Menge 6,10-Diphenylanthracen hergestellt. Es werden zyklische Voltammogramme bei verschiedenen Durchlaufgeschwindigkeiten aufgezeichnet. Abschließend wird der Meßablauf nach Wasserzusatz (ca. 2 - 5 Vol%) wiederholt.

Auswertung

Bild 3.47 zeigt das Voltammogramm des ersten Oxidationsschritts:

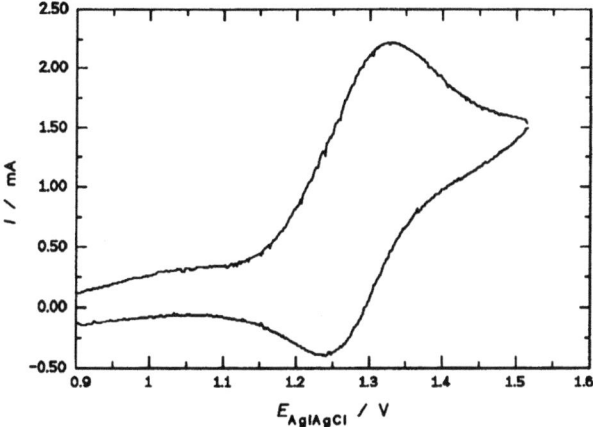

Bild 3.47 Zyklische Voltammogramm einer Platinelektrode in einer Lösung von 2 mM 6,10-Diphenylanthracen + 0,1 M Et$_4$NClO$_4$ in Acetonitril, dE/dt = 0,1 V·s^{-1}, stickstoffgesättigt.

Beide Oxidationspeaks sind in Bild 3.48 zu erkennen, hier wird auch die vergleichsweise rasche Abreaktion des Dikations deutlich, die das Auftreten des zugehörigen Reduktionspeaks verhindert.

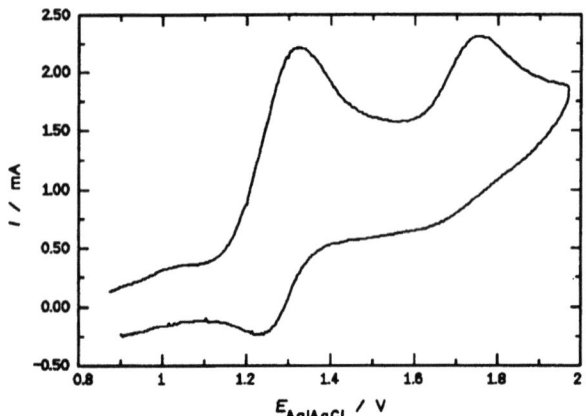

Bild 3.48 Zyklische Voltammogramm einer Platinelektrode in einer Lösung von 2 mM 6,10-Diphenylanthracen + 0,1 M Et$_4$NClO$_4$ in Acetonitril, dE/dt = 0,1 V·s^{-1}, stickstoffgesättigt.

Beide Reduktionspeaks sind in Bild 3.49 zu erkennen, hier wird auch die vergleichsweise rasche Abreaktion des Dianions deutlich, die das Auftreten des zugehörigen Oxidationspeaks verhindert.

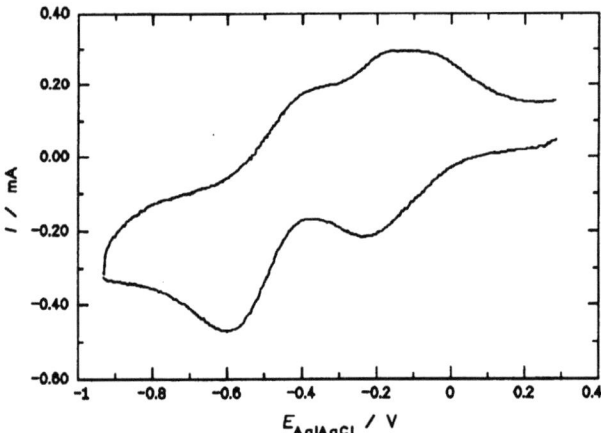

Bild 3.49 Zyklische Voltammogramm einer Platinelektrode in einer Lösung von 2 mM 6,10-Diphenylanthracen + 0,1 M Et$_4$NClO$_4$ in Acetonitril, dE/dt = 0,1 V·s^{-1}, stickstoffgesättigt.

Nach Wasserzusatz werden chemische Folgereaktionen so wirksam, daß bereits der erste Oxidations- bzw. Reduktionsschritt unumkehrbar werden, im Voltammogramm fehlen die vorher beobachteten Peaks der Reduktion des Radikalkations und der Oxidation des Radikalanions.

Literatur

R. Dietz und B.E. Larcombe, J. Chem. Soc. B 1970 (1970) 1369.

Versuch 3.21: Zyklische Voltammetrie von Anilin und Polyanilin

Aufgabenstellung

1. Ein Polymerfilm ist elektrochemisch in der monomerhaltigen Lösung auf einer Metallelektrode herzustellen.
2. Der Polymerfilm ist elektrochemisch in monomerfreier Lösung zu charakterisieren.

Grundlagen

Die meisten elektroorganischen Synthesereaktionen laufen unter Bildung eines monomeren Produktes aus einem Edukt (Substrat) ab. In einigen Fällen werden - wie in der klassischen organisch-präparativen Chemie oft beobachtet - meist unerwünschte polymere Nebenprodukte unklarer Zusammensetzung gebildet. Diese erschweren die Aufarbeitung und beeinträchtigen die Ausbeute. In speziellen Fällen ist die Bildung polymerer Produkte dagegen sehr erwünscht. Während bei der Elektrotauchlackierung der elektrochemische Schritt nur indirekt an der eigentlichen Filmbildung beteiligt ist, kann bei einer Vielzahl vor allem heteroatomhaltiger organischer Moleküle durch eine oxidative Bildung eines Radikalkations eine Polymerisationsreaktion eingeleitet werden. Dabei reagieren Radikalkationen miteinander oder mit weiteren ungeladenen Substratmolekülen. Über Oligomere werden schließlich Polymere und im Ergebnis ein Film auf der Elektrode gebildet.

Die Reaktion des Anilins - und einiger seiner Derivate - in saurer Lösung an einer Platin- oder Goldelektrode kann recht einfach in einer Dreielektrodenanordnung mit dem aus der zyklischen Voltammetrie vertrauten Aufbau studiert werden. Zusätzlich können in dieser Anordnung auch die elektrochemisch induzierten Veränderungen (vor allem Farbveränderungen des elektrochromen Polyanilins) untersucht werden. Weitere Informationen sind bei Versuch 5.1 zu finden.

Die Elektropolymerisation von Anilin unter Bildung schwarzer Produkte auf einer Platinelektrode ist schon seit 1862 bekannt. Im Jahr 1910 wurden ähnliche Produkte durch chemische Oxidation von Anilin hergestellt, sie wurden als Emeraldin und Nigranilin bezeichnet. Das Produkt enthält dabei im wesentlichen

Anilinoligomere aus acht Anilineinheiten, die in verschiedener Weise, sowohl über die Stickstoffunktion wie über das para-Kohlenstoffatom des Benzolringes miteinander verknüpft sind. Spätere elektrochemische und spektroskopische Untersuchungen haben die starke Ähnlichkeit der elektrochemisch und chemisch gebildeten Produkte nachgewiesen. Neuere Untersuchungen haben neben der Bestätigung der Verknüpfung über die N-Funktion außerdem Hinweise auf die elektrochemisch induzierte Verknüpfung über das para-Kohlenstoffatom ergeben, die tatsächliche Struktur des Polyanilin, der Bildungsmechanismus sowie die Veränderungen des Anilin bei Oxidation/Reduktion sind noch nicht vollständig bekannt.

Seit einigen Jahren sind Verbindungen in der Art des Polyanilin (z.B. Polypyrrol, Polyacetylen, Polythiophen) für eine Reihe von Anwendungen (Ersatz von Metallen, leitfähige Verpackungsmaterialien, Korrosionsschutz, Elektrodenkomponenten) von großem Interesse, daher wurden auch die Untersuchungen an Polyanilin wieder aufgenommen.

Auf einer Platinelektrode wird in einer sauren Elektrolytlösung, die Anilin enthält, das Anilin bei positiven Potentialen zunächst adsorbiert, dann oxidiert und dabei schließlich polymerisiert. Die gebildete Polyanilinschicht zeigt ein interessantes elektrochemisches, elektrisches und optisches Verhalten. Sie hat im chemisch gesehen oxidierten Zustand eine erhebliche Elektronenleitfähigkeit, die im reduzierten Zustand sehr gering ist. Bei der weiteren Reduktion der Schicht verändert sich ihre Farbe von tiefschwarz über grün, blau nach gelbmessingfarben (Elektrochromie). In diesem Versuch soll die Bildung von Polyanilin auf einer Gold- oder Platinelektrode aus einer perchlorsauren Anilinlösung untersucht werden. Mit Hilfe der zyklischen Voltammetrie soll das Schichtwachstum qualitativ verfolgt werden. In einer anilinfreien Lösung, in der keine weitere Polymerisation möglich ist, sollen anschließend die Oxidation und Reduktion der Polymerschicht mit der gleichen Methode untersucht werden, dabei sollen die optischen Veränderungen der Polymerschicht beobachtet und interpretiert werden.

Ausführung

<u>Chemikalien und Geräte</u>

wäßrige Lösung von 0,1 M Anilin in 1 M Perchlorsäure
wäßrige 1 M Perchlorsäure
Stickstoff
Potentiostat (alternativ: PC mit Wandlerkarte)
X-Y-Schreiber
Platinelektroden
Wasserstoffbezugselektrode
H-Zelle

Aufbau

Mit Blick auf die Vielzahl denkbarer Kombinationen von Potentiostaten, Funktionsgeneratoren, Aufzeichnungsgeräten und weiteren rechnergestützten Komponenten ist eine Detaildarstellung der Verbindung der Einzelgeräte unnötig.

Versuchsablauf

In einer Dreielektrodenanordnung wird mit Hilfe der zyklischen Voltammetrie ein Polyanilinfilm auf Platin abgeschieden. Als Elektrolyt wird eine wäßrige Lösung von 1 M Perchlorsäure + 0,1 M Anilin verwendet. Als Gegenelektrode dient eine Platin-Elektrode, als Bezugselektrode eine relative Wasserstoffelektrode. Die Bezugselektrode wird in 1 M Perchlorsäure beladen.

Das negative Grenzpotential beträgt E_{RHE} = 0 mV, das positive beträgt E_{RHE} = 1000 mV. Bei Bedarf muß dieser Wert geringfügig erhöht werden, bis Polymerbildung einsetzt. Der 1. bis 10. sowie der 20., 30. und 100. Zyklus werden mit $v = dE/dt$ = 100 mV/s aufgezeichnet.

Befindet sich ein erkennbarer, elektrochromer Film auf der Elektrode, wird das Potential an der Arbeitselektrode auf E_{RHE} = 0 mV gesetzt. Das Polymer befindet sich dann im reduzierten, chemisch stabileren Zustand. Der Potentiostat wird auf "stand by" geschaltet und der Elektrolyt wird gegen monomerfreie 1 M Perchlorsäure ausgetauscht. Dabei wird diese an der polymerbeschichteten Elektrode entlang in die Meßzelle gefüllt, um den Film abzuspülen.

Im Bereich von 150 < E_{RHE} < 900 mV werden 10 CVs bei unterschiedlicher Durchlaufgeschwindigkeit aufgenommen (v = 10; 20..100 mV/s). Außerdem soll die Elektrochromie des Polymers beobachtet werden.

Zur Überoxidation der Films werden fortwährend zyklische Voltammogramme bei dE/dt = 100 mV·s^{-1} gemessen, wobei die anodische Potentialgrenze - ausgehend von E_{RHE} = 1000 mV - in 50 mV-Schritten erhöht wird; die kathodische Grenze bleibt bei 0 mV. Die maximale positive Potentialgrenze soll E_{RHE} = 1500 mV betragen. Das jeweils 3. Zyklovoltamogramm nach Aufweitung der Potentialgrenze wird aufgezeichnet.

Anstelle von Anilin können auch N-Methylanilin oder o-Toluidin verwendet werden. Deren Konzentration im Elektrolyten ist ebenfalls 0,1 M. Es werden die gleichen Potentialgrenzen eingehalten, auch alle übrigen Angaben können übernommen werden.

Auswertung

Bild 3.50 zeigt einen Satz von CVs, die während der Abscheidung von Polyanilin aufgezeichnet wurden.

Stellen Sie eine sinnvolle Bruttogleichung für die Reaktion vom Monomer zum Polymer auf und beachten dabei die Elektronen- und Protonenbilanz. Die Veränderung des ersten anodischen Strompeaks gegen die Zeit – während der Polymerabscheidung – wird graphisch dargestellt und diskutiert.

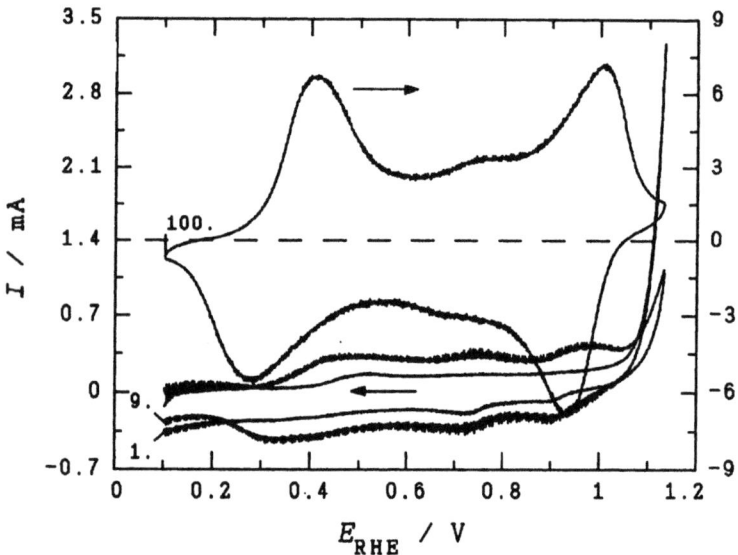

Bild 3.50 Zyklische Voltammogramme während der Abscheidung von Polyanilin, v = 100 mV/s; die angegebene Zahl kennzeichnet den Durchlauf (wäßrige Lösung von 0,1 M Anilin in 1 M Perchlorsäure).

Die Zunahme der Menge gebildeten Polymers kann in Näherung durch Messung des ersten anodischen Strommaximums, das der Filmoxidation zugeordnet wird, verfolgt werden. Bild 3.51 (nächste Seite) zeigt diesen Zusammenhang.

3 Elektrochemie mit Stromfluß und Stoffumsatz

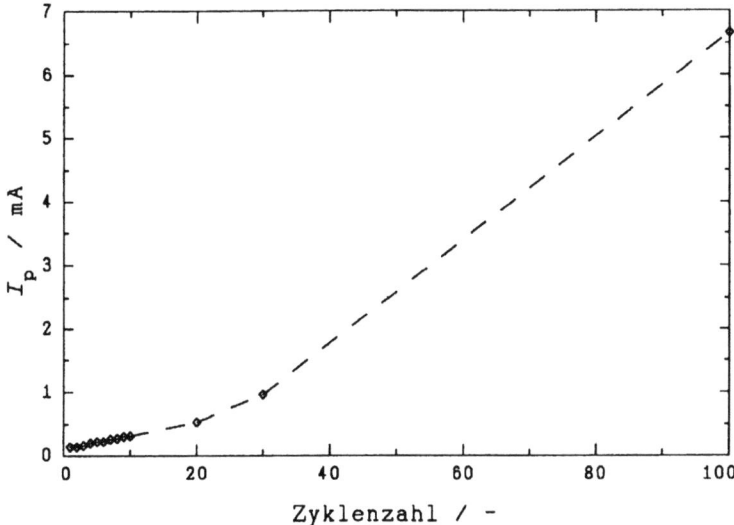

Bild 3.51 Abhängigkeit des ersten Strommaximums der Polyanilinoxidation in monomerhaltiger Lösung von der Zyklenzahl.

Nach einem langsamen Wachstum, das eine Initialisierung der Polymerfilmbildung (Keimbildung) anzeigt, folgt ein rascher Stromanstieg. Er kann zur Abschätzung der Kinetik der Filmbildung ausgewertet werden.

Bild 3.52 (nächste Seite) zeigt zyklische Voltammogramme des erhaltenen Polymerfilms bei verschiedenen Durchlaufgeschwindigkeiten. Für den Strom I am ersten Strommaximum im Voltammogramm ist bei unterschiedlichen Durchlaufgeschwindigkeiten v der Exponent n in $I \approx v^n$ aus einer geeignete Auftragung zu ermitteln.

Bild 3.53 (nächste Seite) zeigt die Abhängigkeit des Strommaximums im zyklischen Voltammogramm von der Durchlaufgeschwindigkeit.

Mit den in Bild 3.53 gezeigten Daten ergibt sich im untersuchten Bereich von Durchlaufgeschwindigkeiten der gesuchte Exponent zu $n = 0{,}94$. Dieser Wert liegt nahe dem Wert $n = 1$, wie er für ein direkt auf der Elektrode befindliches Redoxsystem typisch ist (vgl. LF 244). Bei höheren Durchlaufgeschwindigkeiten werden Stoff- und Ladungstransportprozesse von wachsender (hemmender) Bedeutung, der Faktor wird kontinuierlich kleiner und nähert sich dem ebenfalls aus der zyklischen Voltammetrie bekannten Wert von $n = 0{,}5$ an.

Die Elektrochromie kann auf der Grundlage der visuellen Beobachtung (Farbübergänge) qualitativ diskutiert werden (vgl. auch Versuch 5.1).

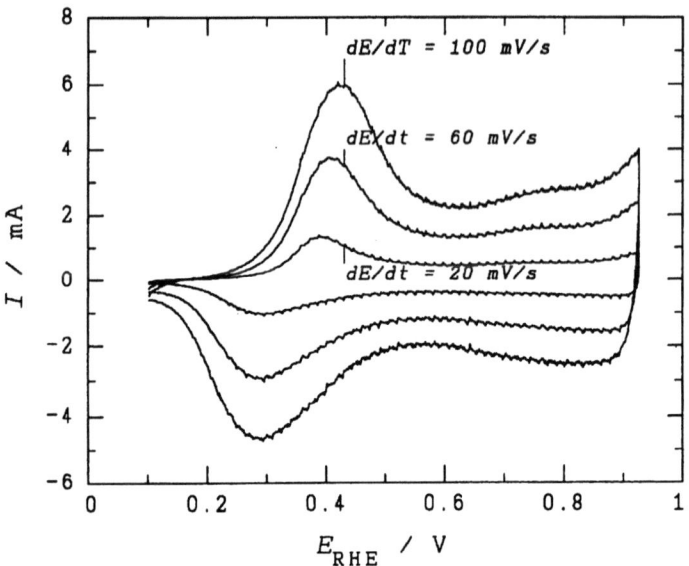

Bild 3.52 Zyklische Voltammogramme eines Polyanilinfilms in einer wäßrigen Lösung von 1 M HClO$_4$.

Bei der schrittweisen Überoxidation des Polyanilinfilms werden zyklische Voltammogramme wie in einem typischen Beispiel in Bild 3.54 gezeigt erhalten.

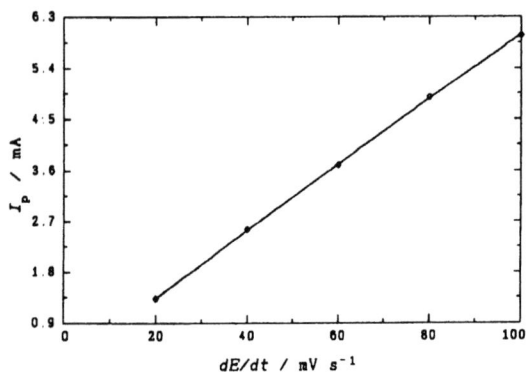

Bild 3.53 Abhängigkeit der Stromdichte beim ersten anodischen Maximum von der Durchlaufgeschwindigkeit für einen Polyanilinfilm in einer wäßrigen Lösung von 1 M HClO$_4$.

3 Elektrochemie mit Stromfluß und Stoffumsatz

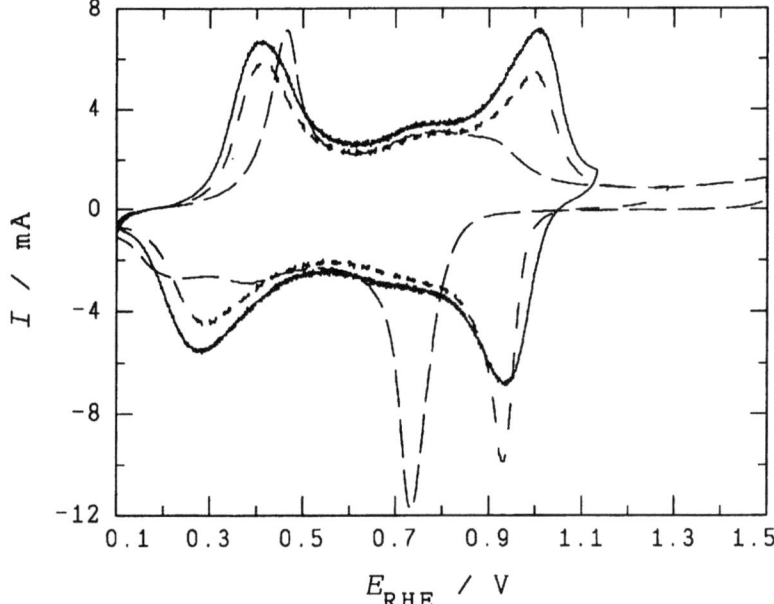

Bild 3.54 Zyklische Voltammogramme eines Polyanilinfilms in einer wäßrigen Lösung von 1 M $HClO_4$ bei schrittweiser Überoxidation.

Im mittleren Potentialbereich sind die beiden Strommaxima eines neuen, zusätzlichen Redoxsystems zu beobachten. Es wird chinoiden Abbauprodukten des Polymers zugeschrieben. Bei der höchsten hier untersuchten Potentialobergrenze dominiert dieses Redoxsystem das Voltammogramm.

Literatur

K. Menke und S. Roth, Chemie in unserer Zeit, **20**(1) (1986) 33.

R.B. Kaner und A.G. MacDiarmid, Spektrum der Wissenschaft, April 1988, S. 54.

P.M.S. Monk, R.J. Mortimer und D.R. Rosseinsky: Electrochromism: Fundamentals and Applications, VCH, Weinheim 1995.

Versuch 3.22: Galvanostatische Einschaltmessung*

Aufgabenstellung

Unter galvanostatischen Bedingungen werden Transitionszeiten gemessen.

Grundlagen

Fließt durch eine Elektrolysezelle ein konstanter Strom, so wird an der als Kathode geschalteten Elektrode eine Reduktion stattfinden. Im folgend untersuchten Beispiel enthält die Lösung als Leitelektrolyt Kaliumchlorid (1 M) und zusätzlich 3 mM Kadmiumacetat. Die Kathodenreaktion ist

$$Cd^{2+} + 2\,e^- \rightarrow Cd \tag{3.85}$$

Als Gegenelektrode (Anode) wird eine großflächige Quecksilberelektrode (Quecksilbersee auf dem Zellboden) verwendet, an ihr stellt sich das Potential einer Kalomelelektrode ein. Wird eine kleine Kathode (Quecksilbertropfen) verwendet, so ist das Potential der Anode wegen der großen Oberfläche und der entsprechend geringen Stromdichte praktisch konstant, jede Veränderung der Elektrolysespannung an der Zelle entspricht einer Veränderung des Kathodenpotentials. Um den Stromfluß aufrechtzuerhalten können Kadmiumionen durch Migration, Konvektion und Diffusion zur Kathode gebracht werden. Da die weiteren Betrachtungen nur Stofftransport durch Diffusion voraussetzen, muß die Migration durch Zusatz von Leitelektrolyt, der den wirksamen elektrischen Feldgradienten im Lösungsinneren minimiert, verhindert werden. Konvektion kann durch Messung in ruhender, ungerührter Lösung ausgeschlossen werden. Der Strom und der Konzentrationsgradient für die Kadmiumionen an der Phasengrenze Metall/Lösung ist mit dem ersten Fickschen Gesetz berechenbar:

$$j = z \cdot FD(\partial c_{Cd2+}/\partial x)_{x=0} \tag{3.86}$$

Da ein konstanter Strom eingestellt wird, müssen die Konzentrationsgradienten bei $x = 0$ die gleiche Steigung haben.

Sobald die Kadmiumkonzentration an der Oberfläche auf Null abgesunken ist und damit der Strom nicht mehr aufrechterhalten werden kann, setzt eine andere, bei einer größeren Elektrodenüberspannung ablaufende Reaktion ein. In unserem Beispiel wird dies die Wasserzersetzung unter Wasserstoffentwicklung sein.

---

* Diese Methode wird auch als Chronopotentiometrie bezeichnet.

3 Elektrochemie mit Stromfluß und Stoffumsatz

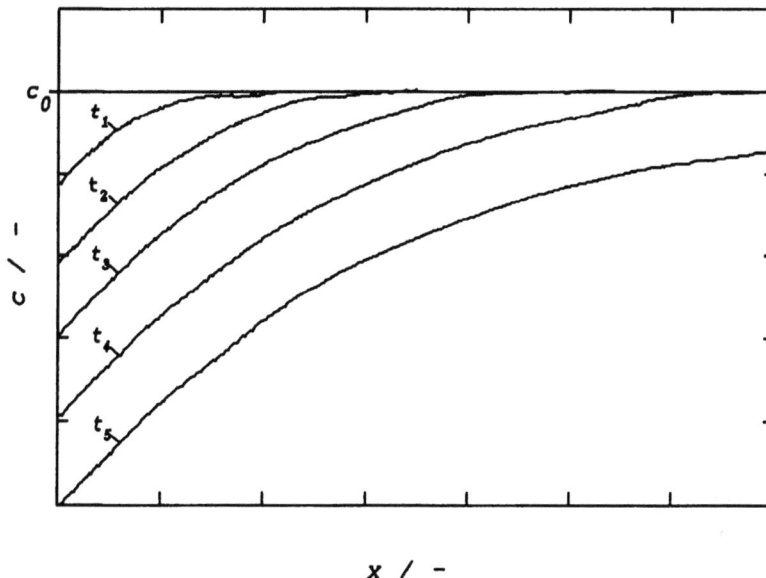

Bild 3.55 Konzentrationsgradienten für verschiedene Meßzeiten $t_1 < t_n < t_5$.

Trägt man die Spannung zwischen den beiden Elektroden der Zelle auf, so wird dieser Zeitpunkt durch einen rapiden Potentialsprung gekennzeichnet sein, die bis dort abgelaufene Zeit bezeichnet man als Transitionszeit. Der Zusammenhang zwischen Strom, Kadmiumkonzentration und Zeit kann man aus dem zweiten Fickschen Gesetz für den Zeitpunkt τ (die Transitionszeit) mit $c_{Cd2+} = 0$ unter der Annahme linearer Diffusion die Sand-Gleichung herleiten:

$$j \cdot \tau^{1/2} = [(z \cdot F \cdot \pi^{1/2} \cdot D^{1/2})/2] \cdot c_{Cd2+} \tag{3.87}$$

Für eine vorgegebene Konzentration muß das Produkt $j \cdot \tau^{1/2}$ also konstant sein.

In der beschriebenen Messung wird ein Quecksilbertropfen verwendet. Dies hat den Vorteil, daß die Metallabscheidung an einer Elektrode mit wohldefinierten Oberflächeneigenschaft und ohne nennenswerte Kristallisationsüberspannung oder Bildung störender Beläge abläuft. Außerdem läßt sich diese Elektrode als hängender Tropfen mit einem Polarographen oder an einer Golddrahtspitze leicht herstellen. Allerdings gelten hier strenggenommen die Gesetze der sphärischen Diffusion. Für kurze Transitionszeiten und/oder große Tropfenradien gehen die entsprechenden Beziehungen wieder in die dargestellten Gleichungen über.

Die Methode kann zu analytischen Zwecken eingesetzt werden, wenn für verschiedene Stromstärken und eine bekannte Konzentration die Transitionszeiten gemessen und graphisch dargestellt werden (s.u.). Für eine Lösung mit unbekannter Konzentration wird die Prozedur wiederholt, die Ergebnisse werden ebenfalls als Kurve dargestellt. Durch Vergleich der Stromwerte bei ausgewählten Transitionszeiten kann mit einer Dreisatzrechnung ($j(c_0)/j(c_x)=c_0/c_x$) die unbekannte Konzentration ermittelt werden. Der analytische Wert der Methode ist wegen des eingeschränkten Konzentrationsbereiches, in dem auswertbare Transitionszeiten erhalten werden, begrenzt.

Ausführung

<u>Chemikalien und Geräte</u>

wäßrige Lösung von KCl 1 **M** und Cd(CH$_3$COO)$_2$ 10 **mM**
regelbare Stromquelle für kleine Ströme
hängende Quecksilbertropfenelektrode
Quecksilber
elektrischer Schalter
Y-t-Schreiber
Becherglas (polarographisches Meßgefäß)
Stickstoff

<u>Aufbau</u>

In das Zellgefäß wird die Elektrolytlösung eingefüllt. Der Quecksilbersee (Anode) wird mit dem Pluspol der Stromquelle, die Tropfenelektrode mit dem Minuspol verbunden. Beide Anschlüsse werden mit einem zunächst geschlossenen Schalter verbunden. Ebenfalls werden beide Elektroden mit dem Schreiber verbunden (Empfindlichkeit ca. 0,5 V/cm).

<u>Versuchsablauf</u>

Die Elektrolytlösung wird mit Stickstoff gesättigt. Ein Strom von einigen Mikroampere wird eingestellt. Möglichst rasch nach Start der Schreiberaufzeichnung wird der Schalter geöffnet. Nach Feststellung der Transitionszeit wird der Schalter geschlossen und die Lösung durch kurze Stickstoffspülung gerührt, um Konzentrationsgradienten zu beseitigen. Der Vorgang wird bei anderen Stromstärken wiederholt. Sinnvolle Werte, bei denen auswertbare Spannungs-Zeit-Kurven erhalten werden können, müssen durch Probieren ermittelt werden.

Auswertung

Typische Spannungs-Zeit-Kurven zeigt Bild 3.56.

3 Elektrochemie mit Stromfluß und Stoffumsatz 151

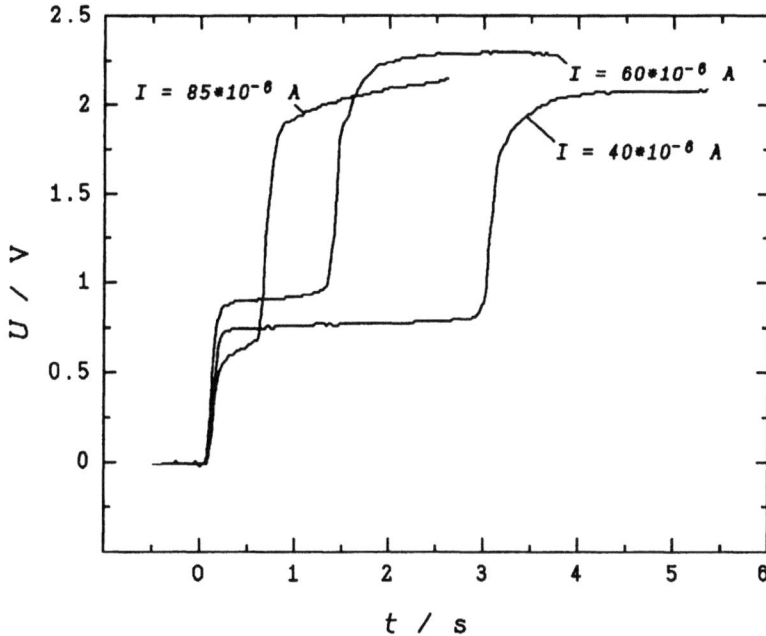

Bild 3.56 Typische Spannungs-Zeit-Kurven aus Transitionszeitmessungen mit der galvanostatischen Einschaltmethode.

Eine graphische Auftragung der Stromstärke über der Transitionszeit zeigt für nur wenige Meßwerte Bild 3.57 (nächste Seite).

Kontrollfragen

- Warum ist der Übergang von den Formeln für sphärische zu den für lineare Diffusion möglich?
- Wäre eine derartige Messung auch bei gerührter Lösung oder bei extrem leitsalzarmer Lösung möglich?

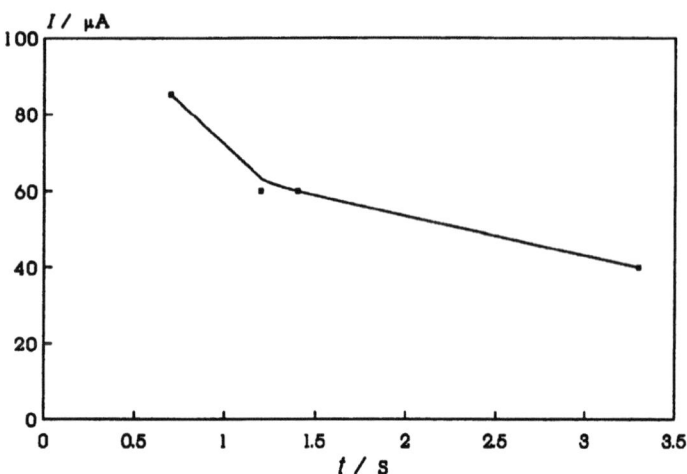

Bild 3.57 Darstellung der Stromstärke über der Transitionszeit mit Meßergebnissen aus Bild 3.56.

Literatur

W. Forker: Elektrochemische Kinetik, Akademie-Verlag, Berlin ²1989.

Versuch 3.23: Chronoamperometrie*

Aufgabenstellung

Die Oberfläche einer Elektrode ist durch eine chronoamperometrische Messung zu bestimmen.

Grundlagen

Wenn das Potential einer Elektrode in extrem kurzer Zeit von einem Anfangs- auf einen Endwert umgeschaltet wird, so fließt ein Strom. Er veranlaßt, das sich die Zusammensetzung der Elektrolytlösung an der Phasengrenze entsprechend der Nernst-Gleichung dem neuen Potentialwert entsprechend einstellt. Der Strom ist zunächst recht groß, er wird vor allem durch den Lösungswiderstand

---

* Diese Methode wird – da bei ihr ein Potentialsprung durchgeführt wird - auch als potentiostatische Einschaltmessung bezeichnet.

3 Elektrochemie mit Stromfluß und Stoffumsatz

begrenzt. Teilweise wird er zur Umladung der elektrochemischen Doppelschicht verwendet. Der Faradaysche Anteil des Stroms nimmt zeitlich rasch ab, da der Nachschub an elektrochemisch umsetzbaren Reaktanden aus der Lösung begrenzt ist. Wenn die Oberflächenkonzentration den Wert Null erreicht hat und damit der Diffusionsgrenzstrom fließt, so ist der Strom von dem sich ins Lösungsinnere ausbreitenden Konzentrationsprofil kontrolliert. Dieses wird mit zunehmender Zeit immer flacher, entsprechend fällt der Strom ab. Als Ergebnis der etwas umständlichen mathematischen Ableitung erhält man die Cottrell-Gleichung (F.G. Cottrell, Z. Physik. Chem. 42 (1902) 385):

$$I(t) = I_D(t) = \frac{n \cdot F \cdot D^{1/2} \cdot c_0 \cdot A}{\pi^{1/2} \cdot t^{1/2}} = k_{Cot}\, t^{-1/2} \qquad (3.88)$$

Aus dem konstanten Produkt $I \cdot t^{1/2}$ kann auf interessierende experimentelle Parameter geschlossen werden.

Ausführung

Chemikalien und Geräte

wäßrige Lösung von $K_4Fe(CN)_6$ (5 mM) und K_2SO_4 (0,5 M)
Y-t-Schreiber (oder Transientenrekorder oder Rechner mit schneller Wandlerkarte)
Potentiostat
2 Goldelektroden
Hg_2SO_4-Bezugselektrode
H-Zelle
Stickstoff

Aufbau

Die als Arbeits- und Gegenelektrode verwendeten Elektroden und die Bezugselektrode werden in die mit der Elektrolytlösung gefüllte H-Zelle gesetzt. Der Potentiostat wird mit den Elektroden sowie – im hier gewählten Beispiel - der Wandlerkarte des Rechners verbunden.

Versuchsablauf

Nach Sättigung der Elektrolytlösung mit Stickstoff werden die Stromtransienten nach Potentialsprüngen vom spontan eingestellten Ruhepotential auf ein Potential im Bereich des Diffusionsgrenzstromes aufgezeichnet.

Auswertung

Bild 3.58 zeigt eine typische Transiente nach einem Potentialsprung von $E_{A,Hg2SO4} = -0{,}63$ V nach $E_{E,Hg2SO4} = -0{,}0$ V.

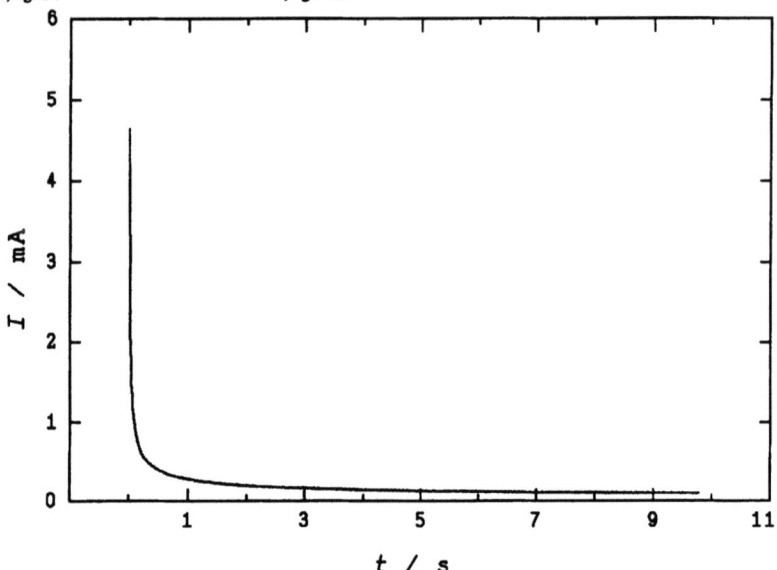

Bild 3.58 Strom-Zeit-Transiente nach einem Potentialsprung von $E_{A,Hg2SO4} = -0{,}63$ V nach $E_{E,Hg2SO4} = -0{,}0$ V, wäßrige Lösung von $K_4Fe(CN)_6$ (5 mM) und K_2SO_4 (0,5 M).

Aus den experimentellen Daten konnte die Oberfläche der Goldkugelelektrode zu 0,41 cm² bestimmt werden.

Literatur

B. Speiser, Chemie in unserer Zeit 20, 21 (1981).

Versuch 3.24: Chronocoulometrie

Aufgabenstellung

Die Oberfläche einer Elektrode ist durch eine chronocoulometrische Messung zu bestimmen.

3 Elektrochemie mit Stromfluß und Stoffumsatz

Grundlagen

Wenn das Potential einer Elektrode auf einen Wert gebracht wird, bei dem die Elektrodenreaktion unter Diffusionsgrenzstrombedingungen abläuft, kann die bei der Reaktion umgesetzte Ladung mit der Cottrell-Gleichung in ihrer integrierten Form beschrieben werden:

$$Q = \frac{2 \cdot n \cdot F \cdot D^{1/2} \cdot c_0 \cdot A \cdot t^{1/2}}{\pi^{1/2}} \qquad (3.89)$$

Neben dieser für die eigentliche Elektrodenreaktion verbrauchte Ladung wird die für die Umladung der Doppelschicht verwendete Ladung Q_D sowie die zur Umsetzung einer zum Zeitpunkt des Potentialsprungs auf der Elektrode bereits vorhandenen Belegung mit Eduktteilchen nötigen Ladung Q_0 in die Gesamtladung Q eingehen. Da die beiden letztgenannten Beiträge zeitlich konstant sind, können sie durch Extrapolation auf $t = 0$ leicht ermittelt und separiert werden. Entsprechend den in Gl. 3.89 genannten Größen kann die Chronocoulometrie zur Konzentrationsbestimmung, zur Ermittlung von Diffusionskoeffizienten sowie zur Bestimmung der Oberfläche von Elektroden eingesetzt werden.

Auf den ersten Blick erscheint die Methode der Chronoamperometrie gleichwertig. Da zudem ein Integrator (Gerät zur Ladungsmesser (Coulometer)) benötigt wird, der nicht zur typischen Grundausstattung gehört, erscheint das Verfahren unattraktiv. Bedenkt man allerdings, daß die Ladung - das Antwortsignal des untersuchten Systems - mit der Zeit wächst und für die Auswertung Daten herangezogen werden, die zeitlich weit vom Potentialsprung wegliegen und durch Schalttransienten nicht beeinflußt werden können, erweist sich das Verfahren als durchaus vorteilhaft. Zudem wirkt die Integration glättend, Rauschen im Meßsignal wird also teilweise ausgemittelt*. Beide Vorteile gelten für die Chronoamperometrie nicht, dort ist zudem die Ermittlung von Q_D und Q_0 nicht möglich.

Ausführung

Chemikalien und Geräte

wäßrige Lösung von $K_4Fe(CN)_6$ (5 mM) und K_2SO_4 (0,5 M)
Y-t-Schreiber
Potentiostat

---

* Anstelle eines Integrators kann auch eine schnelle Wandlerkarte verwendet werden. Die Ladung kann aus der Zeit-Strom-Tabelle leicht durch numerische Integration ermittelt werden. Die beiden genannten Vorteile werden dann allerdings weniger wirksam.

analoger Integrator (Coulometer)*
2 Goldelektroden
Hg_2SO_4-Bezugselektrode
H-Zelle
Stickstoff

Aufbau

Die als Arbeits- und Gegenelektrode verwendeten Elektroden und die Bezugselektrode werden in die mit der Elektrolytlösung gefüllte H-Zelle gesetzt. Der Potentiostat wird mit den Elektroden sowie – dem Integrator verbunden. Letzterer wird mit dem Y-t-Schreiber zusammengeschaltet.

Versuchsablauf

Nach Sättigung der Elektrolytlösung mit Stickstoff wird ein Potentialsprung ausgehend vom spontan eingestellten Ruhepotential in den Grenzstrombereich ausgelöst. Die umgesetzte Ladung wird in einem Q-t-Diagramm aufgezeichnet.

Auswertung

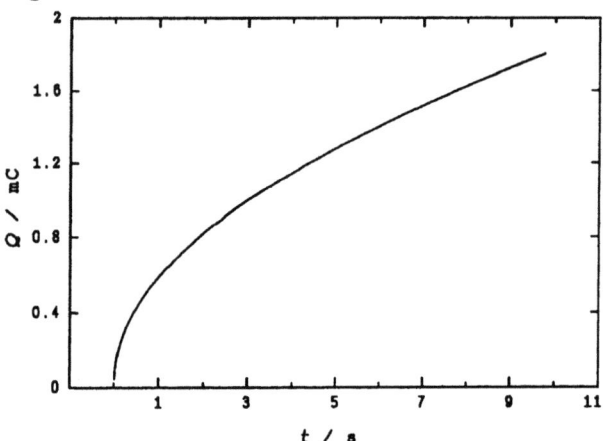

Bild 3.59 Strom-Zeitverlauf bei einem chronoamperometrischen Experiment mit einer Goldelektrode, 5 mM $K_4Fe(CN)_6$ in einer wäßrigen Lösung von 0,5 M K_2SO_4, Potentialsprung von $E_{MSE} = -0,67$ V nach $E_{MSE} = 0,0$ V.

---

* Ein digitaler Integrator, der die umgesetzte Ladung als Zahlenwert anzeigt, ist für diesen Zweck ungeeignet, da derartige Geräte konstruktionsbedingt ein der umgesetzten Ladung proportionales Spannungssignal nicht ausgeben.

3 Elektrochemie mit Stromfluß und Stoffumsatz

Bild 3.59 zeigt einen typischen Q-t-Verlauf. Für die Auswertung ist eine linearisierte Auftragung vorteilhaft, die Bild 3.60 zeigt:

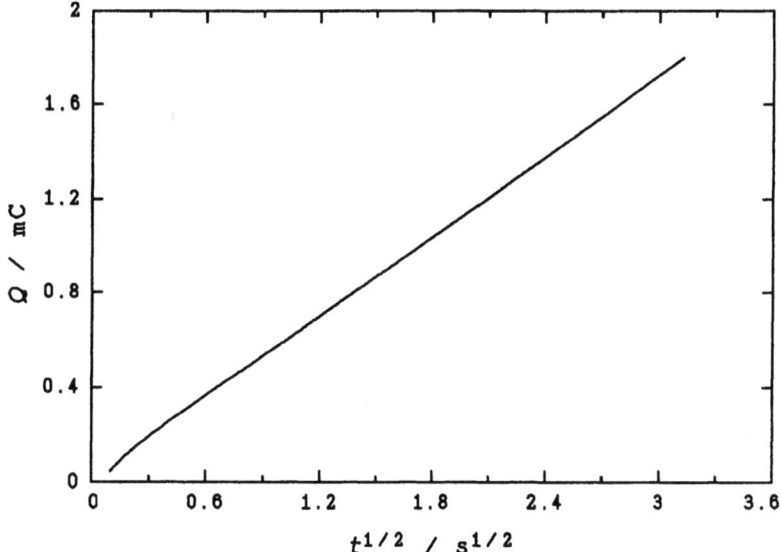

Bild 3.60 Linearisierter Strom-Zeitverlauf bei einem chronoamperometrischen Experiment mit einer Goldelektrode, 5 mM $K_4Fe(CN)_6$ in einer wäßrigen Lösung von 0,5 M K_2SO_4, Potentialsprung von E_{MSE} = –0,67 V nach E_{MSE} = 0,0 V.

Der Einfluß von Q_D und Q_0 ist vernachlässigbar, die Graphik zeigt nahezu eine Ursprungsgrade. Die für die Messung aus Bild 3.59 verwendete Goldelektrode hatte demnach eine Fläche von 0,47 cm².

Literatur

F.C. Anson, Anal. Chem. **38** (1966) 54.

Versuch 3.25: Rotierende Scheibenelektrode

Aufgabenstellung

1. Bestimmung des Diffusionskoeffizienten für das Ion $Fe(CN)_6^{3-}$.
2. Ermittlung der Austauschstromdichte für das System $Fe(CN)_6^{3-/4-}$.

Grundlagen

In vielen untersuchten Elektrodenreaktionen wird der fließende Strom nicht durch den eigentlichen Ladungsdurchtritt begrenzt, sondern durch gehemmte, d.h. im Vergleich zum Ladungsdurchtritt langsame, Transport- oder Reaktionsschritte. Wenn es für eine experimentelle Methode gelingt, den Einfluß z.B. des Stofftransportes rechnerisch zu erfassen und aus den Meßergebnissen zu eliminieren, so kann auch unter diesen Umständen der eigentliche Ladungsdurchtritt studiert und die Durchtritts-Stromdichte-Potentialkurve erhalten werden. Nur für wenige Systeme ist dies bisher gelungen, zu diesen erfolgreichen Beispielen gehört die rotierende Scheiben-Elektrode.

Bei dieser Meßanordnung wird die zu untersuchende Elektrode als kreisförmige Scheibe ausgebildet, die in die Stirnseite eines aus isolierendem Material bestehenden Körper eingebettet wird (Bild 3.61). Bei Bedarf kann um diese Scheibe herum ein weiterer Ring als Elektrode ausgebildet werden, an dem Produkte der elektrochemischen Reaktion an der Scheibe studiert werden können.

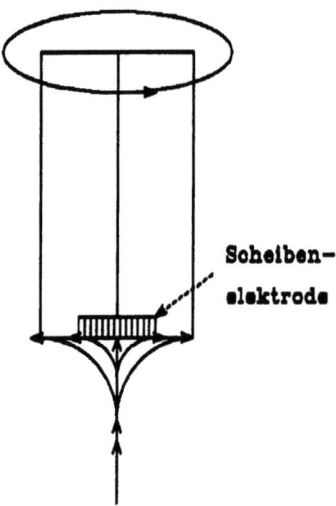

Bild 3.61 Schnittbild von rotierender Scheibenelektrode und Strömungsprofil.

Der Versuch beschäftigt sich in seinen Teilen mit verschiedenen Messungen, die an einer rotierenden Elektrode möglich sind.

3 Elektrochemie mit Stromfluß und Stoffumsatz

Ausführung

Chemikalien und Geräte

wäßrige Stammlösung von 0,1 M $K_3Fe(CN)_6$ und 0,5 M K_2SO_4 in Wasser
wäßrige Stammlösung von 0,1 M $K_4Fe(CN)_6$ und 0,5 M K_2SO_4 in Wasser
wäßrige Lösung von H_2SO_4 0,1 N
wäßrige Stammlösung von 0,1 M $Fe(NH_4)(SO_4)_2 \cdot 12\,H_2O$
wäßrige Stammlösung von 0,1 M $FeSO_4 \cdot 7\,H_2O$
Meßzelle mit rotierender Platinscheibenelektrode
Platindrahtbezugs- und -gegenelektrode
Potentiostat und Funktionsgenerator
X-Y-Schreiber
Pipette 5 ml
Pipette 10 ml
Stickstoffgas zur Spülung

Aufbau

Das Meßsystem besteht aus einer Scheiben-Elektrode mit Antrieb und Drehzahlsteuerung, Spannungsgenerator, Potentiostat, einem X-Y-Schreiber sowie Gegen- und Bezugselektrode in einer Meßzelle.

Die Meßelektrodeneinheit enthält im vorgestellten Beispiel eine Platinscheibe mit einer Fläche von 0,29 cm². Als Gegenelektrode dient ein Platindraht, als Bezugselektrode eine gesättigte Silber/Silberchloridelektrode. Alternativ kann auch ein Platindraht verwendet werden, an dem sich entsprechend der Lösungszusammensetzung das entsprechende Redoxpotential einstellt. Anschlüsse für Gasein- und -ableitung erlauben die Sättigung der Meßlösung mit Inertgas (Stickstoff).

Versuchsablauf

Als erstes wird ein zyklisches Voltammogramm bei Ablauf der Reaktion

$$(Fe(CN)_6)^{3-} + e^- \rightarrow (Fe(CN)_6)^{4-} \tag{3.90}$$

in ruhender wäßriger Lösung von 5 mM $K_4Fe(CN)_6$ + 5 mM $K_3Fe(CN)_6$ + 0,5 M K_2SO_4 bei $dE/dt = 0,1$ V·s^{-1} aufgenommen.

Nach Aufbau des Experimentes wird die Lösung ca. 20 Minuten mit Stickstoff gesättigt, um gelösten Sauerstoff zu entfernen. Anschließend wird durch Umstecken des Gasschlauches Stickstoff über die Lösung geleitet. Man erhält das in Bild 3.62 gezeigte typische CV eines Redoxsystems (nächste Seite, s. auch

Versuch 3.14).

Im ersten Teil des Versuchs werden Stromdichte-Potentialkurven für dieses System bei rotierender Elektrode und bei unterschiedlichen Drehzahlen der Platinscheibe aufgenommen, aus denen die nach der Theorie erwartete Zunahme des Diffusionsgrenzstromes mit der Umdrehungszahl zu entnehmen ist. Einen typischen Satz von Meßkurven zeigt Bild 3.63 (nächste Seite). Empfohlene Drehzahlen: 200 ... 8000 min^{-1}.

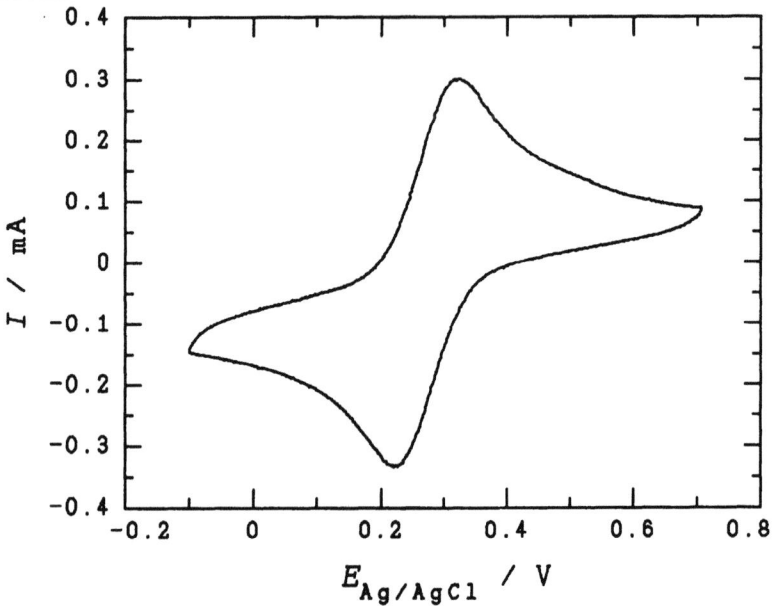

Bild 3.62 CV einer ruhenden Platinscheibenelektrode (A = 0,26 cm^2) in einer wäßrigen Lösung von 5 mM K$_4$Fe(CN)$_6$ + 5 mM K$_3$Fe(CN)$_6$ + 0,5 M K$_2$SO$_4$, dE/dt = 0,1 V·s^{-1}.

Aus der Auftragung der Grenzstromdichten j_{diff} gegen die Wurzel aus der Winkelgeschwindigkeit $\omega^{1/2}$ kann über die Steigung der Diffusionskoeffizient des dreiwertigen Ions bestimmt werden. Falls es im Verlauf des Versuches zur Ausbildung eines Filmes von Berliner Blau auf der Elektrode gekommen ist (derartige Filme sind nicht immer mit dem Auge sichtbar, sie machen sich in der zyklischen Voltammetrie nachhaltig störend bemerkbar), kann er durch abwechselndes Eintauchen der Elektrode in verdünnte Schwefelsäure und konzentriertes Ammoniakwasser entfernt werden.

Im zweiten Teil des Versuches werden Stromdichte-Potentialkurven mit diesem

Redoxsystem in jeweils 5 mM Konzentration bei kleiner Überspannung, fernab vom Diffusionsgrenzstromfall, aufgezeichnet. Aus ihnen werden Wertepaare zur Ermittlung von Tafel-Auftragungen entnommen, die schließlich die Berechnung der Austauschstromdichte j_0 ermöglichen.

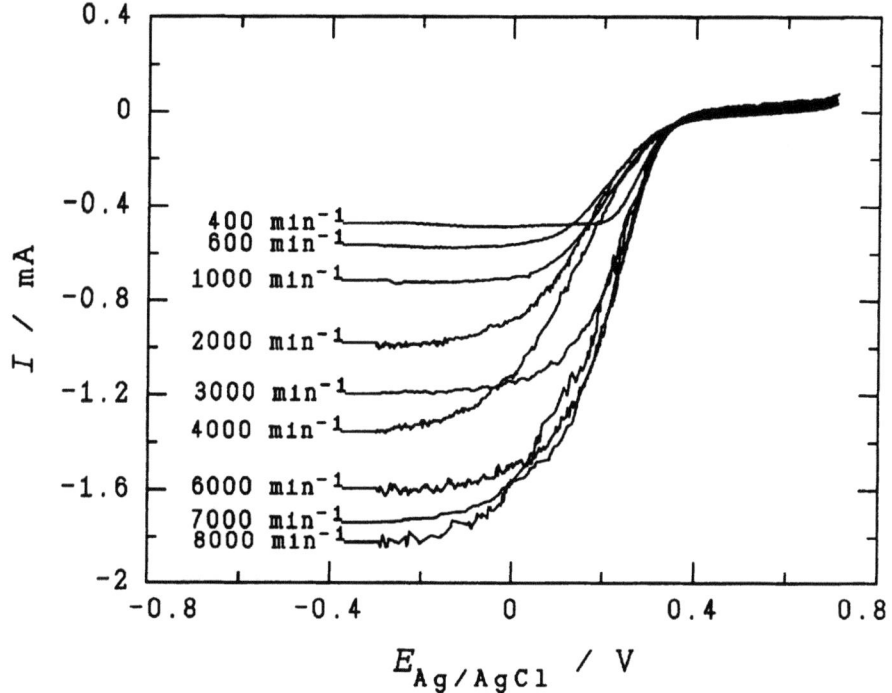

Bild 3.63 CVs (nur in negativer Richtung gezeigt) einer rotierenden Platinscheibenelektrode ($A = 0{,}26$ cm^2) in einer wäßrigen Lösung von 5 mM K$_4$Fe(CN)$_6$ + 5 mM K$_3$Fe(CN)$_6$ + 0,5 M K$_2$SO$_4$, $dE/dt = 10$ mV·s^{-1}, Umdrehungszahlen wie angegeben.

Auswertung:

1. Aus der Theorie folgt, daß zwischen der Höhe des gemessenen Diffusionsgrenzstromes I_{diff} und der Drehzahl der Elektrode der folgende Zusammenhang besteht:

$$I_{\text{diff}} = 0{,}62 \cdot n \cdot F \cdot A \cdot D^{2/3} \cdot \nu^{-1/6} \cdot c \omega^{1/2} \tag{3.91}$$

mit:

I_{diff} = Diffusionsgrenzstrom in A

n = Elektrodenreaktionswertigkeit, hier $n = 1$
A = Elektrodenfläche, hier $A = 0{,}29$ cm^2
D = Diffusionskoeffizient der abreagierenden Spezies in cm^{2}s^{-1}
ν = Kinematische Viskosität der verwendeten Lösung,
hier $1 \cdot 10^{-2}$ cm$^2 \cdot$s^{-1}
c = Konzentration der abreagierenden Spezies in mol$\cdot$cm^{-3} (!!!)
f = Umdrehungszahl in s^{-1}
ω = Winkelgeschwindigkeit $2 \cdot \pi \cdot f$ in s^{-1}

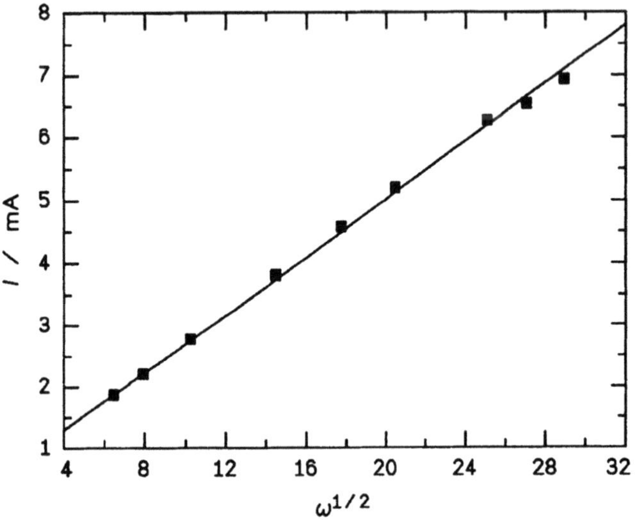

Bild 3.64 Auftragung des Diffusionsgrenzstromes über $\omega^{1/2}$ (experimentelle Daten siehe Bild 3.63).

Mit

$$j_{\text{diff}} = \frac{I_{\text{diff}}}{A} \quad (3.92)$$

und mit $\tan \alpha$ ($A \cdot$cm$^{-2} \cdot$s$^{1/2}$) als Steigung einer Auftragung von j_{diff} gegen ω gilt für den Diffusionskoeffizienten

$$D = \left(\frac{\tan \alpha \cdot \nu^{1/6}}{0{,}62 \cdot n \cdot F \cdot c} \right)^{3/2} / \text{cm}^2 \cdot \text{s}^{-1} \quad (3.93)$$

Für die gezeigten Meßergebnisse folgt ein Wert $D = 0{,}66 \cdot 10^{-5}$ cm$^2 \cdot$s^{-1}. Literaturwerte für den Diffusionskoeffizienten sind $0{,}66 \cdot 10^{-5}$ cm$^2 \cdot$s^{-1} für Fe(CN)$_6^{3-}$ und $0{,}57 \cdot 10^{-5}$ cm$^2 \cdot$s^{-1} für Fe(CN)$_6^{4-}$ (K.J. Kretschmar, C.H. Hamann und F. Faßbender, J.Electroanal. Chem., 60 (1975) 239.) sowie für (Fe(CN)$_6$)$^{3-}$ zu $1{,}18 \cdot 10^{-5}$ cm$^2 \cdot$s^{-1}

3 Elektrochemie mit Stromfluß und Stoffumsatz 163

in (Handbook of Chemistry and Physics, [71]1991, S. 6-151).
2. Für die Ermittlung einer nur vom Ladungsdurchtritt kontrollierten Tafel-Auftragung (halblogarithmische Darstellung des Stromes als Funktion der Überspannung) werden aus den mit der rotierenden Scheibenelektrode bei verschiedenen Umdrehungszahlen gemessenen Strom-Potentialkurven Wertepärchen entnommen, aus denen der Durchtrittsstrom bei ungehemmtem Stofftransport durch Extrapolation auf unendliche Umdrehungsgeschwindigkeit ermittelt wird (LF 234). Bild 3.65 zeigt typische Meßdaten, Bild 3.66 den nächsten Auswertungsschritt.

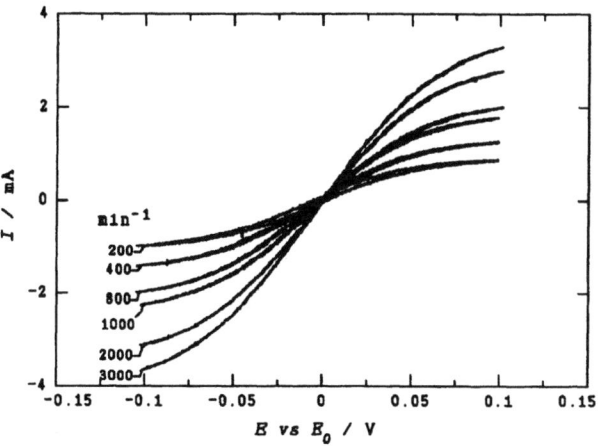

Bild 3.65 Zyklische Voltammogramme einer rotierenden Platinelektrode in einer Lösung von 5 mM $K_3Fe(CN)_6$ + 0,5 M K_2SO_4, verschiedene Umdrehungszahlen, Bezugselektrode Platindraht, dE/dt = 5 mV·s^{-1}.

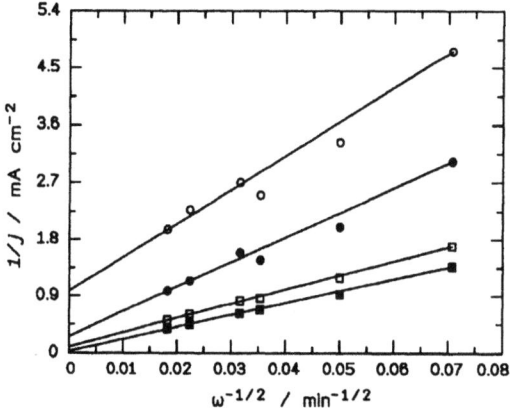

Bild 3.66 Auftragung von $1/j_S$ über $1/\omega^{1/2}$, Extrapolation auf $\omega \to \infty$.

Eine Tafel-Auftragung der durch Extrapolation in Bild 3.66 gewonnenen Werte zeigt Bild 3.67.

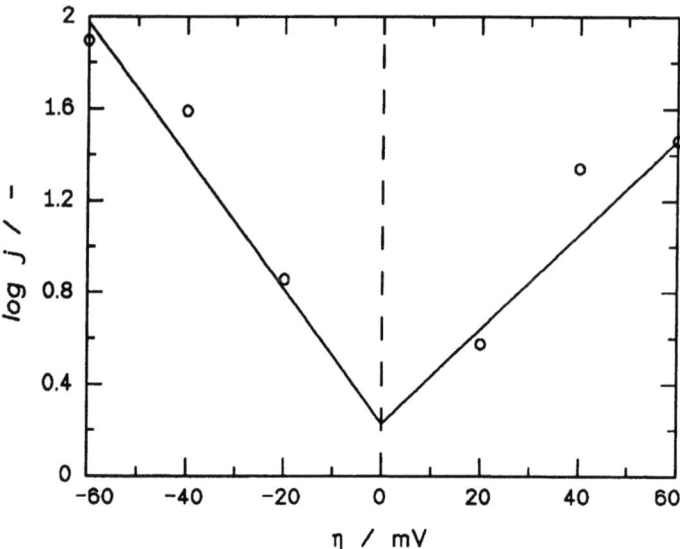

Bild 3.67 Tafel-Auftragung der Meßwerte aus Bild 3.66.

Aus dem Achsenabschnitt der Grafik kann die Austauschstromstromdichte j_0 berechnet werden, aus der Steigung sind die Elektrodenreaktionswertigkeit n und der Durchtrittsfaktor α zugänglich. Im vorgestellten Beispiel ist $n = 1$. Die Austauschstromdichte berechnet sich zu $j_0 = 2{,}1$ mA·cm^{-2}.

Kontrollfrage

Welche Überspannung wird durch die Rotation der Elektrode in berechenbarer Weise beeinflußt?

Literatur

W.J. Albery, M.L. Hitchman: Ring-Disc Electrodes, Clarendon Press, Oxford 1971
B. Gostisa-Mihelcic und W. Vielstich, Ber. Bunsenges. Phys. Chem. 77 476 (1973).
Yu.V. Pleskov und V.Yu. Filinovskii: The Rotating Disc Electrode, Consultants Bureau, New York 1976
A. J. Bard und L. Faulkner, Electrochemical Methods, John Wiley & Sons, New York 1980.

C.H. Hamann und W. Vielstich, Elektrochemie, VCH-Wiley, Weinheim 1998.

Versuch 3.26: Rotierende Scheibe-Ringelektrode

Aufgabenstellung

1. Für eine rotierende Scheibe-Ringelektrode ist das Übertragungsverhältnis N zu ermitteln.
2. Der Mechanismus der Elektroreduktion von Cu^{2+}-Ionen ist mit einer rotierenden Scheibe-Ringelektrode zu untersuchen.

Grundlagen

Die an einer rotierenden Scheibenelektrode entstehenden Produkte der elektrochemischen Durchtrittsreaktion werden mit dem Teilchenfluß von der Elektrode seitlich wegbefördert. Ihre weitere Untersuchung ist sowohl qualitativ wie quantitativ elektrochemisch möglich, wenn in die Stirnfläche des Elektrodenkörpers eine ringförmige Elektrode eingelassen wird, die die Scheibenelektrode in möglichst geringem Abstand nur durch einen mit isolierendem Material gefüllten Spalt getrennt umschließt. Diese in Bild 3.68 schematisch gezeigte Anordnung wird als rotierende Scheibe-Ringelektrode bezeichnet.

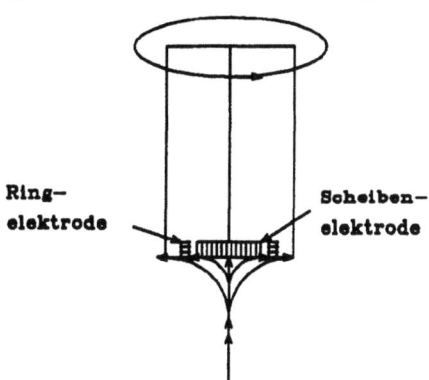

Bild 3.68 Vereinfachter Schnitt durch eine Scheibe-Ring-Elektrode.

Eine Identifizierung der an der Scheibe gebildeten Teilchen ist durch ihre erneute elektrochemische Umsetzung am Ring bei einem entsprechenden Elektrodenpotential möglich. Da der Transport der Teilchen von der Scheibe zum Ring genau berechenbar ist erlaubt die Messung des bei dieser Umsetzung fließenden Stromes zudem quantitative Aussagen. Falls die an der Scheibe entstehenden Teilchen in einer chemischen Reaktion homogen umgesetzt werden, so ist das

Ausmaß der Verminderung des Ringstromes im Vergleich zum berechneten Wert Ausgangspunkt der Ermittlung der Geschwindigkeit dieser Reaktion.

Der Diffusionsgrenzstrom durch die ringförmige Elektrode kann mit den bereits bei der rotierenden Scheibenelektrode abgeleiteten Formeln berechnet werden. Er beträgt

$$I_{R,\text{diff}} = 0.62 \cdot n \cdot F \cdot \pi \cdot (r_3^3 - r_3^2)^{2/3} \cdot D^{2/3} \cdot \omega^{1/2} \cdot v^{-1/6} \cdot c \tag{3.94}$$

Das Verhältnis des so berechneten Ringstromes zum Scheibenstrom für den jeweils gleichen Elektrodenprozeß ist nur von den Radien bestimmt:

$$\frac{I_{R,\text{diff}}}{I_{S,\text{diff}}} = \frac{(r_3^3 - r_3^2)^{2/3}}{r_1^2} \tag{3.95}$$

Von besonderem Interesse ist dagegen die Möglichkeit, an der Scheibe erzeugte Teilchen am Ring nachzuweisen, um den Mechanismus der Reaktion an der Scheibenelektrode durch z.B. den Nachweis eines Zwischenproduktes an der Ringelektrode aufzuklären. Den Anteil der am Ring elektrochemisch nachweisbaren an der Scheibe erzeugten Teilchen gibt man mit dem Übertragungsverhältnis N an, das von der Umdrehungszahl unabhängig ist. Wegen des komplexen mathematischen Zusammenhangs sind Werte von N für Radienverhältnisse r_3/r_2 und r_2/r_1 tabelliert (vgl. Literatur). Für die im Beispiel verwendete Elektrode wurden die Radien $r_1 = 2{,}28$ mm, $r_2 = 2{,}58$ cm und $r_3 = 2{,}73$ cm ermittelt. Aus Tabellenwerken (vgl. Literaturangaben) kann ein theoretischer Wert von $N = 0{,}16$ durch Interpolation ermittelt werden. Eine Näherungsformel (V.Yu. Filinovsky und Yu.V. Pleskov in: Comprehensive Treatise of Electrochemistry Bd. 9, E. Yeager, J.O'M. Bockris, B.E. Conway und S. Sarangapani Hrsg., Plenum Press, New York 1984, S. 339) erlaubt die ungefähre Berechnung nach

$$N = \left(\frac{r_3^3 - r_2^3}{r_2^3 - r_1^3}\right)^{2/3} \left[\frac{1}{2{,}44 + (r_1^3/(r_2^3 - r_1^3))^{2/3}} + \right. \tag{3.96}$$

$$\left. \frac{1}{2{,}44 + ((r_3^3 - r_2^3)/(r_2^3 - r_1^3))^{2/3}} \quad \frac{1}{2{,}44 + ((r_1^3/r_3^3)\cdot((r_3^3 - r_2^3)/(r_2^3 - r_1^3)))^{2/3}}\right]$$

Damit folgt ein theoretischer Wert von $N = 0{,}154$.

Als Beispiel der Untersuchung einer elektrochemischen Reaktion, bei der die Identifizierung eines Zwischenproduktes an der Ringelektrode von entscheidender Bedeutung ist, wird die Reduktion von Cu^{2+}-Ionen betrachtet. Bei der Reaktion sind zwei Wege - die direkte Reduktion durch Übertragung von zwei Elektronen und die Reduktion über ein einwertiges Kupferion - denkbar. Im zweiten Fall ergibt sich der folgende Ablauf:

3 Elektrochemie mit Stromfluß und Stoffumsatz

$$Cu^{2+} + e^- \rightarrow Cu^+ \quad (3.97)$$
$$Cu^+ + e^- \rightarrow Cu \quad (3.98)$$

Entsprechend den beiden denkbaren Wegen hängt die Entscheidung vom Nachweis der einwertigen Kupferionen ab. Er kann gelingen, wenn die Ringelektrode auf einem Elektrodenpotential gehalten wird, bei dem die Reooxidation von Kupfer(I)ionen stattfinden kann. Dabei müssen andere Konkurrenzreaktionen sicher ausgeschlossen werden. Beobachtet man einen Ringstrom, so kann der zweite Weg als bewiesen angesehen werden. Wird kein Ringstrom gemessen, so verläuft die Reduktion entsprechend dem ersten Weg.

Weitere kinetische Daten sind mit der Scheibe-Ringelektrode zugänglich. Wird bei einer der elektrochemischen Reaktion an der Scheibe nachgelagerten chemischen Reaktion in der Elektrolytlösung das Reaktionsprodukt homogen umgesetzt, so vermindert sich N natürlich. Aus einer Messung von j_{Ring} bei einem geeignet gewählten Elektrodenpotential ist so eine Bestimmung der Reaktionsgeschwindigkeitskonstanten der genannten homogenen Reaktion möglich.

Ausführung

<u>Chemikalien und Geräte</u>

wäßrige Lösung von 1 mM $CuCl_2$ + 0,5 M KCl
Meßzelle mit rotierender Scheibe-Ringelektrode
Platinelektrode
Bezugselektrode (z.B. gesättigte Kalomelelektrode oder Quecksilbersulfatelektrode)
Bipotentiostat
Zwei X-Y-Schreiber und Funktionsgenerator (oder Rechnersystem)
Stickstoffgas zur Spülung

<u>Aufbau</u>

Das Meßsystem besteht aus einer Scheibe-Ringelektrode mit Antrieb und Drehzahlsteuerung, Potentiostat, Funktionsgenerator, zwei XY-Schreibern (oder Rechnersystem) sowie Gegen- und Bezugselektrode in einer Meßzelle.

Die Meßelektrodeneinheit enthält im vorgestellten Beispiel eine Platinscheiben- und eine Platinringelektrode. Als Gegenelektrode dient ein Platindraht, als Bezugselektrode eine Quecksilbersulfatelektrode. Anschlüsse für Gasein- und -ableitung erlauben die Sättigung der Meßlösung mit Inertgas (Stickstoff) und die Aufrechterhaltung einer Stickstoffatmosphäre über der Elektrolytlösung während der Messung*.

<u>Versuchsablauf</u>

Auswertung

Bild 3.69 zeigt einen typischen Satz von Potentialdurchläufen bei konstantem Ringpotential.

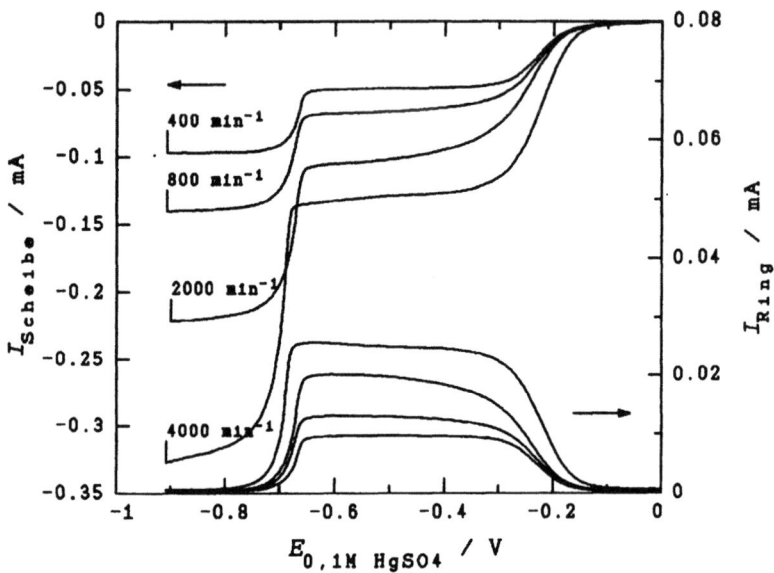

Bild 3.69 Scheiben- und Ringströme einer Platinscheiben- und Platinringelektrode in einer Lösung von 1 mM $CuCl_2$ + 0,5 M KCl in Wasser bei verschiedenen Umdrehungszahlen [min^{-1}], $E_{Ring,\ 0,1\ M\ Hg2SO4}$ = 0,2 V.

Im Bereich mäßig kathodischer Scheibenpotentiale bleibt die Reaktion bei Gl. 3.97 stehen, die entstandenen Cu^+-Ionen können bei einem geeigneten Elektrodenpotential am Ring nachgewiesen werden. Bei wesentlich kathodischerem Scheibenpotential setzt die Folgereduktion bis zum elementaren Kupfer ein, der Ringstrom bricht zusammen. Aus den Scheiben- und Ringströmen wird ein

---

* Während der Messung wird vor allem bei hohen Drehzahlen die Elektrolytlösung leicht derart verwirbelt, daß Sauerstoffspuren aus dem Gasraum wirksam in die Elektrolytlösung eingetragen werden könne. Ihre Reduktion tritt in Konkurrenz zur Reduktion der Kupferionen und verfälscht so das Meßergebnis.

Übertragungsverhältnis $N = 0{,}19$ ermittelt.

Literatur

W.J. Albery und S. Bruckenstein, Trans. Faraday Soc. 62 (1966) 1920.
W.J. Albery und M.L. Hitchman: Ring-Disc Electrodes, Clarendon Press, Oxford 1971
Yu.V. Pleskov und V.Yu. Filinovskii: The Rotating Disc Electrode, Consultants Bureau, New York 1976

Versuch 3.27: Messung einer Elektrodenimpedanz

Aufgabenstellung

Die Impedanz einer Platinelektrode in einer Elektrolytlösung, die ein Redoxsystem enthält, ist in einem weiten Frequenzbereich zu messen und mit dem Ziel der Ermittlung der Austauschstromdichte der Elektrodenreaktion auszuwerten.

Grundlagen

In einer potentiostatischen Dreielektrodenanordnung kann des Elektrodenpotential der Arbeitselektrode mit einer Vielzahl von Signalen (Sollspannungen) moduliert werden (vgl. LF 261). Als besonders leistungsfähig und aussagestark hat sich die Modulation mit einer Wechselspannung kleiner Amplitude (wenige Millivolt) erwiesen. Die eingehende Auswertung der Phasen- und Amplitudenbeziehung zwischen der als Sollspannung vorgegebenen Modulation und des als Systemantwort fließenden Wechselstroms durch die Elektrode vermittelt den Zugang zu einer Vielzahl kinetischer Daten, die den Elektrodenprozeß einschließlich vor- und nachgelagerter Teilschritte (Diffusion, Adsorption, Reaktion etc.) beschreiben. Die kleine Amplitude der Modulationsspannung erlaubt dabei eine Vielzahl von annähernden Vereinfachungen in den mathematischen Beziehungen, die diese Teilschritte beschreiben.

Im einfachsten Fall einer Redoxelektrode (vgl. LF 154) besteht die Elektrodenreaktion aus dem Antransport der umzusetzenden Teilchen, dem folgenden Ladungsdurchtritt und ihrem Abtransport. Bei hohen Frequenzen der angelegten Wechselspannung (einige Kilohertz) können die Transportvorgänge bei der Auswertung in guter Näherung sogar vernachlässigt werden. Berücksichtigt man sie in der Auswertung trotzdem - und die zahlreichen zur Auswertung von Impedanzmessungen zur Verfügung stehenden Rechenprogramm erlauben dies in einfacher Weise - so kann für die weitere Deutung das von Randles vorgeschlagene Ersatzschaltbild in Bild 3.70 verwendet werden.

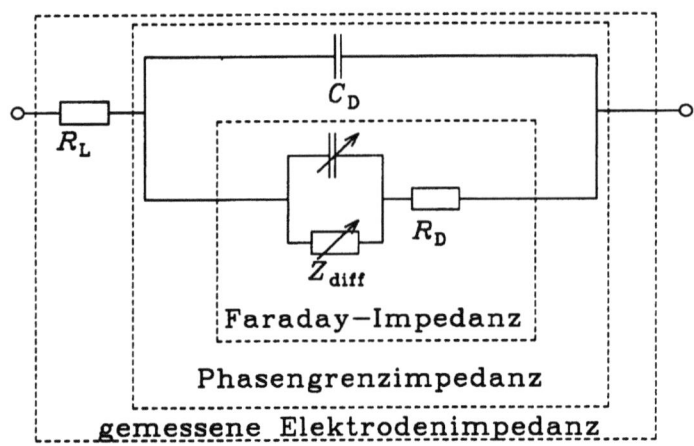

Bild 3.70 Ersatzschaltbild einer einfachen Redoxelektrode nach Randles.

Neben der anschaulichen, aus der Elektrotechnik entlehnten Deutung der Elektrodenimpedanz mit Hilfe eines Ersatzschaltbildes haben sich andere Verfahren auf der Grundlage von Transferfunktionen, die die Elektrodenimpedanz beschreiben, etabliert. Sie entbehren der unmittelbaren Anschaulichkeit, im hier untersuchten Beispiel vermitteln sie außerdem keine weitergehenden Erkenntnisse.

Ausführung

<u>Chemikalien und Geräte</u>

Lösung von 0,01 M (($NH_4)_2Fe(SO_4)_2$ + 0,01 M (NH_4)Fe($SO_4)_2$ + 1 M $HClO_4$ in Meßzelle für Wechselspannungsmessungen (s. Kap. 1)
Platinkugel- oder Platindrahtelektrode
Platingegenelektrode
Platindrahtelektrode als Referenzelektrode*

---

* Da sich an einem Platindraht durch das gelöste Redoxsystem dessen Ruhepotential E_0 einstellt, bei dem auch die Impedanzmessung durchgeführt wird, stellt diese Pseudoreferenzelektrode eine besonders einfache Lösung dar, die zudem eine Kontamination der Elektrolytlösung mit den Bestandteilen übliche Bezugselektroden vermeidet.

3 Elektrochemie mit Stromfluß und Stoffumsatz

Impedanzmeßplatz*
Inertgas

Aufbau

Impedanzmeßgerät, Potentiostat und Meßzelle werden nach Anleitung verbunden.

Versuchsablauf

Die Elektrolytlösung wird zum Vertreiben darin gelösten Sauerstoffs intensiv mit Stickstoff oder Argon gesättigt. Zur Feststellung des einwandfreien elektrochemisch reproduzierbaren Zustandes der Elektrodenoberfläche wird ein zyklisches Voltammogramm aufgezeichnet. Falls es nicht Literaturangaben entspricht sollte durch Aktivieren der Elektrode mit zyklische Voltammetrie in einer Perchlorsäurelösung zwischen beginnender Wasserstoff- und Sauerstoffentwicklung ein Elektrodenzustand erzielt werden, der Literaturangaben entspricht.

Die Impedanzmessung sollte den Frequenzbereich von ca. 1 Hz bis 100 kHz (oder dem oberen Grenzwert des verwendeten Impedanzmeßgerätes, wenn dieser Wert kleiner ist) stattfinden. Für die Auswertung kann das gezeigte einfache Ersatzschaltbild verwendet werden.

Auswertung

Bild 3.71 (oben) zeigt ein typisches Meßergebnis in der Ortskurvendarstellung; Bild 3.71 (unten) zeigt es in der von Bode vorgeschlagenen Darstellung.

---

* Die Vielzahl unterschiedlicher Impedanzmeßgeräte einschließlich von Systemen, bei denen die Impedanzmessung als Programmbestandteil in rechnergesteuerten elektrochemischen Arbeitsplätzen vorgesehen ist, schließt eingehende praktische Hinweise aus. Bei Vorhandensein eines solchen Meßgerätes wird auch das für die Auswertung nötige Rechenprogramm vorhanden sein, daher wird auf diesbezügliche Details nicht eingegangen.

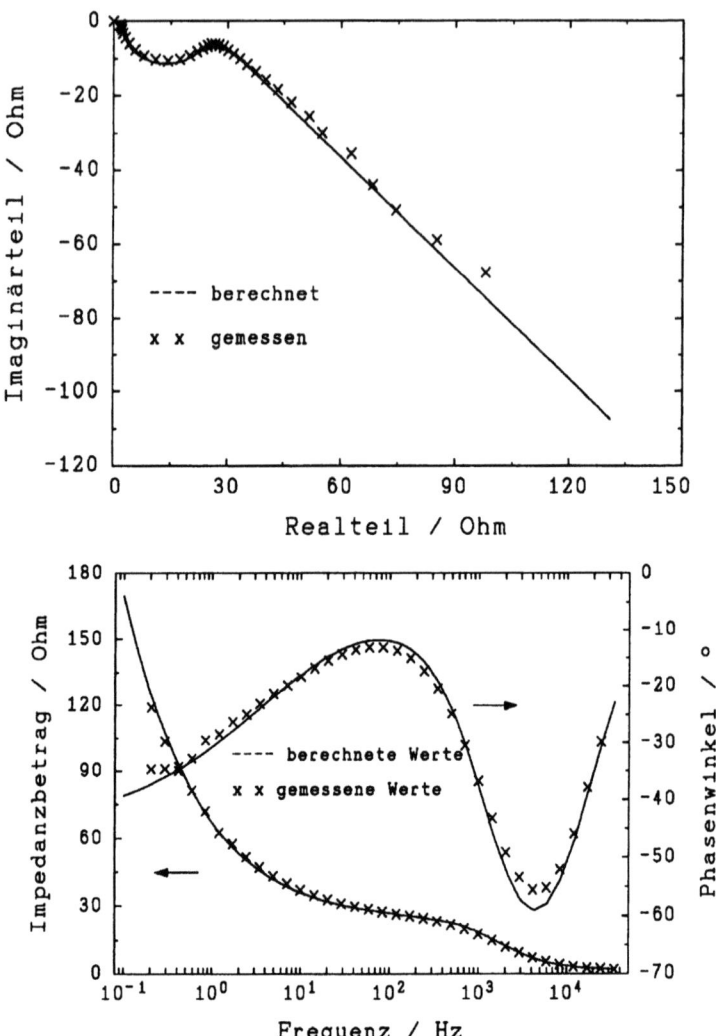

Bild 3.71 Impedanz einer Platinelektrode in einer Lösung von 0,01 M $((NH_4)_2Fe(SO_4)_2$ + 0,01 M $(NH_4)Fe(SO_4)_2$ + 1 M $HClO_4$ in Wasser, $E = E_0$; Ortskurvendarstellung (oben) Bode-Diagramm (unten).

Für das in Bild 3.71 dargestellte Ergebnisse konnten folgende die Elektrodenimpedanz und die Redoxreaktion beschreibenden Daten ermittelt werden: R_D = 21,75 Ω, C_D = 5,8 µF. Daraus kann die Austauschstromdichte zu

3 Elektrochemie mit Stromfluß und Stoffumsatz 173

j_0 = 3,94 mA·cm^{-2} berechnet werden. Unter Berücksichtigung der geometrischen Oberfläche und der Konzentration folgt ein Wert der Standardaustauschstromdichte j_{00} = 0,394 A·cm^{-2}.

Versuch 3.28: Korrosionselemente

Aufgabenstellung

1. Klemmenspannungen und Kurzschlußströme verschiedener Korrosionselemente sollen gemessen werden.
2. Die Funktion einer Magnesiumelektrode als Opferanode soll überprüft werden.

Grundlagen

Wird eine Kombination aus zwei elektrisch leitend miteinander verbundenen Metallstücken, die unterschiedlich edel sind, in Kontakt mit einer Elektrolytlösung gebracht, so wird das unedle Metall anodisch in Lösung gehen, es wird korrodieren. An dem anderen Metall wird je nach Zusammensetzung der Lösung die Sauerstoffreduktion oder ein anderer kathodischer Vorgang ablaufen. Eine solche Metallkombination wird allgemein als Korrosionselement bezeichnet. Da sich derartige Korrosionselemente auch in kleinem Maßstab ausbilden, wenn auf einer Metalloberfläche kleine Partikel eines Fremdmetalls vorhanden sind, bezeichnet man die hier behandelte Anordnung auch als Makrokorrosionselement. Sie erlaubt die anschauliche Prüfung von technisch sehr bedeutsamen Korrosionsvorgängen (Kontaktkorrosion, Lokalelementbildung; vgl. LF 185).

Die Messung der elektrische Spannung zwischen den beiden Metallen und die Feststellung der Polarität erlaubt die einfache Identifizierung des korrodierenden, unedleren Metalls als Anode (Minuspol). Der im Kurzschlußfall zwischen beiden Metallteilen fließende Strom gibt außerdem einen Hinweis auf die Korrosionsgeschwindigkeit dieses unedleren Elementes. Experimentell können die genannten Messungen mit einem einfachen Voltmeter zur Feststellung der Zellspannung U_0 sowie mit einem Milliamperemeter zur Feststellung des Kurzschlußstromes I_{ks}* leicht durchgeführt werden.

---

* Da ein Strommeßgerät einen endlichen Innenwiderstand hat wird der Kurzschlußfall nur angenähert. Mit einem empfindlichen Gerät ist der so entstehende Fehler unwesentlich. Ein mit einem Operationsverstärker aufgebauter Stromwandler unterdrückt diesen Fehler vollständig.

Ausführung

Chemikalien und Geräte

wäßrige Kochsalzlösung 3%
Proben von Eisen, Kupfer, Magnesium und Zink (günstig sind Proben gleicher Dimension (Fläche))
Zellgefäß (kleines Becherglas, großes Reagenzglas)
2 Vielfachmeßgeräte
pH-Papier

Aufbau

Die jeweils zu untersuchenden Metallproben werden mit dem zur Spannungsmessung vorgesehenen Vielfachmeßinstrument verbunden und in die Kochsalzlösung eingetaucht. Zur Messung des Kurzschlußstromes I_{ks} wird das zweite zur Strommessung eingestellte Vielfachmeßinstrument zum ersten Instrument parallel geschaltet.

Zur Untersuchung der Wirkung des Magnesiums als Opferanode werden beide Meßinstrumente als Milliamperemeter in Serie zwischen die Kupfer- und die Eisenelektrode geschaltet. Die Magnesiumelektrode wird mit dem Kabel zwischen den beiden Milliamperemetern verknüpft und in der Meßzelle in räumlicher Nähe der Eisenelektrode eingetaucht.

Versuchsablauf

Die Metallelektroden werden blankgeschmirgelt und mit Alkohol entfettet. nach dem Trocknen werden sie mit den Meßinstrumenten verbunden und in die Elektrolytlösung getaucht. Bei Erreichen eines stabilen Wertes der Zellspannung U_0 wird dieser abgelesen. Die Strommessung erfolgt entsprechend, hier wird jedoch oft kein über längere Zeit konstanter Wert abzulesen sein.

Auswertung

Tabelle 3.3 (nächste Seite) zeigt die zu untersuchenden Metallkombinationen zusammen mit typischen Meßergebnissen.

Die beobachteten Polaritäten der Makrokorrosionselemente können auf der Grundlage der elektrochemischen Spannungsreihe (LF 96) zwanglos erklärt werden. Die beobachteten Kurzschlußströme lassen sich auf dieser Grundlage ebenfalls quantitativ erklären. Da beim beschriebenen Versuch nur Metallelektroden recht unterschiedlicher Größe zur Verfügung standen sind weitergehende Schlüsse unsicher.

Die Wirkung der Magnesiumelektrode als Opferanode kann leicht verstanden werden; entsprechend der Stellung des Magnesiums in der Spannungsreihe ist der Kurzschlußstrom besonders groß. Mit einem pH-Papier kann festgestellt werden, daß die Lösung in der Nähe der Eisenelektrode alkalisch wird. Die ist auf die bei der elektrochemischen Sauerstoffreduktion als kathodischer Teilreaktion der Korrosion gebildeten Hydroxylionen zurückzuführen.

Tabelle 3.3

Metalle	U_0/mV	Polarität	I_{ks}/mA
Fe-Al	480	Fe(+); Al(-)	1
Fe-Zn	800	Fe(+); Zn(-)	0,5
Zn-Al	288	Al(+); Zn(-)	0,1
Cu-Zn	180	Cu(+); Zn(-)	sehr klein
Cu-Al	130	Cu(+); Al(-)	sehr klein
Cu-Fe	334	Fe(-); Cu(+)	0,2
Cu-Fe	$I_{ks,1}$ -	$I_{ks,2}$ -	
Cu-(Mg)Fe	-	7,7	

Kontrollfrage

Warum fallen die gemessenen Kurzschlußströme mit der Zeit ab?

Literatur

H. Kaesche, Die Korrosion der Metalle, Springer-Verlag, Berlin [3]1990.

Versuch 3.29: Belüftungselement

Aufgabenstellung

In einem Belüftungselement mit zwei Eisennägeln soll der Einfluß lokaler Sauerstoffkonzentrationsunterschiede auf die Korrosion untersucht werden.

Grundlagen

Der bei der Korrosion überwiegende kathodische Vorgang ist die Sauerstoffreduktion. Lokale Unterschiede in der Sauerstoffkonzentration können Potentialgradienten und lokale unterschiedliche elektrochemische Prozesse zur Folge haben. An Orten hoher Sauerstoffkonzentration überwiegt dessen Reduktion, während an sauerstoffarmen Orten die anodische Metallauflösung stattfindet. Da eine lokal hohe Sauerstoffkonzentration durch Luftzufuhr begünstigt wird, bezeichnet man derartige Korrosionselemente als Belüftungselemente. Diese Art der Korrosion ist die bei weitem häufigste Form, die zum volkswirtschaftlichen Schaden durch Korrosion hauptsächlich beiträgt. Für das Jahr 1999 wurde der volkswirtschaftliche Schaden in Deutschland auf 163 Milliarden DM geschätzt.

Ausführung

Chemikalien und Geräte

zwei große Eisennägel
Kochsalzlösung 3%
Amperemeter
Voltmeter (hochohmig)
Glasrohr mit Fritte
Luftpumpe
Glasrohr (1 cm Innendurchmesser)
Becherglas

Aufbau

Die Eisennägel werden blank geschmirgelt und entfettet. Die Kochsalzlösung wird in das Becherglas gefüllt. Das Glasrohr wird mit seinem unteren Ende kurz über dem Boden des Becherglases am Glasrand befestigt. Ein Nagel wird am Anschlußdraht hängend in des Glasrohr gehängt, der andere Nagel wird neben dem Rohr in das Becherglas gehängt. Mit Luftpumpe und Glasfritte wird ein feinperliger Gasstrom durch die Lösung erzeugt. Die Fritte muß oberhalb der Unterkante des Glasrohres hängen, um die Lösung im Glasrohr nicht zu durchspülen*.

---

* Eine Trennung der Lösung um die beiden Eisennägel ist mit einem Diaphragma oder einem anderen nur wenig flüssigkeitsdurchlässigen Medium ebenfalls möglich, leider jedoch aufwendiger.

3 Elektrochemie mit Stromfluß und Stoffumsatz

Versuchsablauf

Die Zellspannung zwischen den beiden Nägeln ist zu Beginn und nach Einschalten der Lüftung zu messen. Nach Erreichen einer konstanten Spannung (hierzu ist ein gleichmäßiger Gasstrom nötig) wird der Kurzschlußstrom gemessen. Diese Messung wird nach Abschalten der Lüftung kontinuierlich fortgesetzt.

Auswertung

Aus der gemessenen Zellspannung kann die korrodierende Elektrode ermittelt werden, dies kann durch Untersuchung der sichtbaren Veränderungen der beiden Elektroden unterstützt werden. In einem typischen Experiment wurde mit Belüftung eine Zellspannung von $U_0 = 60$ mV gemessen; der Pluspol war die belüftete Eisenelektrode. Der Kurzschlußstrom betrug $I_{ks} = 2$ mA. Nach Abschalten der Belüftung fiel er rasch auf ca. $I_{ks} = 0,5$ mA.

Literatur

H. Kaesche, Die Korrosion der Metalle, Springer-Verlag, Berlin [3]1990.

Versuch 3.30: Konzentrationselement

Aufgabenstellung

Die Potentialdifferenz zwischen zwei identischen Metallelektroden, die in Lösungen unterschiedlicher Metallionenkonzentration eintauchen, ist nachzuweisen. Der dadurch verursachte Korrosionsstrom ist nachzuweisen.

Grundlagen

Entsprechend der Nernstschen Gleichung (LF 50) stellt sich an einer Metallelektrode, die in eine Lösung des gleichen Metallions eintaucht, ein Elektrodenpotential ein. Sein Wert hängt von der Konzentration (strenggenommen der Aktivität) der Metallionen ab. Wenn sich vor allem bei größeren Metallflächen, die in metallionenhaltige Lösungen tauchen, lokale Konzentrationsunterschiede einstellen, so wird der Teil der Metalloberfläche, der mit einer Lösung lokal erhöhter Konzentration in Verbindung steht, als Kathode wirken. Der mit verdünnter Lösung im Kontakt stehend Teil wird als Anode wirken. Dem dadurch verursachten elektrischen Strom durch Metall und dem zugehörigen ionischen Strom durch die Lösung entsprechen Metallauflösung in den anodisch wirkenden Bereichen und Metallabscheidung in den kathodischen Zonen. Das so entstandene elektrochemische System bezeichnet man als Konzentrationselement (vgl. Konzentrationskette (LF 223)).

Ausführung

Chemikalien und Geräte

2 Kupferelektroden
wäßrige Kupfersulfatlösung 1 M
wäßrige Kupfersulfatlösung 0,01 M
1 Amperemeter
1 Voltmeter (hochohmig)
1 Glasrohr mit feinporiger Fritte
1 Becherglas

Aufbau

In das Becherglas wird eine der beiden Lösungen gegeben. Die zweite Lösung wird in das am Boden mit einer feinporigen Fritte abgeschlossene Glasrohr gegeben, das in das Becherglas eintaucht. Die Fritte verhindert eine Vermischung der beiden Lösungen unterschiedlicher Kupferionenkonzentration. Andere Möglichkeiten der Trennung sind keramische Diaphragmen (z.B. mit Klebstoff dicht befestigte Tonscherben von einem Blumentopf) können ebenfalls versucht werden. In die beiden Lösungen tauchen die blankgeschmirgelten und entfetteten Kupferelektroden. Zur Messung der Zellspannung werden sie mit einem hochohmigen Voltmeter verbunden. Zur Messung des Kurzschlußstromes werden sie mit einem Milliamperemeter verbunden, nachdem die Spannungsmessung einen stabilen Wert gezeigt hat.

Auswertung

In einem typischen Experiment wird eine Zellspannung von 36 mV gefunden, die Kupferelektrode in der konzentrierten Lösung bildete erwartungsgemäß den Pluspol. Die Abweichung von der nach der Nernst-Gleichung berechneten Spannung geht vor allem auf den deutlich von 1 abweichenden Aktivitätskoeffizienten der konzentrierteren Lösung zurück. Im Kurzschlußfall wurde ein Strom von I_{ks} = 250 µA gemessen.

Literatur

H. Kaesche, Die Korrosion der Metalle, Springer-Verlag, Berlin [3]1990.

3 Elektrochemie mit Stromfluß und Stoffumsatz

Versuch 3.31: Salztropfenversuch nach Evans

Aufgabenstellung

Die lokale Verteilung der Teilprozesse der Korrosion ist mit dem Salztropfentest an Stahlblech nachzuweisen. Die Bildung lokaler Korrosionselemente durch mechanische Verformung ist an einem Eisennagel mit diesem Test zu zeigen.

Grundlagen

Durch einfachen Nachweis der Produkte aus den Teilprozessen der Korrosion eines Metalls kann die Korrosion insgesamt ebenso wie die räumliche Verteilung der Teilprozesse gezeigt werden. Bei der Korrosion von eisenhaltigen Werkstoffen ist der anodische Teilprozeß die Eisenauflösung. Die zunächst gebildeten Fe^{2+}-Ionen können mit Kaliumhexacyanoferrat(III) durch Bildung von intensiv gefärbtem Turnbulls Blau nachgewiesen werden:

$$3\ Fe^{3+} + 2\ K_3[Fe(CN)_6)] \rightarrow Fe_3[Fe(CN)_6]_2 + 6\ K^+ \tag{3.99}$$

Die bei der Reduktion des Sauerstoffs entstehenden Hydroxylionen sind mit Phenolphthalein als pH-Indikator nachweisbar.

Eine als Ferroxylindikatorlösung enthält diese beiden Reagenzien zusammen mit Natriumchlorid. Der Salzzusatz steigert die elektrolytische Leitfähigkeit, außerdem beschleunigen Chloridionen den Korrosionsprozeß und erlauben eine rasche Erkennung der ablaufenden Vorgänge.

Ausführung

Chemikalien und Geräte

Ferroxylindikatorlösung (3 g NaCl, 0,1 g Phenolphthalein und 0,1 g $K_3[Fe(CN)_6)]$ je 100 ml Wasser)
Stahlblech
Eisennagel
Lupe

Versuchsablauf

Mit einer Pipette wird ein Tropfen der Indikatorlösung auf das geschmirgelte und entfettete Stahlblech gebracht. Farbveränderungen werden mit der Lupe beobachtet. Der ebenfalls blankgeschmirgelte und entfettete Eisennagel wird an Stellen, die herstellungsbedingt besonders intensiver Kaltverformung ausgesetzt waren (Kopf, Kopfunterseite, Spitze) mit Indikatorlösung betropft. Auch hier werden Farbveränderungen mit der Lupe beobachtet.

Auswertung

Die schon nach wenigen Minuten einsetzende intensive Blauverfärbung an Stellen besonders intensiver Metallauflösung und die etwas langsamer einsetzende Violettfärbung des Phenolphthaleins an Orten verstärkter Sauerstoffreduktion sind gut erkennbar. An durch Kaltverformung des Eisens besonders korrosionsempfindlichen Stellen ist unter der Lupe eine lokalisierte Blaufärbung sichtbar.

Literatur

H. Kaesche, Die Korrosion der Metalle, Springer-Verlag, Berlin ³1990.

Versuch 3.32: Passivierung und Aktivierung einer Eisenoberfläche*

Aufgabenstellung

Die Zementierungsreaktion von Kupferionen auf einer Eisenoberfläche, ihre Korrosion in konzentrierte Salpetersäure sowie die Passivierung des Eisens in dieser Lösung werden untersucht. Die mechanische Störung der Passivierung wird beobachtet.

Grundlagen

Wird ein Eisenstück in eine wäßrige Kupfersulfatlösung getaucht, so findet Verkupferung unter Eisenauflösung (Zementierung) gemäß

$$Fe + Cu^{2+} \rightarrow Fe^{2+} + Cu \qquad (3.100)$$

Dieser dünne Kupferüberzug wird in konzentrierte Salpetersäure leicht aufgelöst. Eisen ist dagegen in dieser Lösung beständig. Im Gegensatz dazu ist Eisen in verdünnter Salpetersäure nicht beständig. Die Passivität geht auf die Einstellung eines Korrosionspotentials im Passivbereich des Eisens zurück. Dem nur sehr kleine Korrosionsstrom des Eisens entspricht eine kleiner Strom der Reduktion der Protonen der Salpetersäure (I_{korr1}). In verdünnter Lösung verschiebt sich das Potential der Wasserstoffelektrode entsprechend der kleineren Protonenkon-

---

* Dieser Versuch vereint Aspekte der elektrochemischen Spannungsreihe (Versuch 2.1), der Metallabscheidung (Versuch 7.1 ff) und der Korrosion. Zum besseren Verständnis können die genannten Versuche und ihre Beschreibungen herangezogen werden.

3 Elektrochemie mit Stromfluß und Stoffumsatz

zentration zu negativeren Werten, das sich einstellende Korrosionspotential liegt im Bereich der aktiven Metallauflösung (I_{korr2}). Bild 3.72 zeigt die Verhältnisse.

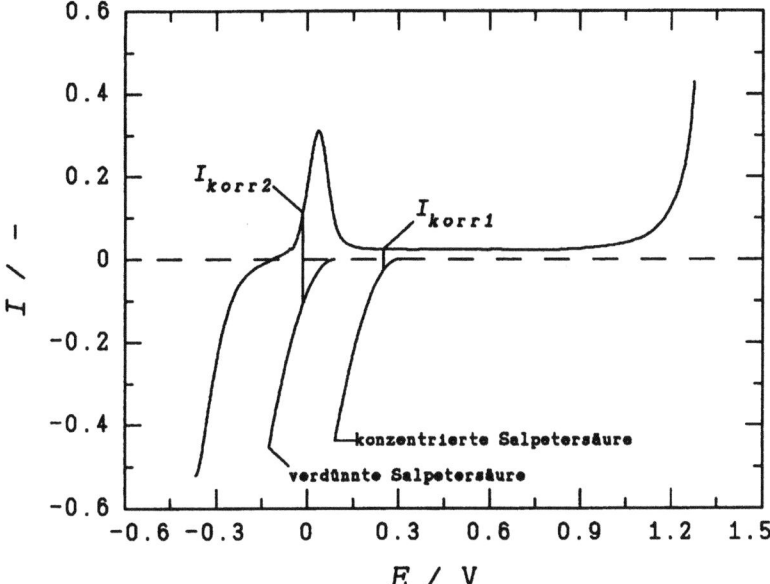

Bild 3.72 Vereinfachte Strom-Potentialkurven einer Eisenelektrode (vereinfacht) und der entsprechenden Wasserstoffelektroden in verdünnter und in konzentrierte Salpetersäure.

Wird der Eisenstab in seinem so passivierten Zustand aus der Salpetersäure gezogen und kurze Zeit in eine Kupfersulfatlösung getaucht, so findet auf der Eisenoberfläche keine Metallabscheidung statt. Eine kurze mechanische Erschütterung verändert den Zustand der Eisenoberfläche derart, daß die Zementierungsreaktion erneut stattfinden kann.

Ausführung

Chemikalien und Geräte

wäßrige Kupfersulfatlösung 1 M
konzentrierte Salpetersäure*
dicker Eisennagel

---

* Das Arbeiten mit konzentrierte Salpetersäure macht wegen der Entwicklung nitroser Gase eine gute Belüftung oder den Gebrauch eines Abzugs nötig.

2 kleine Reagenzgläser

Aufbau

Die beiden Reagenzgläser werden mit den Lösungen jeweils nahezu völlig gefüllt.

Versuchsablauf

Der gereinigte und entfettet Nagel wird kurze Zeit (einige Sekunden) in die Kupfersulfatlösung getaucht. Anschließend wird er in die konzentrierte Salpetersäure ungefähr eine Minute gehalten. Abschließend wird er erneut kurz in die Kupfersulfatlösung gehalten und vorsichtig (ohne mit dem Nagel die Glaswand zu berühren) herausgezogen. Ein kräftiger Schlag mit dem Nagel auf einen harten Gegenstand läßt schlagartig die Zementierungsreaktion eintreten.

Auswertung

Beim ersten Eintauchen in die Kupfersulfatlösung wird erwartungsgemäß die Zementierungsreaktion mit der deutlichen roten Verfärbung des Eisennagels beobachtet. Dieser Kupferüberzug wird anschließend in der konzentrierten Salpetersäure unter heftigem Schäumen und Entwicklung nitroser Gase aufgelöst. Beim erneuten Eintauchen des so behandelten Nagels in die Kupfersulfatlösung findet auf der passivierten Eisenoberfläche keine Kupferabscheidung statt. Die mechanische Erschütterung ändert diesen Passivzustand so stark, das die Verkupferung aus der am Nagel noch anhaftenden Kupfersulfatlösung schlagartig eintritt. Wird der Nagel bei der Handhabung bereits vor dem abschließenden "Schlag" mechanisch erschüttert, kann es zu einer vorzeitigen Aufhebung der Passivität kommen.

Versuch 3.33: Zyklische Voltammetrie mit korrodierenden Elektroden

Aufgabenstellung

Das elektrochemische Verhalten von Werkzeug- und Edelstahl soll vergleichend mit zyklischer Voltammetrie untersucht werden.

Grundlagen

Die zyklische Voltammetrie ist als universell einsetzbares Verfahren bereits in verschiedenen Versuchen eingesetzt worden. Dazu zählte auch die Aufnahme eines zyklischen Voltammogramms einer Nickelelektrode im Kontakt mit einer Elektrolytlösung, in der Korrosion und Passivierung stattfinden (vgl. Versuch 3.11). In diesem Versuch soll vergleichend das Verhalten von einfachem

3 Elektrochemie mit Stromfluß und Stoffumsatz

Werkzeugstahl und von Edelstahl in einer korrodierend wirkenden technischen Elektrolytlösung* untersucht werden.

Ausführung

Chemikalien und Geräte

wäßrige Lösung von Ammoniumnitrat 67%Gew.
Acetatpuffer pH = 4,7
Potentiostat (alternativ: PC mit Wandlerkarte)
X-Y-Schreiber
1 Platinelektroden
1 Werkzeugstahlelektrode (teilweise mit Klebe- oder PTFE-Band abgedeckt)
1 Edelstahlelektrode (teilweise mit Klebe- oder PTFE-Band abgedeckt)
1 Quecksilbersulfatbezugselektrode
Gasversorgung für Inertgasspülung

Aufbau

Der
für zyklische Voltammetrie bei Versuch 3.11 beschrieben Meßplatz wird verwendet.

Versuchsablauf

In einer H-Zelle wird der zu untersuchende Blechstreifen nach sorgfältiger Reinigung (Schmirgeln, Entfetten) bis auf eine ca. 2 cm^2 große Fläche am unteren Ende und eine Kontaktfläche am oberen Ende abgeklebt. Er wird in die mit der Elektrolytlösung (unter Zusatz von 2 ml Acetatpuffer zu 100 ml Ammoniumnitratlösung) und den beiden anderen Elektroden versehene Zelle gesteckt. Nach Sättigung der Lösung mit Stickstoff werden mehrere zyklische Voltammogramme zwischen dem spontan eingestellten Korrosionspotential bis zu einem Wert von ca. E_{Hg2SO4} = 1,5 V aufgenommen.

Auswertung

Für eine Werkzeugstahlprobe zeigt Bild 3.73 ein typisches Voltammogramm.
Im Hinlauf in positiver Richtung ist die aktive Metallauflösung (Strommaximum H) deutlich erkennbar. Dem anschließenden passiven Bereich folgt die heftige Sauerstoffentwicklung im transpassiven Bereich. Im negativen Rücklauf wird

---

* Konzentrierte Lösungen von Ammoniumnitrat werden als Düngelösung in der Landwirtschaft ausgebracht.

erneut eine Aktivierung der Elektrode unter Metallauflösung beobachtet (Maximum R).

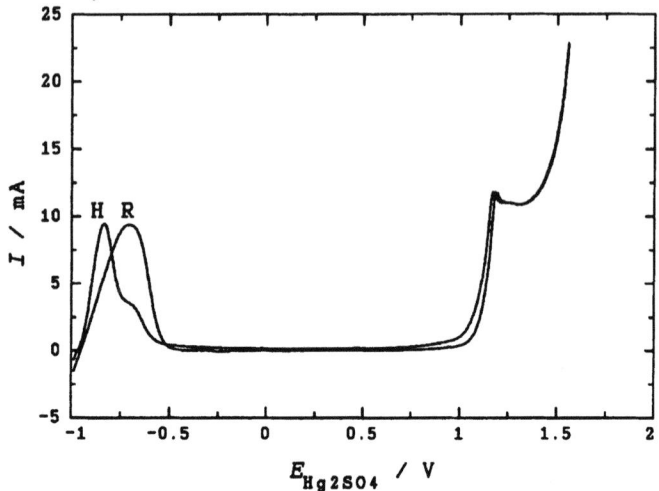

Bild 3.73 Zyklisches Voltammogramm einer Werkzeugstahlelektrode ($A = 2$ cm^2) in einer Ammoniumnitratlösung, dE/d$t = 10$ mV·s^{-1}.

Das deutlich verschiedene Verhalten einer Edelstahlelektrode zeigt Bild 3.74.

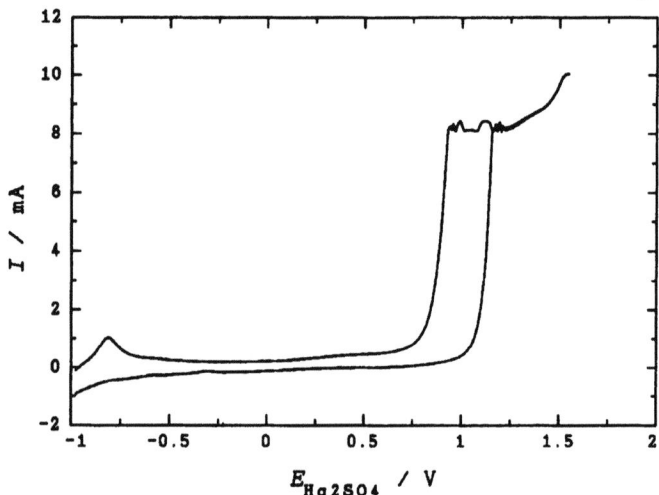

Bild 3.74 Zyklisches Voltammogramm einer Edelstahlelektrode ($A = 2$ cm^2) in einer Ammoniumnitratlösung, dE/d$t = 10$ mV·s^{-1}.

Hier ist lediglich im positiven Durchlauf eine wesentlich geringere Metallauflösung zu beobachten, im Rücklauf bleibt die Elektrode passiv. In folgenden Potentialdurchläufen nimmt das Strommaximum im Hinlauf weiter ab.

Literatur

H. Kaesche, Die Korrosion der Metalle, Springer-Verlag, Berlin ³1990.
H. Gerischer, Angew. Chem. 70 (1958) 285.

Versuch 3.34: Oszillierende Reaktionen

Aufgabenstellung

Potential- und Stromänderungen bei einer oszillierenden elektrochemischen Reaktion sollen aufgezeichnet und mit einem Modell der ablaufenden Reaktionen gedeutet werden.

Grundlagen

Chemische Systeme, in denen sich fernab vom thermodynamischen Gleichgewicht räumliche oder zeitliche Strukturen ausbilden, werden als dissipative Systeme bezeichnet. Dabei können zeitliche Strukturen, stationäre räumliche Strukturen oder raum-zeitliche Oszillationen auftreten. Das erste Beispiel verbindet man mit dem Begriff der "oszillierenden Reaktion". Für ihr Auftreten ist neben der Entfernung zum Gleichgewicht ($\Delta G \ll 0$) das Vorhandensein von mindestens zwei instabilen Zuständen, eine Kopplung zwischen einzelnen Teilschritten sowie mindestens ein nichtlinearer Reaktionsschritt (Autokatalyse, Autoinhibierung) Voraussetzung. Derartige oszillierende Reaktionen können leicht an der Phasengrenze Elektrode/Elektrolytlösung beobachtet werden, da wegen der relativ geringen Ausdehnung der Phasengrenzfläche im Vergleich zum Volumen des Reaktionsgefäßes die Voraussetzung der Gleichgewichtsferne leicht eingehalten werden kann.

In diesem Versuch werden Potentialoszillationen einer Kupferelektrode in stark salzsaurer Elektrolytlösung bei Stromfluß beobachtet. An der als Anode geschalteten Kupferelektrode findet eine Metallauflösung nach

$$Cu \rightarrow Cu^{2+} + 2\,e^- \qquad (3.101)$$

statt, während an der als Kathode dienenden Platinelektrode Wasserstoffentwicklung abläuft. Die anodische Metallauflösung kann bei günstigen Beobachtungsbedingungen an den in Schlieren von der Kupferelektrode herabsinkenden stark kupferionenhaltigen Lösungsbestandteilen erkannt werden. In Gegenwart der Chloridionen ist zudem eine Komproportionierungsreaktion gemäß

$$Cu^{2+} + Cu + 2\,Cl^- \rightarrow 2\,CuCl \tag{3.102}$$

möglich, die zu einer weißlichen Verfärbung der Elektrodenoberfläche führt. Die hohe Bildungsgeschwindigkeit der Kupferionen an der Phasengrenze führt zu einer teilweisen Verdrängung der Protonen mit einer entsprechenden Erhöhung des lokalen pH-Wertes. Bei einem ausreichend hohen pH-Wert setzt Passivierung unter Ausbildung einer Kupferoxidschicht ein:

$$2\,Cu + H_2O \rightarrow 2\,Cu_2O + 2\,H^+ + 2\,e^- \tag{3.103}$$

Dabei steigt das Elektrodenpotential rasch an. Diese Potentialerhöhung ist die Voraussetzung für das Einsetzen einer Konkurrenzreaktion, bei der ein weiteres Kupferoxid gebildet wird:

$$Cu_2O + H_2O \rightarrow CuO + 2\,H^+ + 2\,e^- \tag{3.104}$$

Dieses Oxid ist schwarz gefärbt, entsprechend verdunkelt sich die Elektrodenoberfläche, gleichzeitig fällt das Elektrodenpotential auf ungefähr die Hälfte seines Spitzenwertes. Kupfer(II)oxid besitzt allerdings im Gegensatz zu Kupfer(I)oxid kaum passivierende Eigenschaften, es ist gut säurelöslich:

$$CuO + 2\,H^+ \rightarrow Cu^{2+} + H_2O \tag{3.105}$$

Der bei dem rapiden Potentialabfall gebildete Kupfer(I)chloridbelag wird unter Komplexbildung gelöst:

$$CuCl + Cl^- \rightarrow [CuCl_2]^- \tag{3.106}$$

Die nun wieder ungeschützte Kupferelektrode geht erneut in den Zustand anodischer Auflösung über.

Ausführung

<u>Chemikalien und Geräte</u>

wäßrige Salzsäurelösung 5 M
Kupferelektrode (dicker Draht, Blech)
Platinelektrode (Draht, Blech)
Bezugselektrode (Kalomelelektrode, Silber/Silberchloridelektrode, Wasserstoffelektrode)
Becherglas
regelbare Gleichspannungsquelle (einfaches Labornetzgerät)

3 Elektrochemie mit Stromfluß und Stoffumsatz

Amperemeter
regelbarer Widerstand (Dekadenwiderstand, 100 Ω, 0,2 A)
Y-t-Schreiber, Transientenrekorder oder Datenerfassungssystem

Ausführung

Platin- und blankgeschmirgelte Kupferelektrode werden in die in ein Becherglas gefüllte Salzsäure getaucht. Die Platinelektrode wird mit dem Minuspol der Spannungsquelle, die Kupferelektrode über den regelbaren Widerstand und das Amperemeter mit dem Pluspol der Spannungsquelle verbunden. Zur Aufzeichnung der Potentialoszillationen ist der positive Eingang eines X-t-Schreibers, eines Transientenrekorders oder eines rechnergestütztes Datenerfassungsytems mit der Kupferelektrode zu verbinden. Der Minuspol wird mit der in die Lösung eintauchenden Bezugselektrode verbunden. Je nach Eingangswiderstand des Aufzeichnungsgerätes ist eine Verschiebung des Bezugselektrodenpotentials zu erwarten. Dies ist unerheblich, da nur relative Schwankungen beobachtet werden sollen, deren absoluter Wert zweitrangig ist. Für eine präzise Messung ist auf hochohmige Eingänge zu achten, bei Bedarf muß ein Impedanzwandler (Spannungsfolger) eingeschaltet werden. Die Meßanordnung zeigt Bild 3.75.

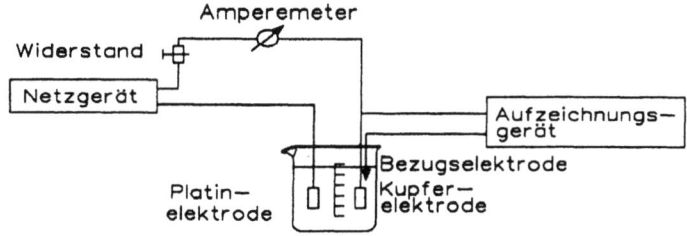

Bild 3.75 Meßanordnung für die Untersuchung einer oszillierenden Reaktion.

Der regelbare Widerstand wird auf 30 Ω, die Spannungsquelle auf ca. 4,45 V eingestellt; der günstigste Wert hängt u.a. von der Elektrodengeometrie (Elektrodenabstand) ab. Je nach Elektrodengröße fließt ein Strom von einigen zehn bis zu einigen hundert Milliampere. Falls die optisch wahrnehmbaren und gemessenen Potentialoszillationen nicht einsetzen, ist der Wert des Widerstandes stufenweise zu vergrößern oder zu verkleinern, bis die Oszillationen einsetzen. Einen typischen Potential-Zeitverlauf, der ohne Verwendung eines Impedanzwandlers mit einem einfachen Y-t-Schreiber aufgezeichnet wurde, zeigt Bild 3.76 (nächste Seite). Als Folge des niedrigen Eingangswiderstandes ist die Amplitude der Potentialschwankungen deutlich vermindert.

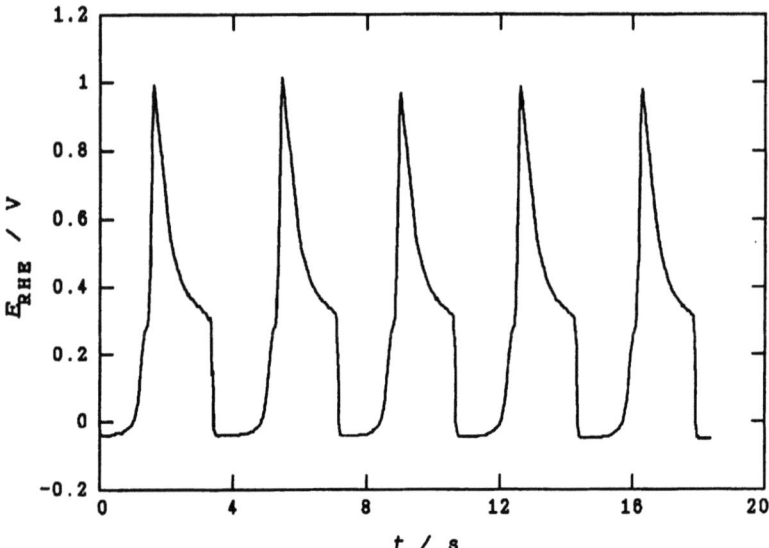

Bild 3.76 Typische Potential-Zeitaufzeichnung mit einer Kupferelektrode in 5 M Salzsäurelösung.

Literatur

M. Oetken, Praxis der Naturwissenschaften Chemie 47 (1998) 12.
U. Franck, Angew. Chem. **90** (1978) 1.

4 Elektrochemische Analytik

Elektrochemische Verfahren sind aus der chemischen Analytik in all ihren Anwendungsfeldern nicht mehr wegzudenken. Neben ihrer prinzipbedingten hohen Empfindlichkeit und häufig extrem niedrigen Nachweisgrenze haben leichte Anwendbarkeit, niedrige Kosten, einfache Verknüpfung mit Systemen der Datenerfassung und -verarbeitung und kompakt-mobile Bauweise der Geräte zur weiten Verbreitung beigetragen.

Die diesen Verfahren zugrunde liegenden elektrochemischen Phänomene und Prozesse sind sehr vielseitig, entsprechend schwer ist eine systematische Gliederung. Grundsätzlich kann zunächst zwischen Verfahren, bei denen die quantitative Bestimmung auf der Anwendung eines elektrochemischen Prozesses beruht, und Verfahren, bei denen elektrochemische Phänomene und Prozesse lediglich zur Erkennung des Äquivalenzpunktes z.B. einer Titration benutzt wird, unterschieden werden. Eine klar Abgrenzung und Zuordnung ist schwierig. Als hilfreich hat sich die in der folgenden Graphik dargestellte Gruppierung erwiesen.

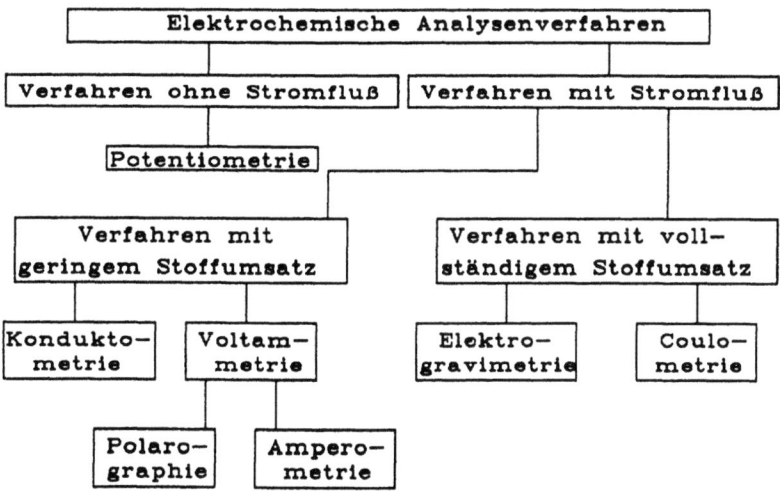

Bild 4.1   Übersicht elektrochemischer Verfahren für die chemische Analytik.

Entsprechend dieser Übersicht werden zunächst potentiometrische Verfahren (ohne Stromfluß) vorgestellt. Danach folgen Methoden, bei denen Veränderung im Lösungsinneren von Bedeutung sind (konduktometrisch indizierte Titrationen), den Abschluß bilden zahlreiche Versuche, bei denen der Ladungsumsatz an der elektrochemischen Phasengrenze von zentraler Bedeutung für das vorgestellte Untersuchungsverfahren sind. Die eingangs erwähnte grundsätzliche Unterscheidung zwischen "vollständig elektrochemischen" und "teilweise elektrochemischen" Verfahren wird, da praktisch kaum haltbar, im Interesse der Übersicht nicht verfolgt.

Weitere Details zu den vorgestellten Verfahren wie darüberhinausgehende darstellungen sind in einführenden Monographien und methodenbezogenen Handbüchern enthalten:
Untersuchungsmethoden in der Chemie, H. Naumer, W. Heller Hrsg., Georg Thieme Verlag, Stuttgart [2]1990;
G. Henze und R. Neeb, Elektrochemische Analytik, Springer Verlag, Berlin 1986;
Analytikum, VEB Deutscher Verlag für Grundstoffindustrie, Leipzig, [8]1990;
D.A. Skoog und J.J Leary, Principles of Instrumental Analysis, Saunders Coll.Publ., Fort Worth [4]1992;
M. Geißler, Polarographische Analyse, VCH, Weinheim 1981

Versuch 4.1: Ionensensitive Elektroden

Aufgabenstellung

Aus einer Graphitelektrode und Silbersulfidpulver ist eine silberionenempfindliche Elektrode herzustellen. Ihre Anwendungsmöglichkeiten sind durch Aufnahme einer Kalibrierkurve in $AgNO_3$-Lösung, Bestimmung einer unbekannten Silberionenkonzentration sowie durch ihre Nutzung in einer potentiometrisch indizierten Silberfällungstitration zu demonstrieren.

Grundlagen

Neben der Möglichkeit, ionensensitive Elektroden (ISE) 1., 2., 3. und 4. Art (LF 54) auf ihren entsprechenden metallischen Substraten herzustellen, gibt es einen einfachen Weg, zu ISE zu gelangen, die keine metallischen Bestandteile haben. Ihre Vorteil sind offenkundig: Keine Korrosionsprobleme, keine unerwünschten Nebenreaktionen durch Auflösung des Substrats etc. Diese ISE werden hergestellt, indem eine in Kunststoff eingebettete Graphitelektrode in ein möglichst schwerlöslichen Salz, das die zu bestimmende Ionensorte enthält, gepreßt wird. Dabei bleibt genug Salz am mäßig harten, elektrochemisch hier aber im übrigen inerten Graphit haften, um die benötigte Elektrodeneigenschaft zu erzielen. So kann die Graphitelektrode in Ag_2S, $AgCl$, CuS oder andere schwerlösliche Salze gedrückt werden. Im vorgestellten Versuch wird Ag_2S als Salz verwendet.

4 Elektrochemische Analytik 191

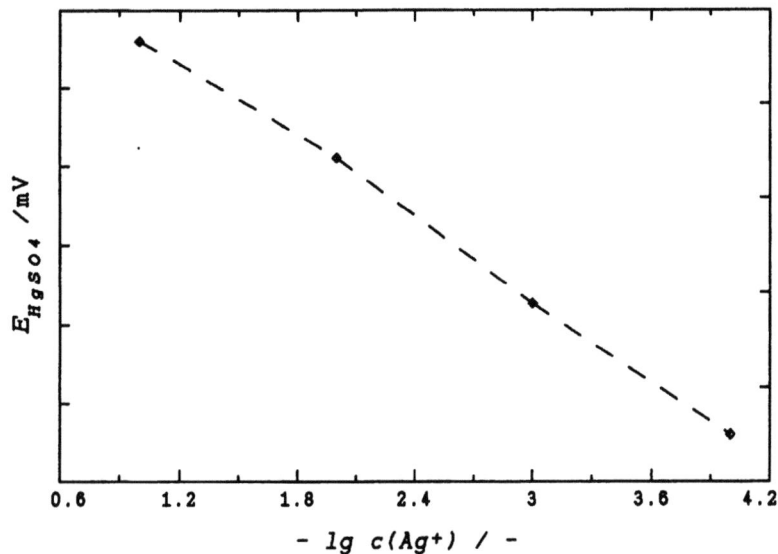

Bild 4.2 Kalibrierkurve einer mit Ag$_2$S imprägnierten Elektrode.

Die erhaltene Elektrode kann als ISE für Ag$^+$ oder S^{2-} verwendet werden.
Die Brauchbarkeit dieses Systems wird aus der in Bild 4.2 gezeigten Kalibrierkurve deutlich. Die gefundene Steilheit von 51 mV pro Konzentrationsdekade der Silberionen weicht zwar vom theoretischen Wert ab, ist aber mit Blick auf den sehr einfachen Versuchsaufbau akzeptabel.

Ausführung

<u>Chemikalien und Geräte</u>

AgNO$_3$-Stammlösung (0,1 M, 0,01 M, 1 mM, 0,1 mM)
AgNO$_3$-Lösung unbekannter Konzentration
0,1 M KCl-Titrierlösung
Ag$_2$S-Pulver
Schleifmittel
Graphitelektrode
hochohmiges Voltmeter
Bezugselektrode (Hg$_2$SO$_4$; 0,1 M K$_2$SO$_4$)

<u>Aufbau</u>

Die Bezugselektrode wird mit dem "Low/Common"-Eingang des Voltmeters verbunden, die ISE mit dem "High"-Eingang. Die ISE wird durch Polieren der Graphitelektrode in Al_2O_3-Aufschlämmung, Abspülen, Abtrocknen und Drücken in Ag_2S-Pulver auf einer Glasscheibe hergestellt.

Versuchsablauf

Meß- und Bezugselektrode werden in Eichlösungen unterschiedlicher Silberionenaktivität getaucht. Der stabilisierte Meßwert wird abgelesen und notiert. Mit der Lösung unbekannter Konzentration wird in gleicher Weise verfahren. Für die Titration wird beginnend mit der Messung in der Lösung unbekannter Silberionenaktivität (davon 10 ml + 40 ml Wasser) die Zellspannung nach Zugabe von jeweils 0,5 ml 0,1 M KCl-Lösung ermittelt.

Auswertung

Für die Kalibrierkurve werden die Daten entsprechend der Nernst-Gleichung graphisch dargestellt (E/mV vs. lg c_{Ag^+}). Durch Interpolation wird die unbekannte Aktivität ermittelt. Die Auswertung der Titration erfolgt durch Darstellung der Zellspannung als Funktion des zugegebenen Volumens von Titrierlösung. Der Äquivalenzpunkt wird graphisch festgestellt, die Konzentration/Aktivität der unbekannten Lösung daraus ermittelt.

Literatur

H. Galster, Chemie für Labor und Betrieb 36 (1985) 118.
H. Wenk und K. Höner, Chemie in unserer Zeit 23 (1989) 207.

Kontrollfragen

Warum wird eine Hg_2SO_4-Bezugselektrode statt der Kalomelelektrode benutzt?

Versuch 4.2: Potentiometrisch indizierte Titrationen

Aufgabenstellung

1. Nach einer DIN-Vorschrift ist der Chloridgehalt von Papier zu bestimmen.
2. Mit einer Silberelektrode sind Chlorid und Jodid nebeneinander zu titrieren.
3. Mit einer Glaselektrode in einer Einstabmeßkette ist Phosphorsäure zu titrieren, dabei soll die stufenweise Umsetzung der Protonen der dreibasigen Säure nachgewiesen werden.

4 Elektrochemische Analytik

Grundlagen

Während die Direktpotentiometrie in der Regel Meßergebnisse von nur beschränkter Genauigkeit (ca. ± 1 - 5 %) liefert, ist bei der potentiometrischen Indizierung von Titrationen eine vorteilhaft Verbindung der hohen Genauigkeit von Titrationen mit der einfachen Erkennung des Äquivalenzpunktes mit elektrochemischen - hier potentiometrischen - Methoden möglich.

Im vorliegenden dreiteiligen Versuch wird dies am Beispiel der vollständigen analytischen Bestimmung des Chloridgehaltes in Papier, der simultanen Titration von Jodid- und Chloridionen sowie der Säure-Base-Titration der Phosphorsäure als einer typischen mehrbasigen Säure geübt.

Vor allem bei der Titration von Lösungen mit niedriger Konzentration der zu bestimmenden Ionen kann die Bestimmung des Wendepunktes in der Titrationskurve schwierig sein. Bild 4.3 zeigt die Auffindung mit Hilfe einer geometrischen Auswertung.

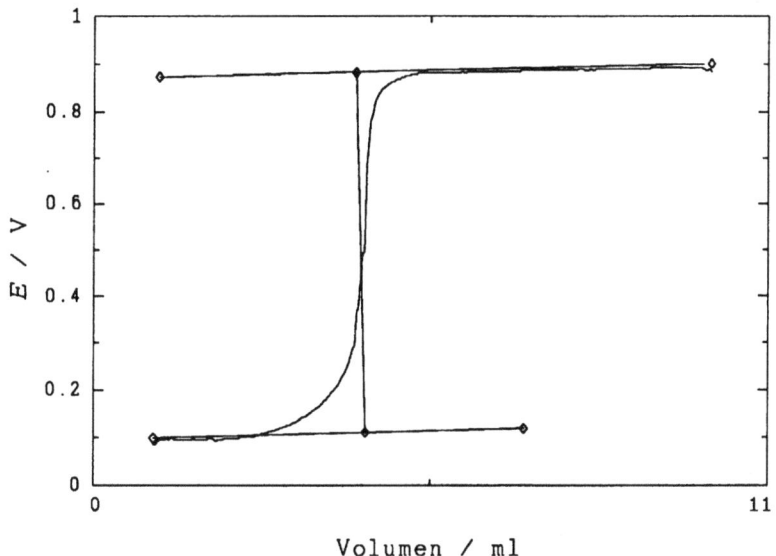

Bild 4.3   Graphische Auswertung einer Titrationskurve zur Ermittlung des Wende- und damit des Äquivalenzpunktes.

Liegen die Daten der Titrationskurve in digitaler Form vor, so kann aus der Darstellung der ersten oder der zweiten Ableitung der Titrationskurve ebenfalls der Äquivalenzpunkt ermittelt werden:

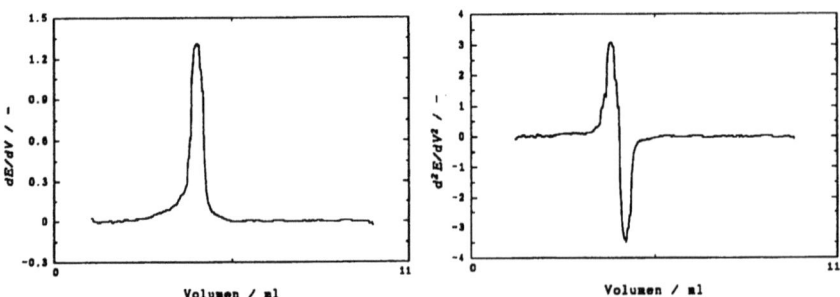

Bild 4.4 Graphische Auswertung einer Titrationskurve zur Ermittlung des Äquivalenzpunktes mit der ersten (links) oder der zweiten Ableitung.

Ausführung

Chemikalien und Geräte

0,0025 M Lösung von $AgNO_3$
Bariumnitrat
Aceton
halbkonzentrierte Salpetersäure
chlorid- und jodidionenhaltige Lösung unbekannter Konzentration
Phosphorsäurelösung unbekannter Konzentration
0,1 M Natronlauge
Silbereinstabmeßkette*
pH-Einstabmeßkette
hochohmiges Millivoltmeter
Bürette
Stativ
Filternutsche Porosität 4
Wasserstrahlpumpe
Saugflasche
Kocheinrichtung (Heizung, Kolben mit Rückflußkühler)
Bechergläser
Magnetrührer
Magnetrührstäbchen

---

* Falls keine Silbereinstabmeßkette zur Verfügung steht, kann eine einfache Silberelektrode (z.B. Silberdraht) als Indikatorelektrode verwendet werden. Die Bzugselektrode muß halogenidfrei sein, eine Quecksilbersulfatelektrode ist besonders geeignet.

4 Elektrochemische Analytik

Aufbau

Für die Titrationen wird die Bürette mit dem Titriermittel so am Stativ auf dem Magnetrührer befestigt, daß die Titrierlösung bei mäßigem Rühren der Lösung eintropfen kann, ohne verspritzt zu werden und ohne daß die Lösungsoberfläche die Bürettenspitze berührt.

Versuchsablauf

a) Bestimmung des Chloridgehaltes von Papier

In zwei Parallelansätzen werden je 5 g der trockenen zerkleinerten Papierprobe mit 100 ml Wasser bei Kochtemperatur eine Stunde extrahiert. Das Extrakt wird durch Abnutschen der ausgekochten Masse mit einer Filternutsche gewonnen. Nach Abkühlen des Extrakts werden 50 ml in ein Becherglas überführt, dazu werden einige Tropfen Salpetersäure sowie ca. 50 ml Aceton gegeben. Die Einstabmeßkette wird an das Millivoltmeter angeschlossen und so am Stativ befestigt, daß sie einschließlich des Diaphragmas der Außenableitung in die Lösung eintaucht. Es wird in kleinen Volumenschritten (0,1 bis 0,2 ml) titriert. Weitere Einzelheiten sind der in der Literaturliste genannten DIN-Vorschrift 53125 zu entnehmen. Die dort unter 7.3.2 beschrieben Methode der Rücktitration ist besonders zweckmäßig.

b) Simultanbestimmung von Chlorid- und Jodidionen

Zur Titration der halogenidhaltigen Lösung werden von der ausgegebenen Lösung 5 ml in ein Becherglas überführt und mit destilliertem Wasser auf ca. 50 ml ergänzt. Zur Verbesserung der Erkennung des Äquivalenzpunktes wir ca. ein Gramm Bariumnitrat zugefügt. Das Becherglas wird auf den Magnetrührer gestellt, der Rührfisch wird vorsichtig zugegeben. Die Einstabmeßkette (Silberelektrode mit Bezugselektrode) wird so eingetaucht und an der Stativstange befestigt, daß das Diaphragma der Außenableitung in die Meßlösung taucht. Es wird in kleinen Volumenschritten (0,2 bis 0,5 ml) titriert.

c) Titration von Phosphorsäure

Zur Titration der Phosphorsäure werden von der ausgegebenen Lösung 5 ml in ein Becherglas überführt und mit destilliertem Wasser auf ca. 50 ml ergänzt. Das Becherglas wird auf den Magnetrührer gestellt, der Rührfisch wird vorsichtig zugegeben. Die Einstabmeßkette (pH-Elektrode) wird so eingetaucht und an der Stativstange befestigt, daß die empfindliche Glasmembran vom Rührfisch nicht beschädigt werden kann. Es wird in kleinen Volumenschritten (0,2 bis 0,5 ml) titriert. Üblicherweise können nur die beiden ersten Stufen der Neutralisation erfaßt werden.

Auswertung

Die erhaltenen Elektrodenpotentiale werden als Funktion des Volumens zugegebener Titrationslösung aufgetragen, graphisch wird der Äquivalenzpunkt ermittelt. Bild 4.5 zeigt eine Titrationskurve sowie ihre erste und zweite Ableitung.

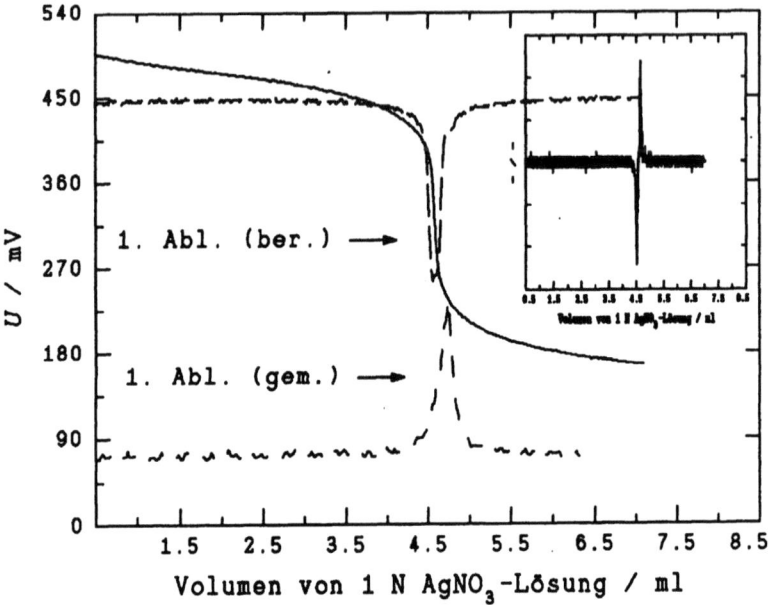

Bild 4.5   Titrationskurve einer potentiometrisch indizierten Titration von Chloridionen mit einer Silbernitratlösung; die vom Meßgerät (Millivoltmeter und automatische Motorbürette) und die rechnerisch ermittelte erste Ableitung sowie die berechnete zweite Ableitung (kleines Bild) sind eingetragen.

Das Bild zeigt deutlich, daß der aus dem Maximum der ersten Ableitung ermittelte Wert des Äquivalenzpunktes vom Ermittlungsverfahren abhängt. Der rechnerisch ermittelte Wert gibt den Wendepunkt der Titrationskurve besser an.

Ersatzweise kann der Äquivalenzpunkt auch rechnerisch durch Bildung der ersten und der zweiten Ableitung der Titrationskurve (einfache Differenzbildung genügt) ermittelt werden. Dabei ist das Volumen, bei dem die zweite Ableitung durch die Nullinie geht, als das zur vollständigen Titration benötigte Volumen anzunehmen. Bitte ermitteln Sie den Äquivalenzpunkt auf beiden Wegen. Unter Berücksichtigung der Stöchiometrie der Titrationsreaktionen wird die unbekannte Konzentration ermittelt. Sie ist auf den Chloridgehalt des untersuchten Papiers umzurechnen, die Angabe des Resultats erfolgt in Gramm Chlorid je Kilogramm Papier.

Bei der Titration der chlorid- und jodidhaltigen Lösung wird eine zweistufige Titrationskurve entsprechend dem folgend gezeigten Beispiel erhalten.

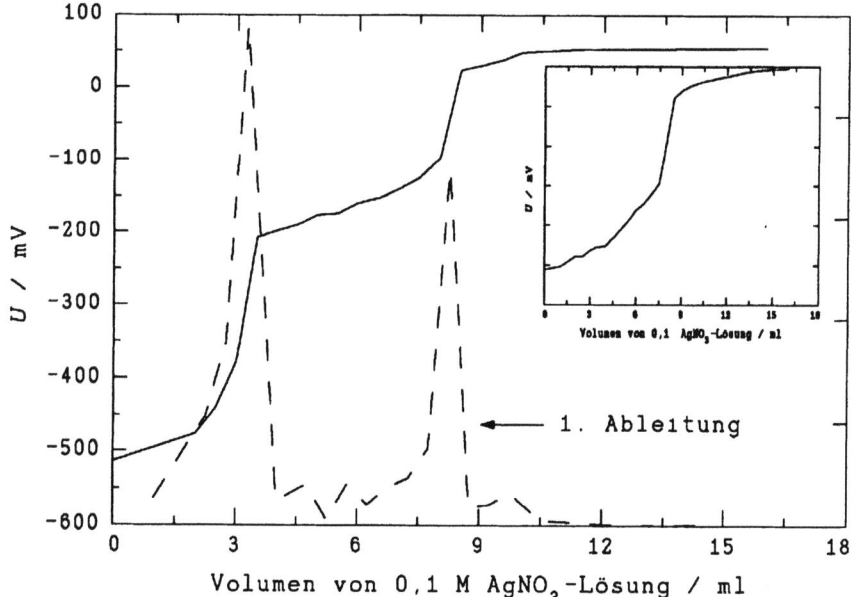

Bild 4.6 Titrationskurve der chlorid- und jodidhaltigen Lösung bei potentiometrisch indizierter Titration. Vorgelegt wurden je einige ml einer wäßrigen KCl und KI-Lösung.

Der entscheidende Einfluß des Bariumnitrats auf die Titrationskurve wird deutlich. Bei der im kleinen Bild gezeigten Meßkurve wurde kein Bariumnitrat zugefügt, es ist nur eine Stufe erkennbar.

Bei der Titration der Phosphorsäure wird eine mehrstufige Kurve erhalten, die zumindest die beiden ersten Stufen der Neutralisation enthält.

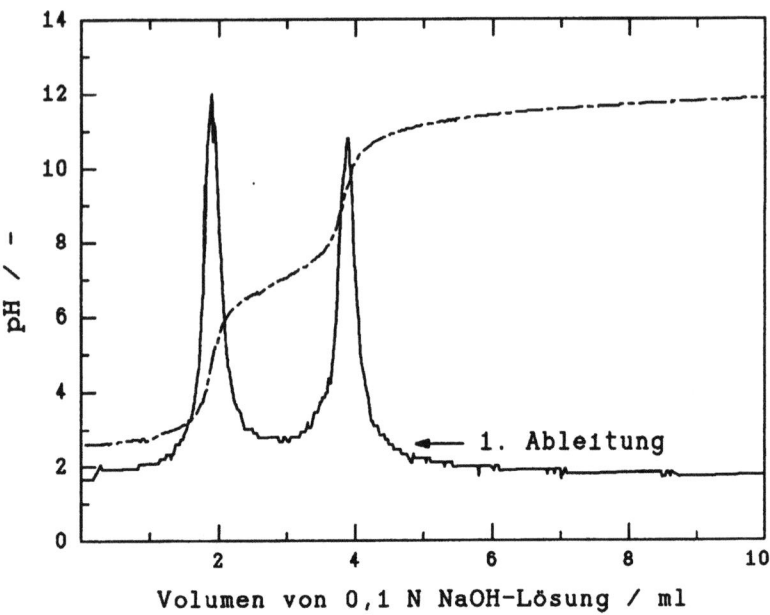

Bild 4.7 Titrationskurve der Phosphorsäure bei potentiometrisch indizierter Titration.

Für die Ermittlung der unbekannten Konzentration ist der Abstand der beiden Wendepunkte der Titrationskurve ein direktes Maß für die Säurekonzentration. Sie ist in mol/l der Lösung unbekannter Konzentration anzugeben. Zeichnen Sie auch die erste Ableitung der Titrationskurve und benutzen Sie sie zur Auswertung.

Kontrollfragen

Warum werden nicht alle drei Stufen der Neutralisation von Phosphorsäure beobachtet?

Literatur

Vorschrift DIN 53125 Prüfung von Papier und Pappe, Bestimmung des Chloridgehalts in wäßrigen Extrakten.

4 Elektrochemische Analytik 199

Versuch 4.3: Bipotentiometrisch indizierte Titration

Aufgabenstellung

Der Jodgehalt einer Probe ist durch Titration mit Thiosulfat zu bestimmen. Zur Anzeige des Äquivalenzpunktes wird die bipotentiometrische Indikation verwendet.

Grundlagen

Für die Titration von Jod, das in wäßriger jodidhaltiger Lösung als I_3^- vorliegt, kann Thiosulfat verwendet werden. Bei der Titration findet folgende Reaktion statt:

$$I_2 + 2\ S_2O_3^{2-} \rightarrow 2\ I^- + S_4O_6^{2-} \tag{4.1}$$

Zur Feststellung des Äquivalenzpunktes kann die bipotentiometrische Indikation verwendet werden. Hierbei wird durch zwei Indikatorelektroden (im einfachsten Fall zwei Platindrahtelektroden kleiner Oberfläche) ein kleiner Strom (wenige µA) geschickt. Solange in der Lösung neben Jod auch Jodid enthalten ist, finden an den beiden Elektroden die dem Redoxgleichgewicht entsprechenden Prozesse statt:

$$I_2 + 2\ e^- \rightleftarrows 2\ I^- \tag{4.2}$$

Entsprechend dem kleinen fließenden Strom ist die an den Elektroden bestehende Überspannung klein, ihre Abweichung vom Ruhepotential und damit die zwischen den Elektroden meßbare Spannung ist klein. Bei Passieren des Äquivalenzpunktes sinkt die Jodkonzentration schlagartig ab, das Redoxgleichgewicht ist gestört. An die Stelle des genannten Redoxpaares tritt nun die Reaktion

$$2\ S_2O_3^{2-} \rightarrow S_4O_6^{2-} + 2\ e^- \tag{4.3}$$

Dies Reaktion verläuft nur in der angegebenen Richtung. Eine zur Aufrechterhaltung des Stromflusses nötige Reaktion (z.B. Wasserstoffentwicklung) findet bei erheblich negativerem Potential statt. Die am Voltmeter ablesbare Spannung zwischen den beiden Indikatorelektroden steigt also drastisch an.

Ausführung

Chemikalien und Geräte

wäßrige Lösung 0,1 N $K_2S_2O_3$
wäßrige Lösung 0,1 N I_2 (mit äquimolarem Zusatz von KI)

Stromquelle
Voltmeter
2 Platindrahtelektroden
Magnetrührer und Rührstäbchen
Bürette

Aufbau

Wesentliche Teile des einfachen experimentellen Aufbaus zeigt Bild 4.8.

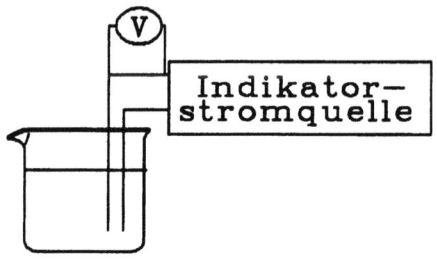

Bild 4.8 Meßanordnung für die bipotentiometrisch indizierte Titration einer jodhaltigen Lösung mit einer Thiosulfatlösung.

Versuchsablauf

Die zur Titration verwendete Thiosulfatlösung wird unter Rühren mit Magnetrührer und Rührstäbchen aus einer Bürette in die jodhaltige Lösung getropft. Die zwischen den Indikatorelektroden anstehende Spannung wird mit einem Millivoltmeter gemessen.

Auswertung

Bild 4.9 zeigt eine typische Titrationskurve, die bei Vorgabe von 5 ml einer 0,1 N Jodlösung erhalten wurde.

4 Elektrochemische Analytik 201

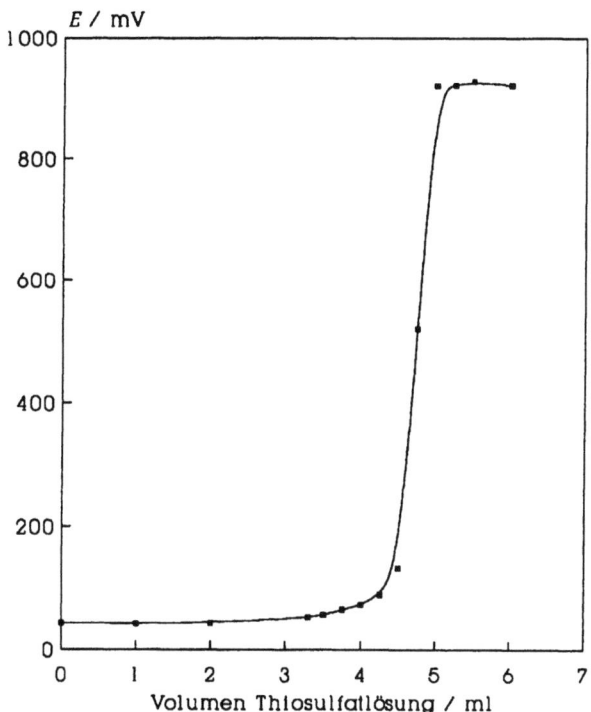

Bild 4.9 Titrationskurve für 5 ml einer Lösung von I_2 mit einer Lösung von Kaliumthiosulfat 0,1 N.

Aus dem leicht ermittelbaren Wendepunkt der Titrationskurve kann die genaue Zusammensetzung der titrierten Lösung berechnet werden.

Literatur

G. Jander, K.F. Jahr und H. Knoll: Maßanalyse, Walter de Gruyter, Berlin 1973
Autorenkollektiv: Analytikum, VEB Deutscher Verlag für Grundstoffindustrie, Leipzig 1994.

Versuch 4.4: Konduktometrisch indizierte Titration

Aufgabenstellung

In einer konduktometrisch indizierten Fällungstitration soll Sulfat quantitativ durch Fällung mit Pb^{2+}-Ionen bestimmt werden. In einer Redoxtitration wird

Arsenit durch Umsetzung mit Jod bestimmt.

Grundlagen

Während die Direktkonduktometrie als Verfahren zur Bestimmung von Konzentrationen wenig geeignet ist, erfreut sich die konduktometrische Indikation großer Beliebtheit. Im folgenden Versuch werden zwei Titrationen durchgeführt, die über die vergleichsweise einfache Säure-Base-Titration hinausgehen.

In einer Fällungstitration werden Sulfationen durch Bildung des schwerlöslichen Salzes $PbSO_4$ nach der Reaktionsgleichung

$$Pb^{2+} + 2\,NO_3^- + 2\,Na^+ + SO_4^{2-} \rightarrow 2\,Na^+ + 2\,NO_3^- + PbSO_4 \qquad (4.4)$$

durch Reaktion mit Bleiionen ausgefällt. Dabei werden bis zum Äquivalenzpunkt nur Sulfationen durch Nitrationen vergleichbarer Äquivalenzleitfähigkeit ersetzt. Der Äquivalenzpunkt ist also der Schnittpunkt einer Linie nahezu konstanter Leitfähigkeit mit einer steigenden Linie von deutlicher Steigung bei der Übertitration wegen der Zunahme der Konzentration überschüssiger Nitrat- und Bleiionen (Bild 4.10 (links)).

Bei einer Redoxtitration wird der Umsatz der mit einem Redoxpartner zu titrierenden Substanz ebenfalls durch Messung der Leitfähigkeit verfolgt. Voraussetzung ist dabei eine Veränderung der Leitfähigkeit durch z.B. Bildung gut leitender Reaktionsprodukte, Verbrauch leitender Edukte o.ä. Im hier untersuchten Beispiel wird Arsenit (AsO_3^{3-}) mit alkoholischer Jodlösung gemäß der Gleichung

$$AsO_3^{3-} + J_2 \rightarrow AsO_4^{3-} + 2\,H^+ + 2\,J^- \qquad (4.5)$$

titriert. Bis zum Äquivalenzpunkt nimmt die Leitfähigkeit der Lösung durch die Bildung von Protonen und Jodidionen zu, nach dem Äquivalenzpunkt bleibt sie konstant, da weiteres Jod nicht mehr umgesetzt werden kann. Den typischen Kurvenverlauf zeigt Bild 4.10 (rechts).

4 Elektrochemische Analytik

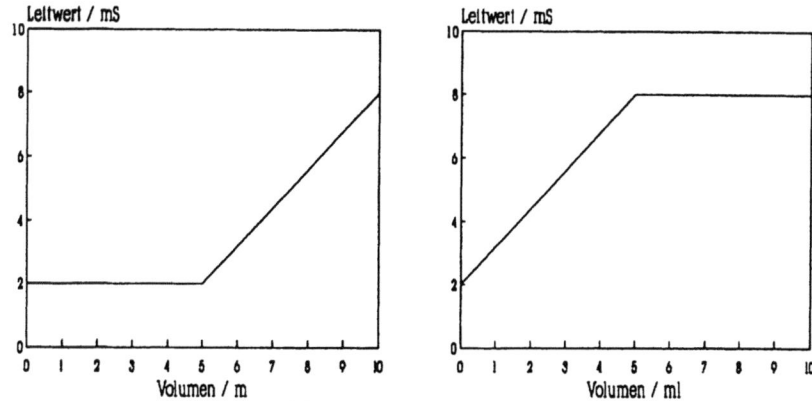

Bild 4.10 Titrationskurven einer Fällungstitration (links) und einer Redoxtitration (rechts).

Ausführung

Chemikalien und Geräte

0,05 M Lösung von $PbNO_3$
Lösung von Na_2SO_4 unbekannter Konzentration
alkoholische Jodlösung, 0,1 M J_2
Arsenitlösung unbekannter Konzentration
Leitfähigkeitsmeßzelle
Konduktometer
Bürette
Stativ
Bechergläser
Magnetrührer
Magnetrührstäbchen

Versuchsaufbau

Die Leitfähigkeitsmeßzelle wird so am Stativ befestigt, daß sie anschließend in das als Meßgefäß verwendete Becherglas möglichst tief eintaucht, ohne vom Rührfisch beschädigt zu werden. Die Meßzelle wird mit dem Konduktometer verbunden.

Versuchsablauf

Es werden 10 ml der Lösung unbekannter Konzentration in einem 100 ml-Becherglas vorgelegt und mit dem entsprechenden Titriermittel titriert. Da in beiden Versuchen nur die relative Änderung der Leitfähigkeit, nicht jedoch ihr Absolutwert, von Interesse ist, kann auf die Ermittlung der Zellkonstanten verzichtet werden. Vielmehr genügt die Aufzeichnung der direkt gemessenen Werte der Leitfähigkeit, behelfsweise würde auch der Widerstand genügen. Da die Fällung des Bleisulfates recht verzögert wegen Übersättigung der Lösung abläuft, muß nach jeder Zugabe von Titrationsmittel unter kräftigem Rühren mitunter längere Zeit gewartet werden, bis ein stabiler Meßwert abgelesen werden kann. In der Nähe des Äquivalenzpunktes wird sich die relative Änderung der Leitfähigkeit deutlich vom vorhergehenden Verlauf unterscheiden, hier sollte das Titrationsmittel in kleineren Mengen zugegeben werden.

Auswertung

Die erhaltenen relativen Leitfähigkeitswerte werden als Funktion des Volumens zugegebener Titrationslösung aufgetragen, graphisch wird der Äquivalenzpunkt ermittelt. Unter Berücksichtigung der Stöchiometrie der Titrationsreaktionen wird die unbekannte Konzentration ermittelt. Sie ist für beide Bestimmungen in mol/l der ausgegebenen Lösung unbekannter Konzentration anzugeben.

Kontrollfragen

Warum ist bei konduktometrischen Messungen bei der Bestimmung der absoluten Werte der elektrolytischen Leitfähigkeit eine sorgfältige Temperaturkontrolle nötig?
Warum kann auf sie in diesem Versuch verzichtet werden?

Literatur

G. Jander, K.F. Jahr und H. Knoll: Maßanalyse, Walter de Gruyter, Berlin 1973
Autorenkollektiv: Analytikum, VEB Deutscher Verlag für Grundstoffindustrie, Leipzig 1994.

Versuch 4.5: Elektrogravimetrie

Aufgabenstellung

Durch vollständige elektrolytische Abscheidung von Kupfer aus einer Kupfersulfatlösung unbekannter Konzentration ist deren Kupfergehalt zu bestimmen.

Grundlagen

Fließt durch eine Lösung, in der sich Metallionen befinden, ein elektrischer

Strom, so wird es an der mit dem negativen Pol der äußeren Spannungsquelle verbundenen Elektrode (Kathode) zur Abscheidung des Metalls in seiner elementaren Form kommen. Nur sehr unedle Metalle (z.B. Natrium, Kalium) scheiden sich nicht ab; in ihrer Lösung wird vielmehr Wasserstoff an der Kathode entwickelt.

Als Kathode benutzt man eine zylindrische Netzelektrode aus Platin, an der die abgeschiedenen Metalle gut haften. Wird auf diesem Wege das Metall vollständig aus der Probelösung abgeschieden und seine Masse durch Wägung der Elektrode bestimmt, spricht man von "Elektrogravimetrie", einem Verfahren der quantitativen Analyse. Der Elektrodenwerkstoff Platin erlaubt aufgrund seines edlen Charakters, die abgeschiedenen Metalle nach der Bestimmung selektiv zur Elektrode mit Salpetersäure abzulösen. Als Anode wird ebenfalls Platin, hier in Form einer Spirale, eingesetzt.

Bei der Elektrolyse einer $CuSO_4$-Lösung mit Platinelektroden beobachtet man neben der kathodischen Kupferabscheidung die Entwicklung von Sauerstoff an der Anode:

$$\text{Kathode (Reduktion): } Cu^{2+} + 2\,e^- \rightarrow Cu \qquad (4.6)$$
$$\text{Anode (Oxidation): } H_2O \rightarrow 2\,H^+ + 1/2\,O_2 + 2\,e^- \qquad (4.7)$$
$$\overline{\text{Gesamtreaktion: } Cu^{2+} + H_2O \rightarrow Cu + 2\,H^+ + 1/2\,O_2} \qquad (4.8)$$

Bei der Elektrolyse von $CuSO_4$-Lösung werden also Cu^{2+}-Ionen durch H^+ ersetzt. Damit wird aus $CuSO_4$ eine äquivalente Menge H_2SO_4 gebildet.

Nachdem sich die Pt-Elektrode mit Cu überzogen hat, ist sie elektrochemisch zur Kupferelektrode geworden, deren Potential von der Cu^{2+}-Konzentration abhängt (Nernstsche Gleichung). Da sich die Cu^{2+}-Konzentration durch Abscheidung verringert, ändert sich auch das Elektrodenpotential der Kathode und damit die zur Elektrolyse erforderliche Zellspannung (Welche Zellspannung wäre theoretisch erforderlich, um die Cu^{2+}-Konzentration auf Null abzusenken?). Eine elektrogravimetrische Bestimmung ist im allgemeinen dann beendet, wenn das Kathodenpotential um etwa $\Delta E \approx -200$ mV negativer geworden ist. Das entspricht einer vernachlässigbaren Restkonzentration.

Um während der gesamten Elektrolyse eine hohe Leitfähigkeit zu gewährleisten, wird die Probelösung mit H_2SO_4 angesäuert. Den Stofftransport zur Elektrodenoberfläche unterstützt man durch kräftiges Rühren und Erwärmen auf ca. 50 °C, um die Ionenbeweglichkeit zu erhöhen.

Ausführung

Chemikalien und Geräte

Kupfersulfatlösung unbekannter Konzentration
Schwefelsäure 20%
Platinnetzelektrode, Platinanode
Stromquelle
2 Multimeter
Magnetrührplatte
Becherglas 250 ml
Pipette 25 ml
Maßkolben 100 ml

Aufbau

Bild 4.11 zeigt schematisch den experimentellen Aufbau.

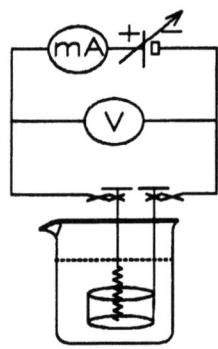

Bild 4.11   Aufbau zur Elektrogravimetrie.

Versuchsablauf

- Die Kupfersulfatlösung wird in einem Becherglas auf den beheizbaren Magnetrührplatte gesetzt und auf ca. 50 °C erwärmt. Am Stativ werden die vorher gewogene Platinnetzelektrode und eine weitere Platinelektrode aufgehängt und in der Höhe so eingestellt, daß beide Elektroden in die Lösung eintauchen. Die Elektroden werden mit einer regelbaren Stromquelle unter Zwischenschaltung eines Volt- und eines Amperemeters verbunden.
- Ein Strom von ca. 100 mA wird eingestellt. Eine langsame Entfärbung der Lösung und eine Rotfärbung der Netzelektrode zeigen den Fortschritt der Elektrolyse an. Gegen Ende der Elektrolyse steigt die am Voltmeter abgelese-

4 Elektrochemische Analytik 207

ne Spannung deutlich an, statt der Kupferabscheidung tritt nun unerwünschte Wasserstoffentwicklung ein.
- Nach vollständiger Abscheidung werden die Elektroden ohne Abschalten der Spannung (warum?) aus der Lösung gehoben und gut mit Wasser gespült. Nach dem Abschalten der Spannung wird in Alkohol getaucht und getrocknet. Jetzt kann die Netzkathode ausgewogen werden.
- Zur Ablösung des abgeschiedenen Kupfers mit halbkonzentrierter Salpetersäure wenden Sie sich an den Versuchsbetreuer. Nach dem Ablösen wird nacheinander mit Wasser und Alkohol gespült und getrocknet.

Auswertung

Aus der Gewichtszunahme ist die abgeschiedene Kupfermenge zu ermitteln.

Kontrollfragen

- Wie wird sich der fließende Elektrolysestrom bei Abschalten der Rührung verändern?
- Warum wird bei der Elektrolyse die Lösung erwärmt?

Versuch 4.6: Coulometrische Titration

Aufgabenstellung

Bestimmung des As^{3+}-Gehaltes von Probelösungen durch Umsetzung mit elektrolytisch erzeugtem Brom bei biamperometrischer Indikation des Äquivalenzpunktes.

Grundlagen

Der Stoffumsatz an einer stromdurchflossenen Elektrode kann nach den Faradayschen Gesetzen berechnet werden, wenn die Elektrodenreaktion bekannt ist. Bei einer Elektrolyse mit konstantem Strom erhält man die umgesetzte Ladung als Produkt von Stromstärke und Zeit. Da man auch kleine Ströme sehr exakt messen kann, ist eine hohe Empfindlichkeit der auf diesem Prinzip beruhenden Methoden erreichbar. Sie werden unter dem Begriff galvanostatische Coulometrie zusammengefaßt.

Bei diesen Methoden wird die elektrochemische Reaktion selbst oder das dabei entstehende Produkt zur quantitativen Bestimmung des Gehaltes einer Lösung genutzt. Im zweiten Fall spricht man von coulometrischer Titration. Der elektrische Strom übernimmt hier die Rolle des Titrationsmittels. Wichtige Voraussetzungen sind, daß die Erzeugung des Titrationsmittels mit vollständiger Stromausbeute abläuft (keine Nebenreaktionen) und der Endpunkt der Titration, bei dem der zu bestimmende Stoff quantitativ umgesetzt ist, erkannt werden kann.

Zur Endpunktbestimmung werden bevorzugt elektrochemische (potentiometrische und amperometrische) Methoden eingesetzt. Während bei potentiometrischen Verfahren der Potentialverlauf den Endpunkt anzeigt, ist es bei amperometrischer Indikation der Stromfluß durch eine Indikatorelektrode. Alle coulometrischen Verfahren sind Absolutmethoden. Wägung, Titereinstellung usw. sind nicht erforderlich. Als Beispiel soll die hier auszuführende coulometrische Titration näher betrachtet werden. Das Ziel ist die coulometrische Bestimmung von As^{3+} durch Umsetzung mit elektrolytisch erzeugtem Br_2 nach

$$As^{3+} + Br_2 \rightarrow As^{5+} + 2\,Br^- \tag{4.9}$$

Dazu wird die zu bestimmende Lösung angesäuert und mit Kaliumbromid versetzt. Zwei Platinelektroden dienen der Bromerzeugung ("Generatorelektroden"):

Kathode: $2\,H^+ + 2\,e^- \rightarrow H_2$ (4.10)
Anode: $2\,Br^- \rightarrow Br_2 + 2\,e^-$ (4.11)

Der Generatorstromkreis wird mit konstanter Stromstärke betrieben. Das anodisch erzeugte Brom reagiert sofort mit den As^{3+}-Ionen der Lösung. Um zu verhindern, daß Brom an die Kathode gelangt und dort zu Br^- reduziert wird, bevor es mit As^{3+} reagieren konnte, trennt man die Kathode mit einer Fritte von der gerührten Lösung ab. Der Äquivalenzpunkt ist durch das Auftreten von freiem Brom in der Lösung gekennzeichnet. Zu seiner Erkennung werden zwei weitere Platinelektroden ("Indikatorelektroden") in die Lösung gebracht. Wird an diese Elektroden eine kleine Spannung ($U = 500$ mV) angelegt, so fließt vor dem Äquivalenzpunkt kein Strom, da die Abscheidungsspannung für die Lösung größer als die angelegte Spannung ist. Erst wenn freies Brom in die Lösung kommt, liegt mit

$$2\,Br^- \rightleftarrows Br_2 + 2\,e^- \tag{4.12}$$

ein reversibles Redoxsystem ohne nennenswerte Überspannung vor. Der Äquivalenzpunkt wird also durch einen steilen Stromanstieg im Indikatorstromkreis angezeigt, da die Indikatorelektroden depolarisiert werden. Da hier mit zwei stromdurchflossenen Indikatorelektroden gearbeitet wird, bezeichnet man diese Methode der Äquivalenzpunktbestimmung auch als "Biamperometrie".

Die Berechnung des in der vorgelegten Lösung enthaltenen Arsen erfolgt nach den Faradayschen Gesetzen:

4 Elektrochemische Analytik

$$m(As^{3+}) = M(As) \cdot (I \cdot t / 2 \cdot F) \qquad (4.13)$$

Ausführung

Chemikalien und Geräte

0,1 N As^{3+}-Lösung
0,1 N H_2SO_4
0,2 N KBr
Meßzelle mit Generator- und Indikatorelektroden
Stromversorgungsgerät (10 V und 0,5 V)
Dekadenwiderstand
2 Amperemeter (mA und µA)
Stoppuhr
Magnetrührwerk
Meßkolben 100 ml
Pipette 20 ml
Meßzylinder 25 ml

Aufbau

Den Versuchsaufbau zeigt Bild 4.12.

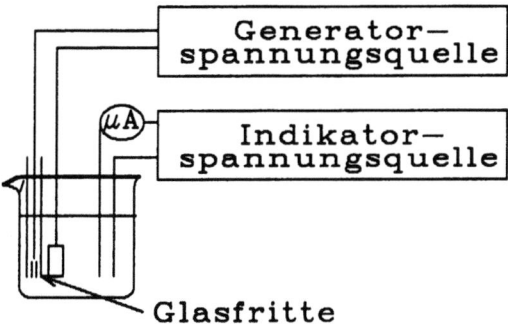

Bild 4.12 Versuchsaufbau zur coulometrischen Titration.

Versuchsablauf

Vorbereitende Arbeiten:
- Bereiten Sie sich durch Verdünnen der bereitstehenden 0,1 N As^{3+}-Lösung 100 ml einer 0,005 N Probelösung.

- Plazieren Sie die Elektroden so im noch leeren Becherglas, daß sie im halb gefüllten Glas gut eintauchen und der Magnetrührer ungehindert laufen kann.
- 25 ml 0,1 N H_2SO_4 und 25 ml 0,2 N KBr im Becherglas vorlegen, mit Wasser verdünnen und Magnetrührer einschalten. Anschließend sofort den mit einer Fritte abgegrenzten Kathodenraum mit 0,1 N H_2SO_4 füllen (gleicher Füllstand wie im Becherglas).
- Kontrollieren Sie, ob am Stromversorgungsgerät die Drehknöpfe zur Spannungseinstellung in Nullstellung (Anschlag rechts) stehen. Stromversorgungsgerät und Amperemeter einschalten.
- Indikatorspannung auf 0,5 V regeln.
- Generatorspannung auf 10 V stellen und Generatorstromkreis schließen. Verfolgen über den Zeitraum von ca. 1 min den Indikatorstrom. Nach dieser Zeit geben Sie 1 ml 0,005 N As^{3+}-Lösung zu. Wie verhält sich der Generatorstrom?
Stellen Sie jetzt den Generatorstrom mit Hilfe der veränderlichen Widerstände auf genau 5 mA ein. Ermitteln Sie die Zeit bis zum erneuten Anstieg des Indikatorstromes.
- Die Spannung abschalten, das Becherglas und den Kathodenraum leeren und spülen.

Bestimmung einer bekannten Vorlage:

- Vorlage: 25 ml 0,1N H_2SO_4
  25 ml 0,2 N KBr
  2 ml 0,005 N As^{3+}
- Zur Bestimmung gehen Sie sinngemäß wie vorstehend beschrieben vor. Es ist exakt die Zeit zu bestimmen, die bei einem Generatorstrom von 5 mA bis zum vollständigen Umsatz des vorgelegten As^{3+} (d.h., bis zum Anstieg des Indikatorstromes) erforderlich ist.

Bestimmung einer unbekannten As^{3+}-Menge:
- Maßkolben mit der unbekannten Probemenge auffüllen und 5 ml davon vorlegen.

Alle Meßlösungen sind wegen ihres Arsengehaltes sorgfältig als schwermetallhaltiger Anfall zu entsorgen.

Auswertung

- Berechnen Sie nach dem Faradayschen Gesetz die vorgelegten Stoffmengen.
- Diskutieren Sie die Empfindlichkeit und Genauigkeit der Methode.

Kontrollfragen:

- Erläutern Sie die Begriffe "Galvanostatische Coulometrie", "Coulometrische Titration" und "Biamperometrische Titration"
- Formulieren Sie die Elektrodenreaktion im Generator- und Indikatorstromkreis.
- Nennen Sie Beispiele für weitere coulometrische Bestimmungen.

Literatur

Untersuchungsmethoden in der Chemie, H. Naumer, W. Heller Hrsg., Georg Thieme Verlag, Stuttgart ²1990

Versuch 4.7: Amperometrie

Aufgabenstellung

In amperometrisch indizierten Titrationen sind zu bestimmen:
1. durch Fällung von Bleiionen mit Dichromat die Konzentrationen der Bleiionen in Lösung.
2. Styrol durch bromatometrische Titration.

Grundlagen

Bei Titrationsverfahren ist die Indizierung des Äquivalenzpunktes die zentrale Aufgabe. Elektrochemische Methoden haben dabei den Vorteil, von experimentellen Zufälligkeiten und dem Geschick und Wahrnehmungsvermögen des Experimentators weitgehend unabhängig zu sein. Außerdem werden bei ihnen Meßsignale gewonnen, die als elektrische Signale leicht weiterverarbeitet, angezeigt und umgeformt werden können.

Wird bei einer Titration ein elektrochemisch aktiver, das heißt elektrochemisch oxidierbarer oder reduzierbarer, Stoff in seiner Konzentration deutlich mit einer besonders am Äquivalenzpunkt ausgeprägten Charakteristik verändert, so kann der für diese Umsetzung benötigte Strom gemessen und als Maß für die Vollständigkeit der Titration herangezogen werden. Sorgt man durch entsprechend kleine Elektroden dafür, daß der Stoffumsatz vernachlässigbar klein bleibt, so ist der experimentelle Fehler unbedeutend. Das Vorgehen kann am Beispiel der Fällung von Bleiionen mit Sulfationen veranschaulicht werden:

$$Pb^{2+} + SO_4^{2-} \rightarrow PbSO_4 \qquad (4.14)$$

Die elektrochemisch leicht bei einem ausreichend kathodischen Elektrodenpotential reduzierbaren Bleiionen werden im Verlauf der Titration verbraucht, entsprechend geht der kathodische Reduktionsstrom zurück. Nach dem Äquivalenzpunkt bleibt er auf einem sehr kleinen Restwert. Die Sulfationen sind bei dem angelegten kathodischen Potential elektrochemisch inaktiv. Titriert man dagegen Sulfationen mit Bleiionen, so ist die Veränderung während der Titration gerade entgegengesetzt:

$$SO_4^{2-} + Pb^{2+} \rightarrow PbSO_4 \qquad (4.15)$$

Hier ist der Strom zunächst verschwindend klein; erst nach dem Äquivalenzpunkt nimmt er mit der steigenden Konzentration reduzierbarer Bleiionen zu. In einer dritten Variante sind sowohl das Titrationsmittel wie das zu bestimmende Teilchen elektrochemisch aktiv. Dies trifft auf die Fällungstitration von Bleiionen mit Chromationen zu:

$$2\,Pb^{2+} + Cr_2O_7^{2-} + H_2O \rightarrow 2\,PbCrO_4 + 2\,H^+ \qquad (4.16)$$

Beide Ionen können kathodisch reduziert werden:

$$Pb^{2+} + 2\,e^- \rightarrow Pb \qquad (4.17)$$
$$Cr_2O_7^{2-} + 14\,H^+ + 6\,e^- \rightarrow 2\,Cr^{3+} + 7\,H_2O \qquad (4.18)$$

Dies bedeutet, daß der kathodische Strom zunächst entsprechend dem Bleiionenverbrauch absinkt, nach dem Äquivalenzpunkt aber mit zunehmender Dichromatkonzentration wieder ansteigt. Der Kurvenverlauf hängt dabei von der Wahl des Titrationsmittels und vom an der Indikatorelektrode eingestellten Potential ab. Für drei denkbare Varianten zeigen die folgenden Bilder typische Kurvenverläufe.

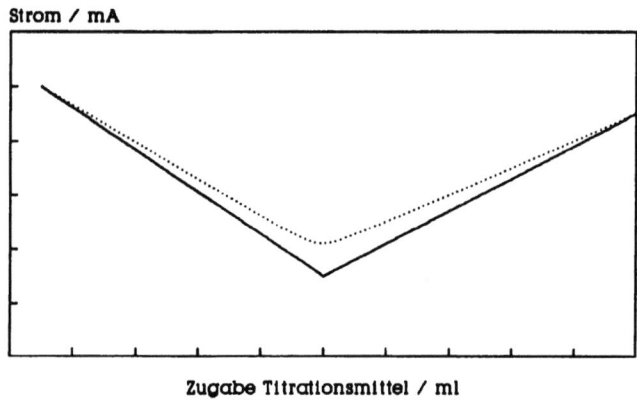

Bild 4.13 Titrationskurven einer Fällungstitration von Bleiionen mit Dichromationen bei $E_{SCE} = -1\,V$.

4 Elektrochemische Analytik

Bis zum Äquivalenzpunkt werden vorhandene Bleiionen reduziert, nach dem Überschreiten des Äquivalenzpunktes werden Dichromationen reduziert.

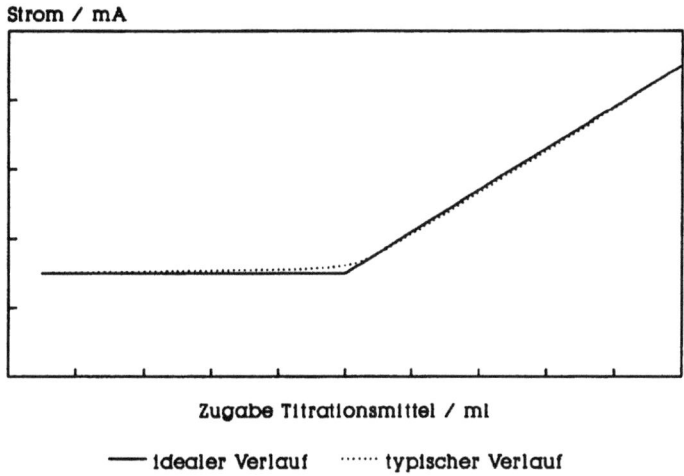

Bild 4.14 Titrationskurven einer Fällungstitration von Bleiionen mit Dichromationen bei $E_{SCE} = 0$ V.

Bis zum Äquivalenzpunkt fließt praktisch kein Strom, da das Elektrodenpotential nicht negativ genug ist, um die Reduktion der vorhandene Bleiionen zu bewirken. Nach dem Überschreiten des Äquivalenzpunktes werden Dichromationen reduziert. Ein ähnlicher Kurvenverlauf wird beobachtet, wenn die zu titrierenden Ionen elektrochemisch nicht aktiv sind. Dies war bei der Titration von Sulfationen mit Bleiionen (s.o.) zu beobachten. Hier müßte allerdings das Potential der Indikatorelektrode ausreichend negativ gewählt werden, um die Bleiionen reduzieren zu können (z.B. $E_{SCE} = -1$ V).

Bis zum Äquivalenzpunkt werden Dichromationen reduziert. Nach dem Äquivalenzpunkt fließt praktisch kein Strom, da das Elektrodenpotential nicht negativ genug ist, um die Reduktion der nun im Überschuß vorhandenen Bleiionen zu bewirken. Ein ähnlicher Kurvenverlauf wird beobachtet, wenn das Titrationsmittel elektrochemisch nicht aktiv sind. Dies war bei der Titration von Bleiionen mit Sulfationen (s.o.) zu beobachten. Hier müßte allerdings das Potential der Indikatorelektrode ausreichend negativ gewählt werden, um die Bleiionen reduzieren zu können (z.B. $E_{SCE} = -1$ V).

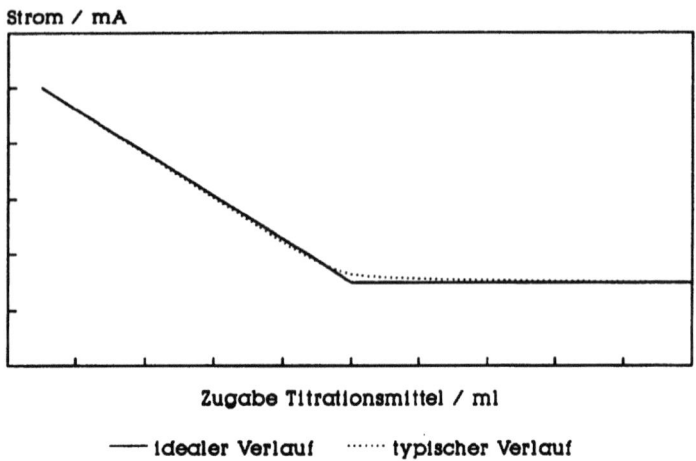

— idealer Verlauf   ······ typischer Verlauf

Bild 4.15 Titrationskurven einer Fällungstitration von Dichromationen mit Bleiionen bei $E_{SCE} = 0$ V.

Die Detektion der zugehörigen Ströme setzt eine Meßanordnung voraus, bei der die Meß-(Indikator-)elektrode auf dem entsprechenden Potential gehalten wird. Da der fließende Strom nicht nur von der Konzentration und der Art der aktiven Teilchen in der Lösung, sondern auch wesentlich von ihrem Transport zur Elektrode abhängt, muß man während der Strommessung für konstante Bedingungen sorgen. Daher setzt man vorteilhaft einen Leitelektrolyten zu, arbeitet im Diffusionsgrenzstrombereich und sorgt für reproduzierbare Diffusionsbedingungen.

Als Elektroden haben sich die Quecksilbertropfelektrode und die rotierende Platinscheiben- oder -stiftelektrode bewährt, für oxidierbare Reaktanden ist nur Platin zweckmäßig, da die anodische Auflösung des Quecksilbers schon bei relativ niedrigen Potentialen einsetzt. Eine kleinflächige Platindrahtelektrode in der für die gleichmäßige Abreaktion des Titrationsmittels ohnehin gerührten Lösung reicht allerdings auch aus. Zur Einstellung des korrekten Elektrodenpotentials wird eine Bezugselektrode (z.B: Kalomelelektrode) benötigt. Üblicherweise würde mit einer Gegenelektrode die Dreielektrodenanordnung vervollständigt. Verwendet man dagegen eine Meßelektrode sehr kleiner Fläche und eine Bezugselektrode geringen Innenwiderstandes und sehr geringer Polarisierbarkeit, so beeinflußt der nur sehr kleine Strom die Potentiallage der Bezugselektrode kaum, es kann eine einfache Zweielektrodenanordnung verwendet werden. Da kathodisch neben den interessierenden Reaktanden auch gelöster Sauerstoff reduziert werden kann ist es in der Regel notwendig, vor jeder Strommessung die Lösung mit Inertgas (Stickstoff, Argon) zu sättigen und dies nach jeder Zugabe von Titriermittel zu wiederholen.

4 Elektrochemische Analytik

Es ist auch möglich, amperometrische indizierte Titrationen ohne äußere Stromquelle auszuführen, indem man die Elektrodenanordnung selbst als Stromquelle nutzt. Verwendet man eine Pt-Indikatorelektrode, die mit einer Kalomelelektrode über ein Mikro-Amperemeter kurzgeschlossen wird, so kann kein Strom fließen, wenn durch die Zellspannung weder die vorgelegten Substanzen, noch die während der Titration entstehenden Reaktionsprodukte an der Pt-Elektrode oxidiert oder reduziert werden können. Erst durch einen Überschuß an Titrierlösung wird eine elektrochemische Reaktion möglich. Der dadurch bewirkte plötzlich einsetzende Stromfluß zeigt den Äquivalenzpunkt an.

Das beschriebene Verfahren eignet sich auch gut zur bromatometrischen Bestimmung von Styrol. Dazu legt man die mit Methanol und KBr versetzte, mit HCl angesäuerte Probelösung vor. In dieser Lösung besitzt die Pt-Elektrode gegen die gesättigte Kalomelelektrode ein Potential von ca. $E_{SCE} \approx + 0{,}25$ V. Unter Einfluß dieser Spannung findet an der Pt-Elektrode keine Umsetzung mit Lösungsbestandteilen statt. Durch Zugabe von BrO_3^- ändert sich an dieser Situation nichts, so lange das nach

$$5\ Br^- + BrO_3^- + 6\ H^+ \rightarrow 3\ Br_2 + 3\ H_2O \tag{4.19}$$

gebildete Brom entsprechend

$$C_6H_5\text{-}CH=CH_2 + Br_2 \rightarrow C_6H_5\text{-}CHBr\text{-}CH_2Br \tag{4.20}$$

mit Styrol reagiert. Erst wenn freies Brom in der Lösung auftritt, ermöglicht die reversible Reaktion

$$Br_2 + 2\ e^- \rightarrow 2\ Br^- \tag{4.21}$$

eine Reaktion an der Platinelektrode und damit einen Stromfluß.

Ausführung

<u>Chemikalien und Geräte</u>

wäßrige Lösung von $KBrO_3$ 0,001 M
wäßrige Lösung von $K_2Cr_2O_7$ 0,0005 M
wäßrige Lösung von NH_4NO_3 0,2 M
wäßrige Lösung von $PbNO_3$ 0,01 M
Methanol (rein)
Kaliumbromid
Salzsäure (konz.)

wäßrige Lösung von Styrol*
Eis
Gleichspannungsquelle
Galvanometer
Magnetrührwerk
Magnetrührstäbchen
Quecksilbertropfelektrode
Kalomelbezugselektrode
Platinelektrode
Stickstoffgas
Bürette
20 ml-Vollpipette
Meßzylinder 100 ml
Meßzylinder 10 ml
Becherglas 150 ml
Bürette

Aufbau

Bleibestimmung

Als Meßkette wird eine Quecksilbertropfelektrode in Kombination mit einer Kalomelelektrode verwendet. Eine Gleichspannungsquelle und ein empfindliches Amperemeter komplettieren den Versuchsaufbau. Das Durchmischen der Lösung bewirkt das Spülgas.

Titration von Styrol

Eine Pt-Stiftelektrode und eine Kalomelelektrode werden über das Amperemeter verbunden. Die zu titrierende Lösung wird mit einem Magnetrührwerk gerührt.

Versuchsablauf:

Bleibestimmung

Bei den Messungen mit der Hg-Tropfelektrode wird das Strommaximum unmittelbar vor dem Abfallen des Tropfens als Meßwert verwendet. Es sollte mit einer

---

* Die styrolhaltige Lösung kann einfach durch kräftiges Schütteln von reinstem Wasser, das mit etwas Styrol (Achtung, Styrol ist gesundheitsgefährdend, am Abzug arbeiten) und anschließendes vorsichtiges Dekantieren oder Separieren im Scheidetrichter erhalten werden. Eine Trübung der Lösung weist auf Emulsionsbildung hin, nach längerem Stehen tritt Klärung und Trennung der beiden Phasen ein.

4 Elektrochemische Analytik 217

etwas längeren Tropfzeit (ca. 2 s) gearbeitet werden, damit der Wert gut abgelesen werden kann. Vor den Messungen ist der gelöste Sauerstoff jeweils durch Spülen mit Stickstoff zu entfernen.

a) Aufnahme der Strom-Spannungs-Kurven

50 ml 0,2 M NH_4NO_3-Lösung werden mit 1 ml der Pb-Lösung versetzt. Nach dem Verdrängen des gelösten Sauerstoffs durch Spülen mit Stickstoff wird im Bereich 0...– 1200 mV die Strom-Spannungs-Kurve aufgenommen (ΔU = 50 mV).

Um die Kurve für die $Cr_2O_7^{2-}$ Reduktion aufnehmen zu können, wird die Pb-Lösung des vorangegangenen Versuchsteils mit einem Überschuß an Maßlösung versetzt. Dazu reichen im vorliegenden Fall 15 ml der 0,0005 M Dichromatlösung aus. Anhand dieser Kurven wählen Sie eine für die amperometrische Titration geeignete Zellspannung aus.

b) Titration

Sie legen wiederum 50 ml 0,2 M NH_4NO_3-Lösung mit 1 ml der zu bestimmenden Pb-Lösung vor. Nach nochmaliger N_2-Spülung titrieren Sie in 0,5 ml-Schritten mit 0,0005 M Dichromat-Lösung. Nach jeder Zugabe mit Spülgas gut durchmischen und den jeweiligen Diffusionsgrenzstrom notieren. Beachten Sie, daß der Diffusionsgrenzstrom erst dann konstant wird, wenn die Lösung zur Ruhe gekommen ist. Die Titration wird mit Volumenschritten von 1 ml wiederholt. Wird durch die größeren Volumenschritte die Genauigkeit dieser Titration beeinflußt?

Titration von Styrol

In einem 250 ml Becherglas werden 75 ml Methanol und 5 ml konzentrierte Salzsäure vorgelegt. Die Vorlage wird im Eisbad auf 5...10°C gekühlt und dann mit der zu bestimmenden Styrollösung (hier 25 ml einer gesättigten wäßrigen Lösung) versetzt. Falls die Temperatur der Mischung über 10°C liegt, wird nochmals gekühlt und dann nach Zugabe 1 g Kaliumbromid mit 0,002 M Kaliumbromatlösung titriert. Am Galvanometer ist zweckmäßig der Meßbereich 20 µA einzustellen. Unter gleichen Bedingungen wird ein Blindwert ermittelt.

Auswertung

Die Ermittlung des Äquivalenzpunktes erfolgt graphisch. Nach entsprechender Umrechnung ist die Bleikonzentration der Lösung unbekannter Zusammensetzung in mol/l anzugeben. Dabei ist die Stöchiometrie und Molarität der verwendeten Lösungen und Reaktionen sorgfältig zu berücksichtigen.

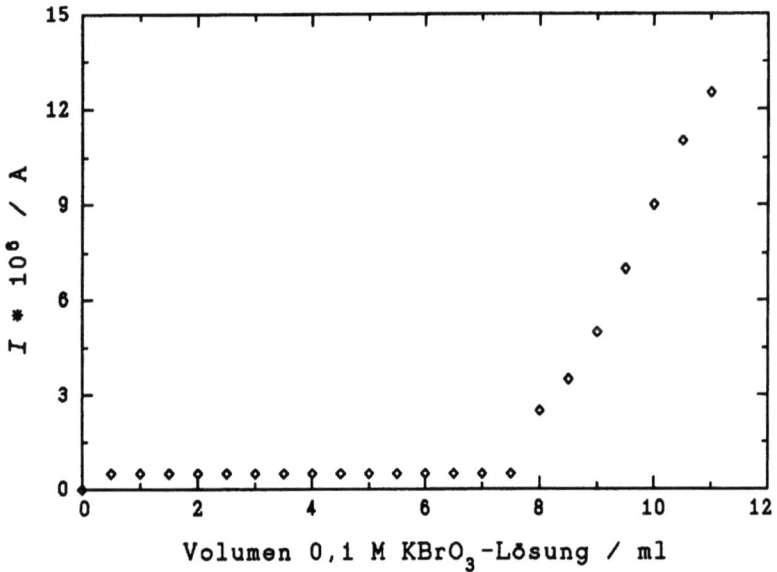

Bild 4.16 Titrationskurve der amperometrisch indizierten Titration von Styrol mit Bromid/Bromat.

Aus den bei der Titration von Styrol erhaltenen Werten berechnen Sie die Löslichkeit von Styrol in Wasser. Da Styrol flüchtig ist werden ohne besondere Vorkehrungen meist zu niedrige Werte ermittelt. Im gezeigten Beispiel ist der Styrolgehalt 0,0093 Gew%, der Literaturwert beträgt 0,023 Gew% (D.H. James und W.M. Castor in: Ullmann's, 5. Aufl. 1994, Bd. A25, S. 330).

Kontrollfragen

Was ist bei der Wahl der Zellspannung zu beachten? Wovon ist der fließende Strom abhängig?

Erläutern Sie die Verläufe der Titrationskurven für die Blei- und Styrol-Bestimmung!

Schätzen Sie den durch die kathodische Bleiabscheidung bedingten Fehler ab, wenn für die Titration von 3 mg Blei bis zum Erreichen des Äquivalenzpunktes 5 min benötigt werden und die mittlere Stromstärke für die Bleiionen-Reduktion 2,5 µA beträgt.

4 Elektrochemische Analytik 219

Versuch 4.8: Polarographie I (Grundlagen)

Aufgabenstellung:

1. Bestimmen Sie die Halbstufenpotentiale von Kupfer, Kadmium und Zink.
2. Ermitteln Sie für die Kadmiumionen die Abhängigkeit des Diffusionsgrenzstromes ("Stufenhöhe") von der Konzentration zur quantitativen Bestimmung dieses Elementes.
3. Bestimmung der Zusammensetzung einer unbekannten Probelösung (qualitativ: Cu, Cd, Zn; quantitativ: Cd).

Grundlagen

Die Polarographie gehört zu den voltammetrischen Verfahren. Unter Voltammetrie (verkürzt aus Voltamperometrie) versteht man die Messung des Stromes, der durch die Elektroden in einer Meßzelle fließt, in Abhängigkeit vom Meßelektrodepotential oder von der an die Zelle angelegten Spannung. Eine Besonderheit der Polarographie liegt in der häufig verwendeten Arbeiselektrode, einer Quecksilberelektrode. Als Gegenelektrode kann eine beliebige nichtpolarisierbare Elektrode eingesetzt werden. Die Vorteile der Quecksilbertropfelektrode liegen vor allem in folgenden Punkten:
- die Elektrodenoberfläche wird ständig erneuert
- die hohe Wasserstoffüberspannung ermöglicht einen nutzbaren kathodischen Potentialbereich bis ca. $E_{Ag/AgCl} = -1,8$ V

An der als Arbeitselektrode dienenden Quecksilberelektrode kann nur dann ein Strom fließen, wenn aufgrund ihres Potentials in der Lösung vorhandene Teilchen reduziert bzw. oxidiert werden können. Durch diese Elektrodenreaktion verarmt die unmittelbare Umgebung der Elektrodenoberfläche an elektrochemisch aktiven Teilchen und es entsteht ein Konzentrationsgradient zum Lösungsinneren. Dieser Konzentrationsgradient bewirkt, daß durch Diffusion reaktionsfähige Teilchen nachgeliefert werden. Da die Lösung nicht gerührt wird, ist Stofftransport durch erzwungene Konvektion ausgeschlossen. Natürliche Konvektion, die durch Dichteunterschiede in der Lösung in Folge elektrochemischer Stoffumsetzung möglich wäre, ist wegen der kleine absoluten Stoffumsätze ebenfalls unbedeutend. Migration geladener Teilchen im elektrischen Feld zur Elektrode hin wird durch Leitelektrolytzusatz (KCl, NH_4Cl in hoher Konzentration) unterdrückt. Ist das Elektrodenpotential so hoch, daß sämtliche an der Elektrodenoberfläche befindliche aktive Substanz sofort umgesetzt wird, so wird der Stromfluß durch die Diffusionsgeschwindigkeit begrenzt ("Diffusionsgrenzstrom").

Nach dem 1. Fickschen Gesetz ist die Diffusionsgeschwindigkeit dem Konzentrationsgefälle $\partial c/\partial x$ an der Phasengrenze proportional. Ist im Grenzstromfall die

Konzentration an der Elektrodenoberfläche $c = 0$, so kann der Konzentrationsgradient vereinfacht mit der Dicke der Nernstschen Diffusionsschicht (δ_N) und der Konzentration im Lösungsinneren (c_0) angegeben werden:

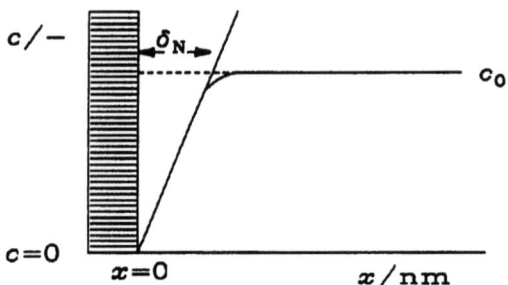

Bild 4.17 Konzentrationsverlauf an der Phasengrenze Metallelektrode/Elektrolytlösung.

Damit ergibt sich die Möglichkeit, aus dem Diffusionsgrenzstrom die Konzentration der bei einem bestimmten Elektrodenpotential elektrochemisch aktiven Teilchen in der Lösung zu bestimmen. Andere Möglichkeiten des Stofftransportes werden durch experimentelle Vorkehrungen (s.o.) ausgeschlossen. Der in der Lösung bei Kontakt mit Luft stets vorhandene gelöste Sauerstoff stört die Aufnahme polarographischer Strom-Spannungs-Kurven, da er kathodisch reduziert werden kann. Er muß durch Sättigung der Analysenlösung mit Inertgas entfernt werden. Enthält die sauerstofffreie Lösung nur den Leitelektrolyten (z.B. 1 M NH_4Cl), beginnt ein nennenswerter Stromfluß erst bei sehr negativen Potentialen, da die Entladung von H^+ durch die große Überspannung an Quecksilber verhindert wird und das Kation des Leitsalzes (NH_4^+) ein stark negatives Abscheidungspotential erfordert (Kurve 1 ind Bild 4.18, nächste Seite).

Bei Zusatz von Zn^{2+}-Ionen, Cd^{2+}-Ionen und Cu^{2+}-Ionen wird die Kurve 2 erhalten. Eine einfache elektronische Glättung mit einem Tiefpaß ergibt die in der kleinen Abbildung gezeigte Kurve, die dank der geringeren Oszillationen leichter auszuwerten ist. Die aufgezeichneten Strom-Spannungs-Kurven oszillieren mit der Tropffrequenz der Elektrode. Für den mittleren Diffusionsgrenzstrom während eines Tropfenlebens wurde von Ilkovic die folgende Beziehung abgeleitet (LF 255):

$$\bar{I}_{\text{lim,diff}} = 607 \cdot n \cdot D^{1/2} \cdot m^{2/3} \cdot c_0 \cdot \rightarrow \tau^{1/6} \tag{4.22}$$

mit:
D = Diffusionskoeffizient in cm²/s
m = Ausflußgeschwindigkeit des Quecksilbers in mg/s
τ = Tropfzeit in s

4 Elektrochemische Analytik

Das Elektrodenpotential bei halber Stufenhöhe ($I = I_D/2$) ist ein qualitatives Merkmal für jede Substanz. Für reversible Elektrodenprozesse, bei denen die Gültigkeit der Nernstschen Gleichung angenommen werden kann, ist das Halbstufenpotential gleich dem Standardpotential der Elektrodenreaktion.

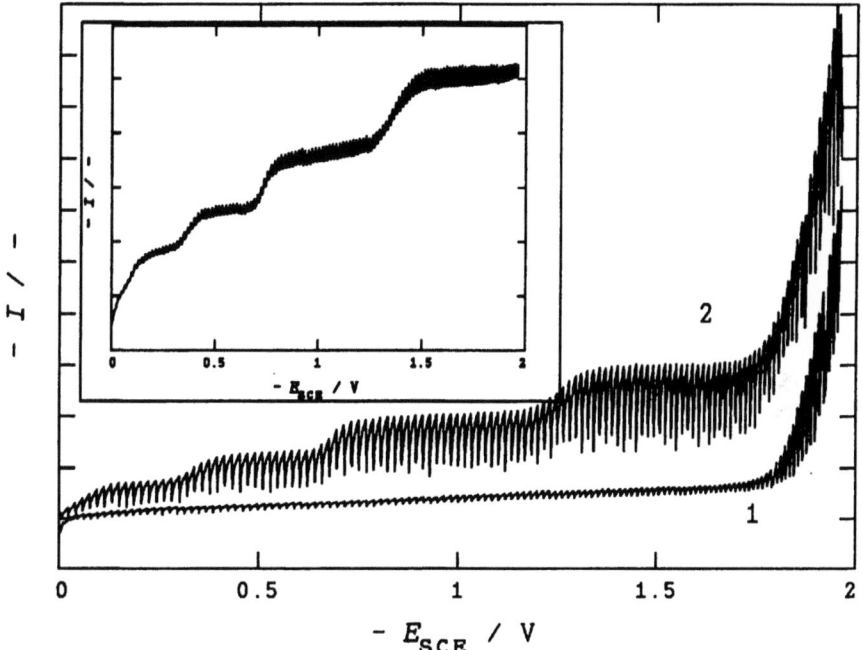

Bild 4.18 Einfache Polarogramme einer Lösung von 1 M NH_4Cl + 0,5 M NH_4OH in Wasser (1) sowie mit je 3 mg Cu^{2+}, Cd^{2+} und Zn^{2+} je ml* (2); kleines Bild mit einfacher elektrischer Dämpfung.

Ausführung

<u>Chemikalien und Geräte</u>

wäßrige Lösung 2 M NH_4Cl
wäßrige Lösung 1 M NH_3
Lösungen von Cu, Cd und Zn mit 1 mg/ml
Stickstoff

---

* Die der üblichen Konvention entgegengesetzte Skalierung der Achsen entspricht der Praxis der Polarographie.

Quecksilbertropfelektrode
gesättigte Kalomelelektrode
Dreieckspannungsgenerator oder anderer Funktionsgenerator
Digitalvoltmeter
X-Y-Schreiber

Aufbau

Den Versuchsaufbau zeigt Bild 4.19. Tropfelektrode und polarographische Zelle stehen in einer Kunststoffwanne, die austretendes Quecksilber im Notfall aufnimmt.

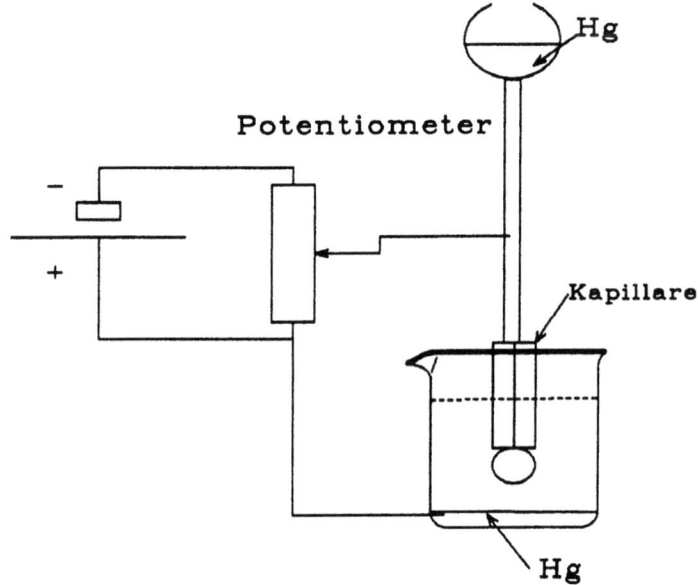

Bild 4.19 Prinzipaufbau zur Polarographie.

Versuchsablauf:

- Ansetzen der Untersuchungslösungen
  Grundlösung: 200 ml NH_4Cl (2 M) + 100 ml NH_3 (1 M) Lösungen mit 1,25; 2,5; 3,75; und 5 mg Cd in 50 ml Grundlösung
- Einstellen des Funktionsgenerators:
  Rampe 0...-2 V, Spannungsänderungsgeschwindigkeit $dE/t = 10$ mV·s^{-1}
- Einstellen des Dekadenwiderstandes auf 500 Ω.
- Einstellen des Schreibers
- Vorbereiten der polarographischen Zelle:
  Untersuchungslösung einfüllen.

4 Elektrochemische Analytik

Tropfelektrode und Bezugselektrode einsetzen. Untersuchungslösung 5 min mit N_2 spülen.
Hg-Niveaugefäß auf ca. 35 cm Höhendifferenz bringen und Hahn öffnen (Tropfgeschwindigkeit ca. 1 Tropfen/Sekunde)

<u>Aufnahme von Polarogrammen</u>

Funktionsgenerator und Schreiber sind wie vorstehend beschrieben vorbereitet, das Digitalvoltmeter ist eingeschaltet und die Hg-Elektrode tropft.
Schreiber starten, Schreibstift absenken.
Variator starten und Startpunkt auf dem Schreiberpapier markieren.
Während der Aufzeichnung des Polarogramme alle 0,5 V auf dem Schreiberpapier Markierungen setzen.

Es sind folgende Polarogramme aufzunehmen:
a) 50 ml Grundlösung
b) 50 ml Grundlösung + 3 ml Cu-Lösg. (1 mg/ml)
c) wie b) + 3 ml Cd-Lösg. (1 mg/ml)
d) wie c) + 3 ml Zn-Lösg. (1 mg/ml)
e) 1,25 mg Cd in 50 ml Grundlösung
f) 2,5 mg   - " -
g) 3,75 mg   - " -
h) 5,0 mg   - " -
i) unbekannte Probelösung (Maßkolben mit Grundlösung auffüllen).

Auswertung

Aus Polarogramm a) bestimmen Sie die Zersetzungsspannung der Grundlösung. Die Polarogramme b)...d) dienen zur Ermittlung der Halbstufenpotentiale von Cu, Cd und Zn unter den gegebenen Versuchsbedingungen. Die Polarogramme e)...h) ermöglichen es, die Versuchsanordnung für die quantitative Bestimmung von Cd zu kalibrieren. Bestimmen Sie dazu die Stufenhöhe und tragen Sie die ermittelten Diffusionsgrenzströme gegen die Cd-Konzentration auf (Kalibrierungskurve). Die unbekannte Probelösung (Polarogramm i) wird qualitativ (Cu, Cd, Zn) und für Cd quantitativ ausgewertet (mg Cd im Maßkolben).

Kontrollfragen

- Welche Vorteile bietet die Hg-Tropfelektrode bei potentiostatischen Messungen?
- Was versteht man unter einem Polarogramm?
- Erläutern Sie die Funktion der Grundlösung!
- Welche Rolle haben Migration, Diffusion und Konvektion in der polarographischen Zelle?

- Erklären Sie, wie der typische *I-U*-Verlauf eines Polarogramms entsteht!
- Wie hängt das Halbstufenpotential mit dem Standardelektrodenpotential des jeweiligen Redoxvorganges zusammen?
- Wie werden Polarogramme qualitativ und quantitativ ausgewertet?
- Warum hängt die Tropfgeschwindigkeit vom Potential der Tropfelektrode ab?
- Wie können die im Versuch anfallenden Cd-haltigen Lösungen entsorgt werden?

Versuch 4.9: Polarographie II (weiterentwickelte Methoden)

Aufgabenstellung

Konzentrationsbestimmung von Schwermetallen in geringer Konzentration.

Grundlagen

Unter dem Begriff "Polarographie" faßt man verschiedene analytische voltammetrische Techniken zusammen, die vor allem mit einer Quecksilberelektrode als Arbeitselektrode ausgeführt werden. Dabei wird der Strom, der durch die Arbeitselektrode fließt, als Funktion des Elektrodenpotentials aufgezeichnet. Ursache für diesen Strom ist ein elektrochemischer Vorgang (Oxidation oder Reduktion) an der Arbeitselektrode. Bei Verwendung eines 2-Elektroden-Systems muß dabei das Potential der Gegenelektrode definiert und konstant sein, da sie gleichzeitig als Referenzelektrode dient. Häufig werden auch potentiostatische Schaltungen mit drei Elektroden (Arbeits-, Gegen- und Referenzelektrode) eingesetzt. Eine typische polarographische Kurve zeigt Bild 4.18 (s.o.). Eine genauere Darstellung der polarographische Verfahren findet man in der angegebenen Literatur (siehe auch LF 257).

Ausführung

<u>Chemikalien und Geräte</u>

wäßrige Lösung von 0,001 M $Pb(NO_3)_2$ in 0,1 M KCl
wäßrige Lösungen von Cu-, Cd-, Pb-, Zn-Ionen (je 2,5 mg/ml)
Acetatpuffer pH 4,5
Polarograph zur Gleichstrom, differentiellen Puls- und Tastpolarographie
Quecksilber-Tropfelektrode
X-Y-Schreiber
Vollpipetten 10 und 20 ml
Meßpipette 2 ml
Mikrospritze 100 µl
8 Stück 100 ml Maßkolben

4 Elektrochemische Analytik

Aufbau

Zur Aufnahme der Polarogramme wird eine 3-Elektroden-Anordnung verwendet (vgl. Bild 4.19).

Versuchsablauf

Bestimmung von Schwermetallkonzentrationen
1. Nehmen Sie das Polarogramm einer 0,001 M $Pb(NO_2)$-Lösung in 0,1 M KCl auf. Untersuchen Sie die Abhängigkeit des Diffusionsgrenzstromes von der Tropfgeschwindigkeit (angegeben als Tropfzeit τ).
2. Polarographische Konzentrationsbestimmung von Cu, Cd, Pb und Zn in Acetatpuffer (pH = 4,6)
Methoden: differentiellen Pulspolarographie (Lösung a .. e) und Tastpolarographie (Lösung e)
a) 10 ml Puffer (leere Lösung)
b) + 100 µl Lösung 2,5 mg/ml
c) + 200 µl
d) + 300 µl
e) Messung der Lösung aus d) mit Tastpolarographie
f) Bestimmung einer unbekannten Lösung

Auswertung

zu 1.1.:
- Bestimmen Sie das Halbstufenpotential und die Stufenhöhe. Diskutieren Sie das Versuchsergebnis anhand der Ilkovic-Gleichung.

zu 1.2.:
- Bestimmen Sie die Peak-Potentiale und Peak-Höhen. Zeichnen Sie eine Kalibrierungskurve für die quantitative Bestimmung der Schwermetalle. Ermitteln Sie die Zusammensetzung der unbekannten Probelösung (qualitativ und quantitativ). Diskutieren Sie die Empfindlichkeit der angewandten Methoden.

Literatur

M. Geissler, Polarographische Analyse, Geest & Portig KG, Leipzig 1980.
G. Henze und R. Neeb, Elektrochemische Analytik, Springer-Verlag, Heidelberg 1986.

Versuch 4.10: Anodic Stripping Voltammetry*

Aufgabenstellung

Mit einer Quecksilberfilmelektrode ist die Zusammensetzung einer Lösung mit einer geringen Konzentration von verschiedenen Metallionen zu ermitteln. Als Hilfe sollen durch Standardzugabe von bekannten Lösungen Bezugswerte für Identität und Konzentration der Bestandteile ermittelt werden.

Grundlagen

Zur Steigerung der Empfindlichkeit der klassischen Polarographie (LF 250) wurden verschiedene Verfahren vorgeschlagen. Neben einer Verbesserung der Strommessung vor allem durch Verminderung des unerwünschten kapazitiven Stroms verspricht eine kathodische Voranreicherung der in Lösung vorhandenen Metallionen und die anschließende anodische Auflösung der bei der Voranreicherung gebildeten Amalgame eine dramatische Verbesserung der Nachweisgrenze (bis hinab zu 0,001 ppb). Neben der Möglichkeit, die Voranreicherung aus der zum verbesserten Stofftransport intensiv gerührten Lösung an einem hängenden Quecksilbertropfen vorzunehmen hat sich eine Quecksilberfilmelektrode auf einem Graphitsubstrat bewährt. Bei ihr wird der Quecksilberfilm durch gleichzeitige Abscheidung des Quecksilbers und der gesuchten Metallionen auf einer Graphit- oder auch Glaskohlenstoffelektrode gebildet. Der Vorteil dieser Anordnung liegt im Verzicht auf den Umgang mit größeren Mengen elementaren Quecksilbers und der in der Handhabung manchmal problematischen hängenden Tropfelektrode. Außerdem wird der Film während der auf die Voranreicherung folgenden Messung (mit einem in positive Richtung gehenden Durchlauf des Elektrodenpotentials) vollständig aufgelöst, eine Reinigung der Elektrode ist abschließend sehr einfach durch Abspülen möglich.

Nach der Abscheidung zur Voranreicherung bei einem ausreichend kathodischen Potential kurz vor der Wasserstoffentwicklung findet die Analyse durch anodische Auflösung statt. Im einfachsten Fall genügt ein anodischer Potentialdurchlauf mit kleiner Geschwindigkeit. Zur weiteren Steigerung der Empfindlichkeit können jedoch auch die zahlreichen fortgeschrittenen Methoden der Polarographie (Pulspolarographie etc.) angewandt werden. Entsprechend ihrer Stellung in der elektrochemischen Spannungsreihe werden die als Amalgam gebundenen Metalle sukzessive aufgelöst. Entgegen den in der klassischen Polarographie beobachteten Kurven (stufenförmige Diffusionsgrenzströme) werden anodische Strompeaks beobachtet. Dies ist auf die veränderten Transportver-

---

* Dieses Verfahren wird auch als Anodic Stripping Polarographie bezeichnet.

hältnisse zurückzuführen. Die Höhe des Peakstroms kann bei einer planaren Elektrode mit der Randles-Sevcik-Gleichung in guter Näherung angegeben werden:

$$I_p = 2{,}69 \cdot 10^5 \cdot A \cdot n^{3/2} \cdot D^{1/2} \cdot v^{1/2} \cdot c_0 \qquad (4.23)$$

Für die Verhältnisse an einem hängenden Tropfen mit sphärischer Diffusion ist die von Nicholson und Shain abgeleitete Gleichung gültig:

$$I_p = 602 \cdot n^{3/2} \cdot A \cdot D^{1/2} \cdot [0{,}4463 + 0{,}160 \cdot ((1/r)/(D/n \cdot v))^{1/2} \cdot 0{,}7516] c_0 \cdot v^{1/2} \qquad (4.24)$$

Diese nicht trivialen Zusammenhänge erschweren die Angabe eines direkten Zusammenhangs zwischen Stromhöhe und Lösungskonzentration eines Metalls. Man wird daher diese Untersuchung stets mit der Methode der Standardzugabe durchführen.

Ausführung

<u>Chemikalien und Geräte</u>

wäßrige Lösung von Kaliumchlorid 0,1 M
wäßrige Lösung von 5 g·l⁻¹ $Hg(NO_3)_2$ oder $HgCl_2$
Meßzelle (z.B. H-Zelle)
Glaskohlenstoffelektrode
Kalomelbezugselektrode
Platingegenelektrode
Potentiostat
X-Y-Schreiber
Magnetrührer
Magnetrührstäbchen

<u>Versuchsaufbau</u>

Potentiostat, Schreiber und Meßzelle werden wie bei der klassischen Voltammetrie verbunden.

<u>Versuchsablauf</u>

Eine kleine, genau abgemessene Menge der Probelösung unbekannter Zusammensetzung wird zur Elektrolytlösung in der Zelle (0,1 M KCl-Lösung) gegeben*. Für die Quecksilberabscheidung wird außerdem 0,1 ml der Quecksilbersalzlösung zugegeben. Unter intensiver Rührung wird bei $E_{SCE} = -1500$ mV für die Dauer von 10 min kathodisch ein Quecksilber-Film abgeschieden (Stoppuhr!). Beginnend am Abscheidungspotential wird ein anodischer Potentialdurchlauf bis zur Quecksilberauflösung ($E_{SCE} = +250$ mV) mit $dE/dt = 20$ mV·s^{-1} aufgezeichnet. Nach Zugabe von Standardlösungen (hier: je 20 µl einer Lösung mit 2,5 mg/ml Kupfer, Cadmium, Blei- und Zinkionen) bekannter Zusammensetzung und Konzentration wird der Vorgang zweimal wiederholt.

Auswertung

Einen typischen Satz zyklischer Voltammogramme zeigt Bild 4.20.

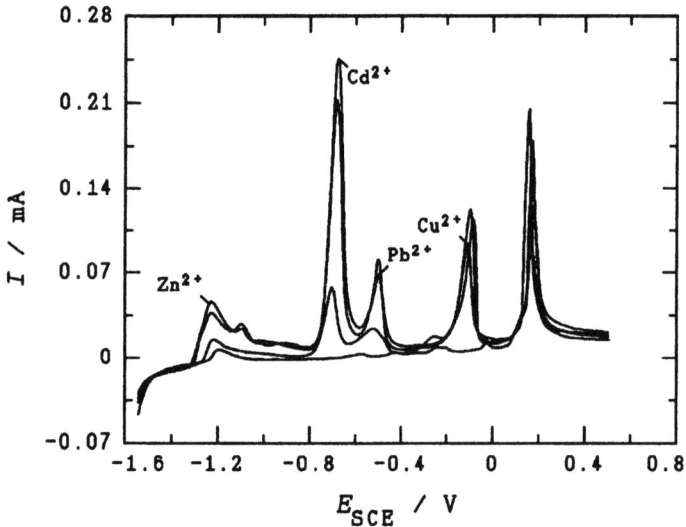

Bild 4.20 Zyklische Voltammogramme bei der anodischen Stripping Voltammetrie; Kurven: Grundlösung (unten), nach Zugabe von je 20 µl Standardlösung (s. Text) nach oben folgend.

Eine graphische Darstellung von Peakstrom über Konzentration erlaubt die Ermittlung der unbekannten Konzentration, diese ist im Versuchsprotokoll anzugeben. Für die Kadmium-Zugabe ergibt sich folgende Eichkurve:

---

* Das nachfolgend beschrieben Beispiel geht von einem Zellvolumen von 20 mL aus, bei anderen Volumina müssen entsprechend veränderte Lösungsmengen verwendet werden.

4 Elektrochemische Analytik   229

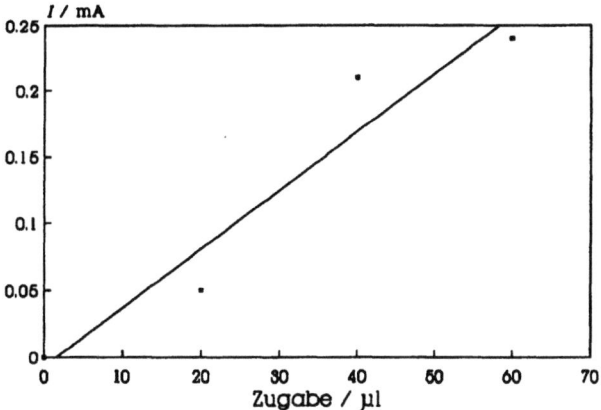

Bild 4.21   Eichkurve für die Kadmium-Zugabe (je 20 µl der Standardlösung.

Literatur

R.S. Nicholson und I. Shain, Anal. Chem. 36 (1964) 706.
M. Geissler, Polarographische Analyse, Geest & Portig KG, Leipzig 1980.
H.-J. Haase: Elektrochemische Stripping Analyse, VCH-Verlag, Weinheim 1996

Versuch 4.11: Abrasive Stripping Voltammetry

Aufgabenstellung

Die Zusammensetzung von Proben verschiedener Metallegierungen soll qualitativ mit ASV* ermittelt werden. Zum Vergleich sind die vermuteten reinen Metalle zu untersuchen.

Grundlagen

Wenn man mit einer harten Graphitelektrode (im einfachsten Fall genügt eine Bleistiftmine) über eine metallische Oberfläche reibt, so werden Spuren des Metalls auf die Graphitoberfläche übertragen. Verwendet man die derart "kontaminierte" Graphitoberfläche anschließend als Arbeitselektrode in einer elektrochemischen Dreielektrodenanordnung mit einer geeigneten Elektrolytlösung, in

---

* Statt der als Bezeichnung für die "Anodic Stripping Polarographie/Voltammetry (s. Versuch 4.10) verwendeten Bezeichnung ASV wurde auch das Akronym AbrSv (Abrasive Stripping Voltammetry") vorgeschlagen

der die Metallbestandteile nicht zur Passivierung neigen, so kann in einem anodischen Potentialdurchlauf der Metallbelag auf der Graphitelektrode sukzessive aufgelöst werden. Das Potential der Metallauflösung hängt dabei von der Stellung des Metalls in der elektrochemischen Spannungsreihe ab. Dies bedeutet, daß unedle Bestandteile schon bei niedrigen positiven Potentialen aufgelöst werden, während vergleichsweise edle Metalle erst bei hohen positiven Potentialen aufgelöst werden. Ausgesprochen edle Metalle werden gar nicht aufgelöst, sie entziehen sich so der analytischen Bestimmung mit dieser Methode.

Der anodische Potentialdurchlauf kann in recht einfacher Weise mit einer elektrochemischen Anordnung zur zyklischen Voltammetrie erreicht werden (s. Versuch 3.11). Das Voltammogramm zeigt bei der Metallauflösung der einzelnen Komponenten charakteristische Peaks, deren Entstehung in analoger Weise wie bei der Voltammetrie mit dem gehemmten Stofftransport und der begrenzten Nachlieferung der Metalle aus der winzigen abgeriebenen Menge erklärt werden kann. Das Verfahren kann in sehr einfacher Weise praktiziert werden. Als Arbeitselektrode dient eine Bleistiftmine, die mit einer Ummantelung aus Schrumpfschlauch* sowie einem elektrischen Anschluß ausgestattet wurde.

Bild 4.22 zeigt einen Satz typischer Voltammogramme, die mit Blei und Antimon als Vergleichsmaterial sowie mit aus beiden Metallen erschmolzenen Legierungen unterschiedlicher Zusammensetzung aufgenommen wurden.

Die Legierung 1 enthielt Antimon und Blei in gleichen Masseanteilen, in Legierung 2 waren 66 Gewichtsprozent Blei und 34 Gewichtsprozent Antimon enthalten. Die Verschiebung der Elektrodenpotentiale, bei denen die anodische Auflösung der Metallbestandteile erfolgt, ist für die Legierung im Vergleich zum reinen Metall offensichtlich; dies ist auf die unterschiedlichen Eigenschaften von Reinmetall und Legierung zurückzuführen.

---

* Ein Schrumpfschlauch ist ein aus extrudiertem Polyolefin hergestellter Kunststoffschlauch, der bei Erwärmung auf einen Bruchteile seines herstellungsbedingten Durchmessers schrumpft und sich den Konturen des eingeschrumpften Gegenstandes genau anschmiegt.

4 Elektrochemische Analytik

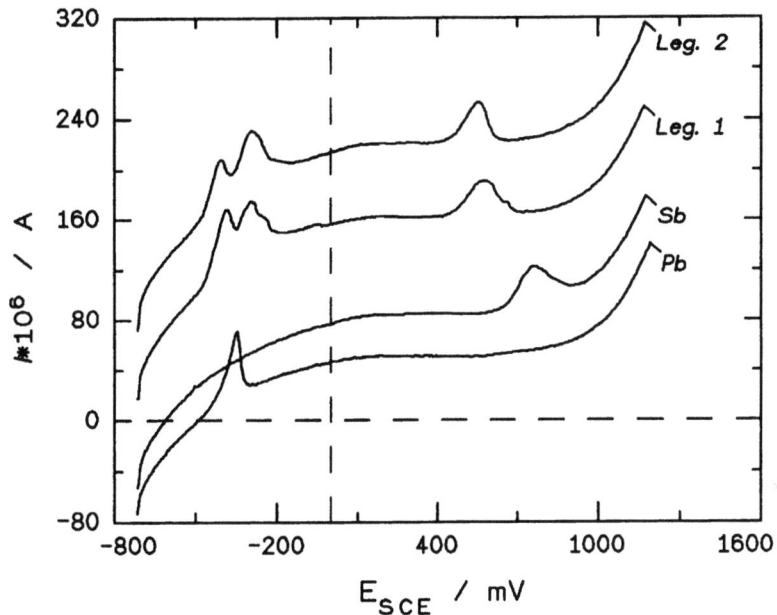

Bild 4.22 Voltammogramme einer "Bleistiftelektrode" in einer stickstoffgesättigten wäßrigen Elektrolytlösung von 0,5 M NH_4NO_3, $dET/dt = 50$ mV·s^{-1}.

Ausführung

Chemikalien und Geräte

0,1 N NH_4NO_3
Proben von: Kupfer, Blei, Zinn, Silber
Legierungsproben unbekannter Zusammensetzung (z.B. Zahnamalgam)
Potentiostat
X-Y-Schreiber
1 Graphitelektrode
1 Platinelektrode
1 Kalomelbezugselektrode

Aufbau

Versuchsablauf

Die Meßzelle wird mit 0,1 N NH_4NO_3-Lösung gefüllt. Vor der Aufnahme des

Deckschichtdiagramms der Graphitelektrode ohne Metallbelegung wird etwa 10 Minuten mit Stickstoff oder Argon gespült, um den gelösten Sauerstoff zu entfernen. Die Elektrode wird in die Zelle eingesetzt, ebenso werden Gegen- und Bezugselektrode eingebaut. Am Potentiostat sind als Untergrenze E_{SCE} = − 700 mV, als Obergrenze E_{SCE} = 1500 mV einzustellen. Diese Grenzwerte entsprechen der beginnenden Sauerstoff- bzw. Wasserstoffentwicklung; sie können in dieser ersten Messung der metallfreien Graphitelektrode überprüft werden.

Die Graphitelektrode wird kräftig über eine Metallprobe gerieben, ein Strich genügt. Dabei darf der Stab nicht auf Bruch belastet werden. Nachdem der Potentialdurchlauf am kathodischen Grenzwert festgehalten und die metallbelegte Graphitelektrode eingesetzt wurde (s.o.) wird der Potentiostat auf "run" gestellt und der Durchlauf mit $dE/dt = 25$ mV·s^{-1} gestartet. Nach dem ersten kompletten Durchlauf wird ein zweiter Durchlauf aufgezeichnet, mit dem die komplette Metallauflösung im ersten Durchlauf bestätigt wird. Eine erneute Sättigung mit Stickstoff ist unnötig, da im untersuchten Potentialbereich eine Sauerstoffreduktion nicht zu erwarten ist; vielmehr könnten aufsteigende Gasblasen lose anhaftende Teilchen der zu analysierenden Metallbelegung abreißen.

Die Prozedur wird für die Referenzproben sowie für die unbekannte Probe wiederholt, zweckmäßig wird für die Aufzeichnung jeweils ein neues Diagramm angelegt. Ein typisches Bild mit einer Silber- und einer Kupferprobe zeigt Bild 4.23 zum Vergleich mit einer verschiedene Metalle enthaltenden Probe.

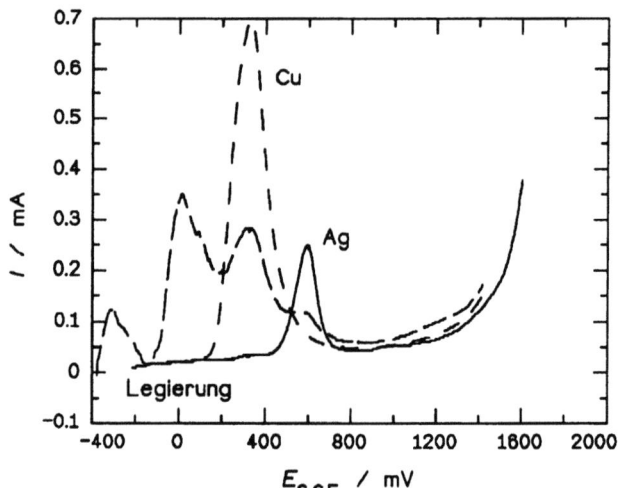

Bild 4.23 Typische Voltammogramme einer Graphitelektrode mit Silber- oder Kupferspuren sowie mit verschiedenen Metallen in 0,1 N NH_4NO_3-Lösung, 25 mV·s^{-1}, N_2-gespült.

4 Elektrochemische Analytik

Die als Legierung bezeichnete Probe enthielt wurde durch Abrieb von einem Zahnamalgam gewonnen.

Auswertung

Durch Vergleich der anodischen Peakpotentiale der unbekannten Probe mit den Werten der Referenzproben bzw. von Literaturdaten zu Standardpotentialen ist die qualitative Zusammensetzung der unbekannten Probe zu ermitteln.

Literatur

F. Scholz, L. Nitschke und G. Henrion, Naturwissenschaften **76** (1989) 71.
F. Scholz, L. Nitschke, G. Henrion und F. Damaschun, Naturwissenschaften **76** (1989) 167.
F. Scholz, W.-D. Müller, L. Nitschke, F. Rabi, L. Livanova, C. Fleischfresser und Ch. Thierfelder, Fresenius J. Anal. Chem. **338** (1990) 37.

Kontrollfragen

Können mit dieser Methode auch Metallverbindungen qualitativ untersucht werden?
Warum sind die Peakpotentiale der Metallauflösung bei Legierungen gegenüber den Potentialen der reinen Metall manchmal verschoben?

Versuch 4.12: Polarographische Spurenanalyse von Anionen

Aufgabenstellung

Teil A: Bestimmung von Jodid in Speisesalz
Teil B: Bestimmung von Sulfat in Mineralwasser

Grundlagen

Für die spurenanalytische Bestimmung von Anionen können polarographische Verfahren ebenfalls vorteilhaft eingesetzt werden. Einige Anionen lassen sich direkt an der Quecksilbertropfelektrode reduzieren. Zu dieser Gruppe gehören NO_3^-, NO_2^-, BrO_3^-, IO_3^- und IO_4^-. So wird IO_3^- nach

$$IO_3^- + 6\,H^+ + 6\,e^- \rightarrow I^- + 3\,H_2O \qquad (4.25)$$

zum Jodid reduziert. Die hohe elektrochemische Wertigkeit führt zu hohen Diffusionsgrenzströmen und damit zu einer hohen Empfindlichkeit der Methode. Das wird bei der Bestimmung von Jodid ausgenutzt. Jodid ergibt zwar selbst eine anodische Stufe, sie ist jedoch zur quantitativen Bestimmung nur wenig geeignet. Dagegen ist die gut meßbare Jodat-Stufe sechsmal höher. Daher oxidiert man das Jodid und bestimmt es als Jodat. Diese Bestimmung ist auch in Gegenwart von viel Chlorid möglich. Sie kann zur Bestimmung von Jodid in Speisesalz genutzt werden (Teil A des Versuches).

Die gute polarographische Bestimmbarkeit von Jodat führte zu einem von Humphrey beschriebenem Verfahren zur Bestimmung von Cl^-, CN^-, F^-, SO_4^{2-} und SO_3^{2-}. Diese, als "Verstärkungsverfahren" bezeichnete Methode beruht darauf, daß das zu bestimmende Ion X^- mit einem Jodat $MeIO_3$ nach

$$MeIO_3 + X^- \rightarrow MX + IO_3^- \qquad (4.26)$$

umgesetzt wird, wobei MX und MIO_3 unlösliche oder undissoziierte Verbindungen sind. Die Lösung mit dem zu bestimmenden Anion wird in Ethanol-Wasser Mischungen (1:1) mit einem geeigneten Metalljodat

$Ba(IO_3)_2$ für SO_4^{2-}
$Hg_2(IO_3)_2$ für Cl^-, CN^- und SO_3^{2-}

versetzt, einige Zeit geschüttelt und filtriert. Dabei wird eine äquivalente Menge IO_3^- freigesetzt, die dann polarographisch bestimmt wird. Dieses Verfahren ist die Grundlage für Teil B des Versuches.

Ausführung

<u>Chemikalien und Geräte</u>

alkalische Hypobromitlösung (50 ml 5 M NaOH + 50 ml Bromwasser)
wäßrige gesättigte Na_2SO_3-Lösung (zur Reduktion überschüssigen Hypobromits)
0,25% Gelatine-Lösung
wäßrige Jodidstandardlösung (0,05 g KI/l)
wäßrige Sulfatstandardlösung (1 mg SO_4^{2-}/ml)
Ethanol
Bariumjodat
Perchlorsäure
Speisesalz (Salinensalz)
Iodiertes Speisesalz
Natriumchlorid z.A.
2 Mineralwässer mit verschiedenem Sulfatgehalt
Versuchsaufbau zur Gleichstrompolarographie
Inertgasspülung
Vollpipette 10 ml

4 Elektrochemische Analytik 235

2 Vollpipetten 1 ml
6 Maßkolben 50 ml
6 Bechergläser 50 ml
Filterpapier für Bariumsulfatniederschläge
Trichter

Aufbau

Es wird ein Standardaufbau zur Gleichstrompolarographie verwendet (vgl. V. 4.19).

Versuchsablauf

A: Bestimmung von Jodid in Speisesalz

Untersucht werden ein Salinensalz und ein jodiertes Speisesalz. Eine Vergleichsanalyse wird mit Natriumchlorid z.A. ausgeführt. Zur Analyse werden 10 g des Salzes eingewogen, in siedendem Wasser gelöst und auf 50 ml aufgefüllt. 10 ml dieser Probelösung legt man in einem kleinen Becherglas (resp. der polarographischen Meßzelle) vor und gibt 1 ml Wasser und 1 ml alkalische Hypobromitlösung zu. Nach anschließender Zugabe von 0,5 ml Gelatine-Lösung und 0,5 ml Natriumsulfitlösung und Sättigen mit Stickstoff polarographiert nach weiterem Rühren im Bereich von $E_{SCE} = -0,5 ... -1,4$ V. Zum Vergleich polarographiert man eine in gleicher Weise hergestellte Lösung der Probe, gibt jedoch anstatt 1 ml Wasser 1 ml Jodidstandardlösung zu.

Der Jodidgehalt im Kochsalz berechnet sich nach der Formel

$$x = 25 \frac{a}{b-a} \text{ (mg KI/kg Salz)} \tag{4.27}$$

worin a die Stufenhöhe der Probe und b die Stufenhöhe nach Zugabe der Vergleichslösung ist.

B: Bestimmung von Sulfat in einem Mineralwasser

Es sind zwei Mineralwässer mit deutlich verschiedenem Sulfatgehalt zu untersuchen. Als Vergleichsprobe dient hier Reinstwasser. Bei CO_2-versetzten Mineralwässern ist zunächst das gelöste Kohlendioxid zu verkochen. Nach dem Abkühlen werden 25 ml des zu bestimmenden Wassers in einen 50 ml Maßkolben gegeben, mit Ethanol auf fast 50 ml aufgefüllt und mit 0,5 g Bariumjodat versetzt. Nachdem man mit Ethanol auf genau 50 ml aufgefüllt hat, schüttelt man 20 min und filtriert. Das Filtrat wird mit 0,5 ml konz. Perchlorsäure versetzt, mit Stickstoff entlüftet und zwischen $0,15$ V $> E_{SCE} > -0,5$ V polarographiert.

Auch hier ermöglicht die Methode des Standardzusatzes die quantitative Bestimmung. Dazu legen Sie anhand des zu erwartenden Sulfatgehaltes (siehe Herstellerangaben) die zuzusetzende Menge fest.

Auswertung

Diskutieren Sie die Empfindlichkeit der Methode. Vergleichen Sie die ermittelten Konzentrationen an Jodid und Sulfat mit den Herstellerangaben.

Literatur

M. Geissler: Polarographische Analyse, Geest & Portig K.-G., Leipzig 1980.
R.E. Humphrey und S.W. Sharp, Anal. Chem. 48 (1976) 222.

Kontrollfragen

Erläutern Sie Aufgabe und Wirkungsweise der in den Analysenvorschriften genannten Zusätze und Behandlungsverfahren!
In den Versuchsteilen A und B wird jeweils IO_3^- durch kathodische Reduktion bestimmt. Warum unterscheiden sich die Halbstufenpotentiale für diese Fälle ganz wesentlich?
Leiten Sie die in Teil A gegebene Berechnungsformel für die Bestimmung des Iodidgehaltes her!

Versuch 4.13: Tensammetrie

Aufgabenstellung

Durch Messung der differentiellen Doppelschichtkapazität an einer hängenden Quecksilbertropfenelektrode als Funktion der Konzentration eines gelösten Alkohols sollen die Parameter der Frumkinschen Adsorptionsisotherme für dieses System bestimmt werden.

Grundlagen

Bei der Wechselstrompolarographie wird der an die Zelle gelegten linear anwachsenden Gleichspannung eine sinusförmige Wechselspannung konstanter Frequenz und konstanter Amplitude überlagert (Typische Werte: $f = 10 - 100$ Hz; $\Delta E = 5 - 50$ mV). Von dem daraus resultierenden Strom wird in einem selektiv abgestimmten Verstärker die Gleichstromkomponente ausgesiebt und nur der Wechselstromanteil verstärkt, gleichgerichtet und auf dem Schreiber registriert. Man erhält also $I_\sim/E$-Kurven, die nicht die aus der Gleichstrompolarographie gewohnten Stromstufen, sondern Stromspitzen mit den charakteristischen

Größen E_p = Peakpotential, $_p$ = Peakhöhe und W = Halbwertsbreite aufweisen (s. Bild 4.24).

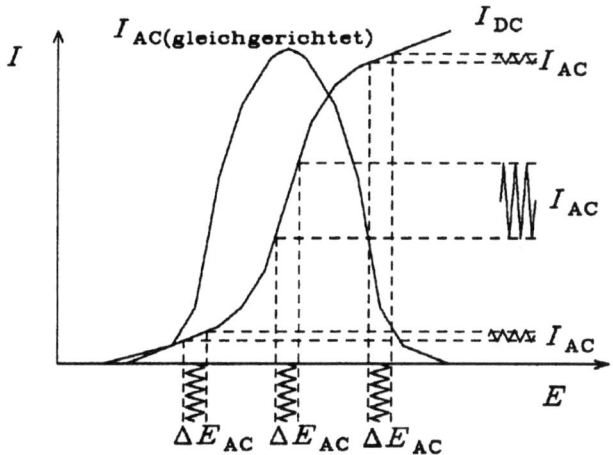

Bild 4.24 Schematische Darstellung der Entstehung der Peaks bei der Wechselspannungspolarographie.

Das Zustandekommen dieser Ströme ist in der Abbildung schematisch dargestellt: Die überlagerte Wechselspannung bewirkt eine periodische Folge von Redox- oder Umladungsvorgängen bei dem jeweils durch die Grundgleichspannung vorgegebenen mittleren Potential. Die entsprechenden Wechselströme haben an der Stelle maximaler Steilheit der I_s/E-Kurve, d.h. beim Halbstufenpotential, ihren Maximalwert und sind beim horizontalen Grund- bzw. Grenzstrom gleich Null. Formal erhält man also eine Kurve, die der ersten Ableitung des Gleichstrompolarogramms entspricht. Tatsächlich handelt es sich aber nicht um eine einfache "Spiegelung" des Wechselstroms an der Grundkurve (etwa wie bei einer Röhren- oder Transistorkennlinie). Ist nämlich die Elektrodenreaktion mehr oder weniger unumkehrbar*, d.h. stimmen die Halbstufenpotentiale für den Oxidations- und den Reduktionsvorgang nicht überein, so wird nicht alles, was in der negativen Halbwelle der Wechselspannung reduziert wurde, in der positiven Halbwelle wieder oxidiert, sondern nur ein Teil oder bei total irreversiblen Vorgängen überhaupt nichts. Das heißt, die Höhe der Stromspitzen ist stark von den kinetischen Parametern der Elektrodenreaktion abhängig. Das ist ein Nachteil der Methode bei der Bestimmung irreversibel reduzierbarer Substanzen, kann aber auch ein Vorteil sein, wenn man beispielsweise reversibel re-

---

* Das hier häufig benutzte Adjektiv "irreversibel" wird aus den bereits erläuterten Gründen nicht benutzt.

duzierbare Spurenbestandteile neben anderen bestimmen will, die zwar im hohen Überschuß vorliegen, aber irreversibel abgeschieden werden und deshalb kaum stören. Der Vorteil der Wechselstrompolarographie liegt im gesteigerten Auflösungsvermögen. Liegen die Halbstufenpotentiale zweier nebeneinander zu bestimmender Substanzen dicht zusammen, so zeichnet sich im Gleichstrompolarogramm zwischen beiden Stufen kein eindeutig vermeßbarer Grenz- bzw Grundstrom ab. Im Wechselstrompolarogramm dagegen werden beide Stromspitzen gegen einen gemeinsamen Grundstrom vermessen. Das ist ein Vorteil, den alle Verfahren haben, bei denen nicht Stromstufen, sondern Spitzen auftreten, also z.B. auch die in Versuch 4.9 beschriebene differentielle Pulspolarographie. Nachteilig bei der Wechselstrompolarographie ist der durch die Wechselstromkomponente zusätzlich auftretende Kapazitätsstrom, der die Empfindlichkeit der Methode auf Konzentrationen von etwa $c = 10^{-4}$ M begrenzt. Andererseits läßt sich der Kapazitätsstrom benutzen, um Änderungen im Bau der Doppelschicht zu untersuchen. Damit erschließt sich ein Anwendungsgebiet der Wechselstrompolarographie zur Analytik und Kinetik grenzflächenaktiver Stoffe, die durch Adsorption an der Elektrode deren Kapazität und damit die Größe des Wechselstromes beeinflussen. Solche unter dem Namen "Tensammetrie" zusammengefaßten Untersuchungen sind Gegenstand des vorliegenden Versuches. Es handelt sich dabei also um ein Verfahren der Wechselstrompolarographie, bei dem nicht Faradaysche, sondern Kapazitätsströme gemessen und ausgewertet werden. Mit dieser Methode sind also auch elektrochemisch inaktive Substanzen erfaßbar. Wird ein solcher Stoff bei einem bestimmten Potential an der Quecksilberelektrode adsorbiert, so wird die Doppelschichtkapazität kleiner und der Kapazitätsstrom gegenüber dem der Grundlösung erniedrigt. Außerdem treten beim Adsorptions- und Desorptionspotential charakteristische Strommaxima auf (s. Bild 4.25, nächste Seite).

In dieser Abbildung sind statt der Ströme die differentiellen Doppelschichtkapazitäten aufgetragen, die nach

$$I_c = dE/dt \, C_D \tag{4.28}$$

mit $dE/dt = v$ = const. den Strömen proportional sind.

Die differentielle Doppelschichtkapazität C_D ist mit der integralen Doppelschichtkapazität C_{int} durch folgende Beziehung verknüpft:

$$C_D(E) = C_{int}(E) + (dC_{int}/dE)(E - E_{pzc}) \tag{4.29}$$

Dabei kann man vereinfachend das Potential E^* nach $E^* = E - E_{pzc}$ verwenden. E_{pzc} entspricht dem Nulladungspotential (dem Potential des elektrokapillaren Maximums). Die Erniedrigung der C_d/E-Kurve (s. Bild 4.25) im Bereich der Adsorption entspricht der Änderung von C_{int} in obiger Gleichung (C_i ist abhängig von E und der adsorbierten Spezies, dC_{int}/dE ist im Bereich 0,5 < E < 0,8 V zu vernachlässigen). Die Maxima beim Ad- und Desorptionsprozeß dagegen sind durch den Umbau der Doppelschicht (Verdrängung der Leitsalzionen durch die adsorbierten Spezies d.h. durch die Größe $(dC_{int}/dE)E^*$ bedingt (hier ist die Änderung von C_{int} mit E vorwiegend durch Adsorption oder Desorption der eingebrachten Spezies bestimmt.). Für analytische Zwecke werden diese Strommaxima ausgewertet. Man hat damit eine Methode zur Konzentrationsbestimmung von Stoffen, die elektrochemisch inaktiv und deshalb mit herkömmlichen elektrochemischen Methoden nicht erfaßbar sind.

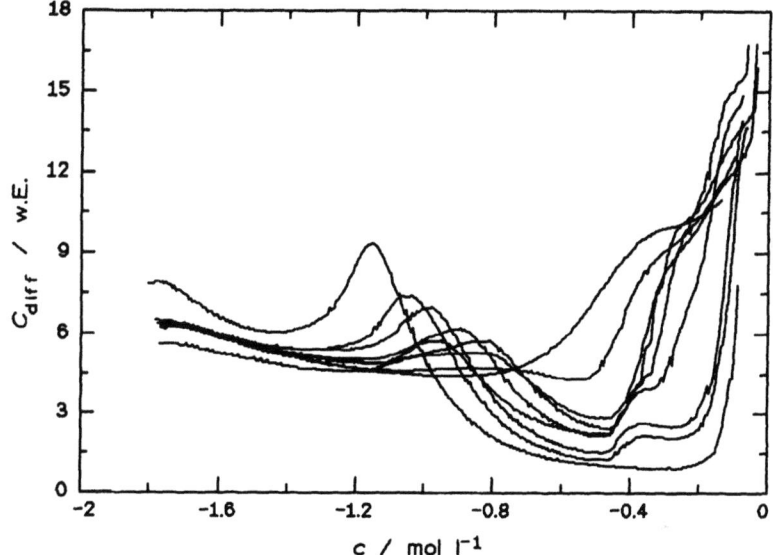

Bild 4.25 Doppelschichtkapazität C_D als Funktion des Elektrodenpotentials E_{SCE}, Zugabe von verschiedenen Konzentrationen von t-Butanol zu 1 M KCl: 0; 0,04; 0,08; 0,1; 0,15; 0,2; 0,25; 0,3; 0,4 M (bei E_{SCE} = 0,5 V fallende Kurven).

In unserem Versuch wird der Bereich der Stromerniedrigung ausgewertet. Messen wir diese Erniedrigung bei konstantem Potential für verschiedene Konzentrationen der adsorbierten Spezies, so können wir damit den Bedeckungsgrad θ berechnen. Wenn C die für die jeweilige Konzentration gemessene Kapazität ist, C_0 die Kapazität der "leeren" Lösung, d.h. ohne Adsorbat und C_{max} der Minimalwert der Kapazität, also der Wert, der sich mit wachsender Konzentration nicht mehr ändert, also θ = 1 entspricht, so ergibt sich für den Bedeckungsgrad

$$\theta = (C_0 - C)/(C_0 - C_{max}) \tag{4.31}$$

Eine Auftragung dieser Größe gegen die Konzentration liefert die Adsorptionsisotherme (Bedeckungsgrad als Funktion der gelösten Konzentration des zu adsorbierenden Stoffes) (Bild 4.26, nächste Seite). Wird im untersuchten Konzentrationsbereich C_{max} nicht erreicht, so kann man auch $(C - C_0)/C_0$ auftragen und den Grenzwert C_0 durch Extrapolation ermitteln.

Mit dem Bedeckungsgrad lassen sich schließlich der Adsorptionskoeffizient B und der Wechselwirkungskoeffizient a der Frumkin-Isotherme

$$B\,c = [\theta/(1-\theta)]\,\exp(-2\,a\,\theta) \tag{4.32}$$

durch graphische Auswertung ermitteln. Dazu wird der Bedeckungsgrad θ über $\ln c - \ln(\theta/(1-\theta))$ aufgetragen. Der Achsenabschnitt ist die Adsorptionskonstante B, aus der die freie Adsorptionsenthalpie nach

$$\Delta G_{ad} = (B - \ln 55{,}5)\cdot R\cdot T \tag{4.33}$$

berechnet werden kann.

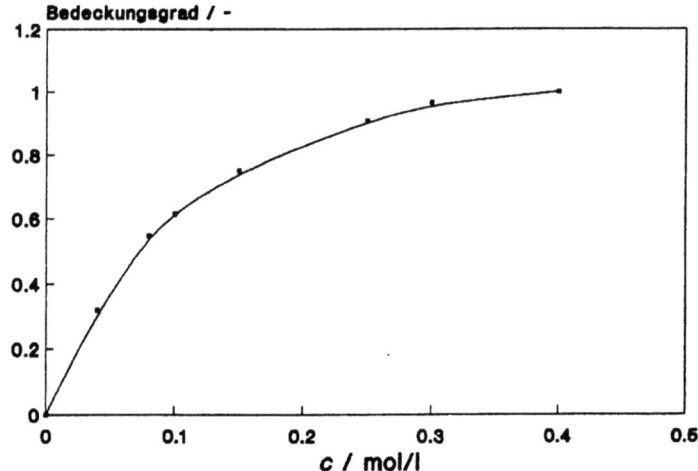

Bild 4.26 Bedeckungsgrad mit t-Butanol als Funktion der Alkoholkonzentration.

4 Elektrochemische Analytik

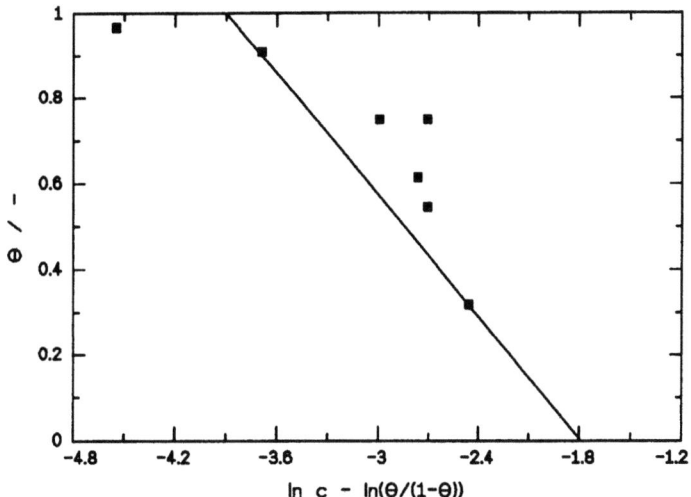

Bild 4.26   Überprüfung der Frumkin-Isotherme.

Mit den gezeigten Daten wird $\Delta G_{ad} = -14{,}4$ kJ·mol^{-1} in guter Übereinstimmung mit dem Literaturwert $\Delta G_{ad} = -14{,}0$ kJ·mol^{-1} (A. de Battisti, B.A. Abd-El-Nabey und S. Trasatti, J. Chem. Soc. Faraday Trans. I 72 (1976) 2076) berechnet.

Ausführung

Chemikalien und Geräte

wäßrige Lösung von 1 M KCl
t-Butanol
Stickstoff
Quecksilbertropfelektrode (SMDE) mit Bezugs- und Gegenelektrode
Potentiostat
Funktionsgenerator
Frequenzselektiver Verstärker
Frequenzgenerator
X-Y-Schreiber
Heizplatte
Mikroliterspritze

Aufbau

Bild 4.27 zeigt die elektrische Schaltung zur Tensammetrie.

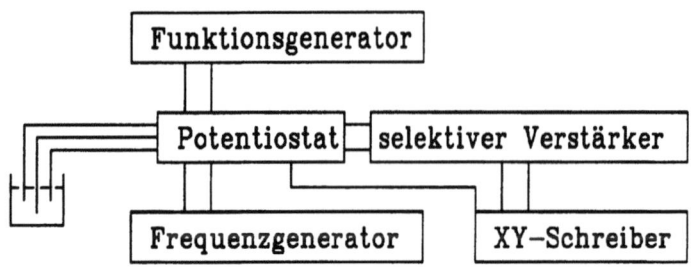

Bild 4.27 Versuchsaufbau zur Tensammetrie.

Versuchsablauf

1. Verbinden Sie die Geräte laut Schaltplan.
2. Nehmen Sie ein Diagramm (C_D vs. E) der Grundlösung ($c_{alk} = 0$; für C_0) mit dem hängenden Quecksilbertropfen auf. Dazu werden 10 ml der Grundlösung eingefüllt, ein hängender Tropfen wird erzeugt und die Lösung wird mit Stickstoff 10 min gespült. Im Potentialbereich $-1{,}7 > E_{SCE} > 0{,}05$ wird ein Kapazitätsstrom-Potential-Diagramm aufgezeichnet; weitere Einstellungen: $dE/dt = 10$ mV/s, $U_{sin} = 30$ mV, 80 Hz. Alle folgenden Kurven werden in dieses Grundbild eingezeichnet.
3. In Schritten von zunächst 10 (bis insgesamt 100 µL) dann von 50 µL werden insgesamt 400 µl t-Butanol zugegeben. Nach jeder Zugabe wird mit Stickstoff gespült, anschließend wird ein Diagramm aufgezeichnet. Da t-Butanol bei 25,5 °C erstarrt, wird es ebenso wie die Mikroliterspritze mit Hilfe der Heizplatte erwärmt und warm gehalten. 1 µl t-Butanol entspricht einer Konzentrationserhöhung von 10^{-5} M. Durch die genannten Zugaben erreichen Sie Konzentrationen von 0,01 M, 0,02 M bis 0,1 M, dann in Schritten von 0,05 M bis 0,4 M.

Auswertung

1. Stellen Sie $(C - C_0)/C_0$ vs. c_{alk} graphisch dar und ermitteln C_{max}.
2. Berechnen Sie nach (4.30) θ als Funktion von c_{alk}.
3. Ermitteln Sie B und ΔG_{ad} aus der graphischen Darstellung.
4. Vergleichen Sie die Ergebnisse mit Literaturwerten und diskutieren mögliche Fehlerquellen.

Literatur

H. Jehring: Elektrosorptionsanalyse mit der Wechselstrompolarographie, Akademie-Verlag, Berlin 1974.
B.B. Damaskin, O.A. Petrii und V.V. Batrakov: Adsorption of Organic Compounds on Electrodes, Plenum Press, New York 1971.

5 Untersuchungen mit nicht-klassischen Methoden

Neben Untersuchungsverfahren, bei denen an elektrochemischen Systemen die Größen Strom, Spannung, Ladung und deren Abhängigkeit von weiteren experimentellen Parametern wie Temperatur, Druck oder Lösungszusammensetzung gemessen werden, haben sich in den letzten Jahren zahlreiche Verfahren aus anderen Bereichen von Naturwissenschaft und Technik als leistungsfähige Ergänzung zur Bearbeitung elektrochemischer Aufgabenstellungen etabliert. Vor allem spektroskopische und oberflächenanalytische Verfahren kommen zum Einsatz, naheliegend wird die Gruppe dieser nicht-klassischen Methoden als "Spektroelektrochemie" bezeichnet. Zur Unterscheidung werden die elektrochemischen Verfahren, bei denen die genannten vor allem elektrischen Größen gemessen werden, als klassische Verfahren bezeichnet. Ein zunächst wesentlich erscheinender Nachteil dieser Methoden ist der meist deutlich erhöhte apparative Aufwand. Oft werden Spektrometer oder andere analytische Großgeräte benötigt. Nur in Ausnahmefällen, so bei der Messung der elektrischen Leitfähigkeit von Polymerfilmen, ist die gesuchte Information (hier die vom Elektrodenpotential des Films und der Zusammensetzung der Lösung abhängige Leitfähigkeit) mit sehr geringem Aufwand zugänglich. Die nachfolgend beschriebenen Versuche sind daher an das Vorhandensein entsprechender Geräte gebunden. In einigen Versuchen sind darüber hinaus apparative Veränderungen nötig, die für den Rahmen eines Praktikums nicht immer angemessen erscheinen mögen. Insoweit sind die Beschreibungen eher als Anregung zu verstehen, entsprechend kürzer sind sie gehalten.

Versuch 5.1: UV-vis-Spektroskopie

Aufgabenstellung

Ein Polyanilinfilm ist auf einer ITO*-Elektrode abzuscheiden und UV-vis-spektroskopisch zu untersuchen.

Grundlagen

Während in der analytischen Chemie die Spektroskopie elektronischer Übergänge im Bereich des ultravioletten und des sichtbaren Lichtes (UV-vis-Spektroskopie) vor allem zur quantitativen Analyse eingesetzt wird, kann in der Physik aus

---

* ITO ≈ indium doped tin oxide, leitfähige und transparente Beschichtung auf einem isolierenden Substrat (hier: Glas), die als Elektrode verwendet wird. ITO-beschichtete Gläser werden in großem Umfang in Flüssigkristallanzeigen eingesetzt.

5 Untersuchungen mit nicht-klassischen Methoden

solchen Spektren ein Bild der elektro-optischen Eigenschaften der untersuchten Probe gewonnen werden. In der Elektrochemie können ebenfalls beide Aspekte der Methode genutzt werden. Auch hier kann die Methode vorteilhaft als *in situ* Verfahren eingesetzt werden. Es gibt mehrere experimentelle Varianten, die sich vor allem in der Führung des Lichtstrahles und der Art der untersuchten Elektrode unterscheiden. Bei der externen Reflexion wird der Lichtstrahl auf die zu untersuchende Oberfläche geleitet, dort erfährt er bei der Reflexion an der Oberfläche Wechselwirkungen mit Adsorbaten und dem Elektrodenmaterial selbst, das im UV-vis-Bereich nicht notwendigerweise ein idealer Reflektor sein muß (So hat Gold seine "goldgelbe" Farbe wegen eines elektronischen "Interband-Überganges" im Bereich des sichtbaren Lichtes, während Aluminium dem "idealen Reflektor" sehr nahe kommt und keine Farbe hat). Der reflektierte Lichtstrahl wird zum Detektor geleitet. Wie in einem analytischen Spektrometer muß ein Differenzspektrum gebildet werden. Bei der hier beschriebenen Variante geschieht dies durch eine Modulation des Elektrodenpotentials, das Ergebnis zeigt im Spektrum die potentialabhängige Veränderung der Reflektivität der Elektrodenoberfläche. In der Auswertung können daraus Schlüsse auf die elektrooptischen Eigenschaften der Phasengrenze, Adsorbate, Deck- und Phasenschichten etc. gezogen werden (vgl. LF 274).

In einer zweiten experimentellen Variante wird mit optisch transparenten Elektroden (OTE) gearbeitet. Sie können u.a. aus Glasscheiben hergestellt werden, die mit einem Indium-dotierten Zinnoxidfilm (ITO) bedampft werden. Eine solche Elektrode, die mit dem zu untersuchenden Material belegt ist, wird in eine elektrochemische Dreielektroden-Zelle gesetzt, die aus einer üblichen Küvette hergestellt werden kann. Gegen- und Bezugselektrode müssen natürlich so angeordnet werden, daß sie nicht im optischen Strahlengang liegen. Dies ist vor allem wichtig, wenn an der Gegenelektrode bei potentiostatischer Schaltung im Betrieb optisch absorbierende Produkte gebildet werden könne. Im Referenzkanal wird eine identische, mit einer ITO-OTE und Elektrolytlösung ausgerüstete Küvette installiert. Mißt man nun eine übliches Zweikanalspektrum, so sind alle Absorptionen auf die auf der ITO-OTE befindlichen Stoffe im Probenkanal zurückzuführen. Bild 5.1 (nächste Seite) zeigt wesentliche Komponenten der spektroelektrochemischen Meßzelle.

In diesem Versuch werden Sie mit einem weiteren Aspekt der neuartigen Werkstoffklasse der intrinsisch leitfähigen Polymere am Beispiel des Polyanilins vertraut gemacht. Auf der OTE wird ein Polyanilinfilm abgeschieden. Sein Absorptionsspektrum in Gegenwart einer wäßrigen Perchlorsäurelösung wird als Funktion des Elektrodenpotentials mehrfach wiederholt aufgezeichnet. Aus den Spektren können weiter Informationen über die Eigenschaften von Polyanilin, hier vor allem die elektrooptischen Eigenschaften, erhalten werden.

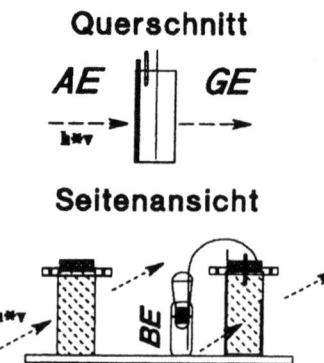

Bild 5.1 Meßanordnung für elektrochemische Untersuchungen mit optisch transparenten Elektroden.

Ausführung

Chemikalien und Geräte

wäßrige Perchlorsäure 1 M
Anilin oder o-Toluidin, jeweils 0,2 M in Perchlorsäure 1 M
UV-vis-Zelle mit ITO-Elektrode, Golddraht-Gegenelektrode, Bezugselektrode mit Salzbrücke
UV-vis-Spektrometer
Potentiostat

Aufbau

Für die Elektropolymerisation kann die auch bei der UV-vis-Spektroskopie benützte Zelle eingesetzt werden. Arbeits-, Bezugs- und Gegenelektrode werden mit einem Potentiostaten verbunden. Für die spektroelektrochemischen Messungen wird die monomerhaltige Elektrolytlösung gegen eine monomerfreie Lösung ausgetauscht. Im Referenzstrahlengang des UV-vis-Spektrometers wird eine Küvette gefüllt mit monomerfreier Elektrolytlösung und einer polymerfreie ITO-bedampften Glasscheibe eingesetzt.

Versuchsablauf

In einer elektrochemischen Zelle oder der UV-vis-Küvette wird auf einer ITO-Elektrode potentiostatisch ein Polyanilinfilm abgeschieden. Der Elektrolyt hat die Zusammensetzung 0,2 M Monomer + 1 M Perchlorsäure. Die Lösung wird vor Beginn der Abscheidung ca. 10 min mit Stickstoff gesättigt. Das Potential an der Arbeitselektrode beträgt E_{RHE} = 1000 mV. Dies wird solange gehalten, bis ein dünner, aber deutlich erkennbarer Film entstanden ist. Sollte bei diesem Elektrodenpotential keine sichtbare Filmbildung einsetzen und kein Stromfluß beobachtet werden, so muß das Elektrodenpotential geringfügig bis zum Einsetzen eines merklichen Stromflusses erhöht werden. Anschließend wird der Film bei E_{RHE} = 0 mV ca. 3 Minuten lang entladen. Eine Farbänderung ist zu beobachten. Nachdem der Potentiostat auf "stand by" geschaltet ist, wird die Elektrode vorsichtig aus der Lösung genommen, mit 1 M Perchlorsäure gespült und vorsichtig in die UV-vis-Zelle gesteckt. Hierin befindet sich bereits monomerfreie 1 M Perchlorsäure. Gegen- und Bezugselektrode werden angeschlossen.

Jetzt werden UV-vis-Spektren bei verschiedenen Potentialen (E_{RHE} = 0; 100; 200 .. 900 mV) aufgenommen. Nach jeder Potentialänderung wird ca. 2 Minuten gewartet, bis das Spektrum aufgezeichnet wird. Setzen Sie nun das Arbeitspotential auf E_{RHE} = 1500 mV, und nehmen im Abstand von jeweils einigen Minuten weitere Spektren des jetzt überoxidierten Polymerfilms auf.

Anstelle von Anilin kann auch o-Toluidin verwendet werden. Die Polymerabscheidung erfolgt dann bei E_{RHE} = 1050 mV potentiostatisch.

Auswertung

Stellen Sie die Spektren in einer 3D-Grafik dar. Tragen sie dabei nach rechts die Wellenlänge, nach oben die Absorption und nach hinten das Potential auf. Bild 5.2 (nächste Seite) zeigt eine typischen Satz von Spektren, die mit Polyanilin in einer wäßrigen Perchlorsäurelösung aufgenommen wurden.

Das Spektrum wird bei niedrigen Elektrodenpotentialen von einer kurzwelligen Absorption, die Radikalkationen (Polaronen) zugeschrieben wird, dominiert. Die Veränderung der Absorption bei ca. λ = 600 nm kann mit der ebenfalls *in situ* meßbaren Veränderung der elektrischen Leitfähigkeit korreliert werden. Dies gibt Hinweise auf die Identität der Ladungsträger, die die elektrische Leitfähigkeit des Polyanilins verursachen. Bei steigenden Potentialen wird eine langwellige Absorption deutlicher, deren Maximum sich bei E_{RHE} = 1000 mV bereits in den für das verwendete Spektrometer zugänglichen Spektralbereich verschoben hat.

Tragen sie in <u>einer</u> Grafik die Extinktionen der drei potentialabhängigen Peaks gegen das Potential auf. Interpretieren Sie diese Grafik.

Die während der Überoxidation gemessenen Spektren können hinsichtlich der beobachteten Veränderungen und deren zeitlichen Ablaufs ausgewertet werden.

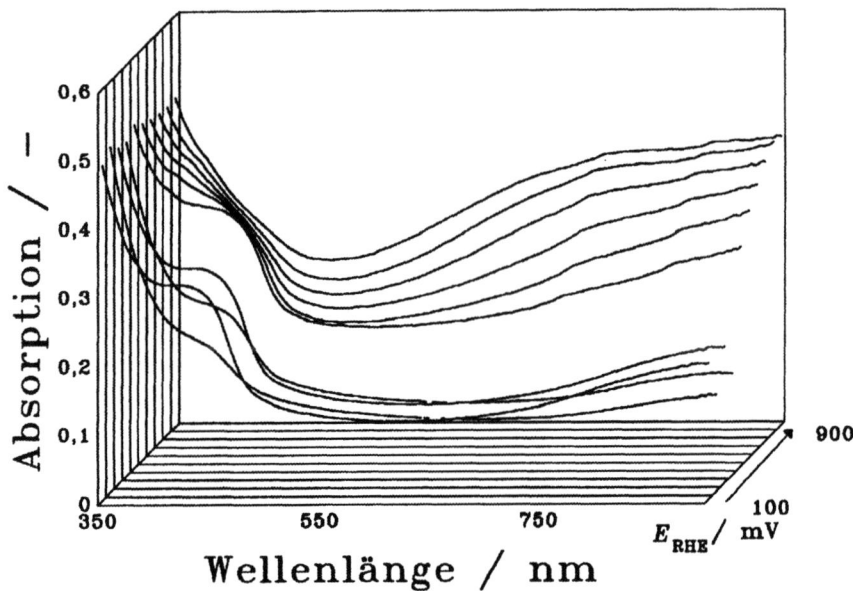

Bild 5.2 UV-vis-Spektren eines Polyanilinfilms in einer wäßrigen Lösung von Perchlorsäure (1 M) bei verschiedenen Elektrodenpotentialen. Der Film wurde aus einer wäßrigen Lösung von 0,2 M Anilin und 1M Perchlorsäure bei E_{RHE} = 1000 mV abgeschieden.

Literatur

K. Menke und S. Roth, Chemie in unserer Zeit, 2 (1986) 1, 33.
R. Holze und J. Lippe, Bulletin of Electrochemistry, 8 (1992) 516.
P.M.S. Monk, R.J. Mortimer und D.R. Rosseinsky: Electrochromism: Fundamentals and Applications, VCH, Weinheim 1995.

Versuch 5.2: Oberflächenverstärkte Raman-Spektroskopie

Aufgabenstellung

Oberflächenverstärkte Raman-Spektren eines auf einer Münzmetallelektrode adsorbierten Moleküls oder Ions nach Wahl sind aufzunehmen und zu interpretieren.

Grundlagen

Die Identifikation vor allem adsorbierter Teilchen und das Studium ihrer Wechselwirkung mit der Umgebung (Elektrodenoberfläche, Lösung) sind mit *in situ*-Schwingungsspektroskopien möglich. Raman- wie Infrarotspektroskopie werden hierfür benutzt (LF 292). Da Raman-Spektroskopie auf einem Streuprozeß mit sehr geringer Quantenausbeute beruht, ist die Messung bei der ohnehin geringen Zahl von Teilchen auf einer zweidimensionalen Fläche schwierig. Mit aufgerauhten oder rauh abgeschiedenen Oberflächen der Münzmetalle (Cu, Ag, Au) wird ein außerordentlicher Oberflächenverstärkungseffekt beobachtet (10^6), der routinemäßige Untersuchungen von Adsorbaten auf diesen Elektroden erlaubt (Surface Enhanced Raman Spectroscopy SERS). Eine Erweiterung der Methode auf andere Metalle ist durch die Verwendung von Elektroden möglich, bei denen das interessierende Metall mit einer atomar dünnen Schicht aus einem Münzmetall überzogen wird oder selbst dünn auf einem Münzmetall abgeschieden wird. Bei der Infrarotspektroskopie ist die Auswahl der untersuchbaren Metalle nicht eingeschränkt. Da die Messungen allerdings meist in externer Reflexion durchgeführt werden und dabei der Infrarotstrahl je nach Eigenschaften des verwendeten Elektrolyt- und Zellfenstermaterials erhebliche Lichtabsorption erfährt, ist eine Modulation erforderlich. Dies bedeutet vor allem bei der Elektrodenpotentialmodulation (SNIFTIRS) eine Unsicherheit in der Auswertung, da das beobachtete Differenzspektrum nur den Unterschied zwischen dem Zustand der Elektroden bei den beiden eingestellten Potentialen wiedergibt.

Ein typisches Beispiel eines oberflächenverstärkten Raman-Spektrums zeigt Bild 5.3 (nächste Seite).
Im untersuchten Potentialbereich ist bei dem positiven Potential von $E_{RHE} = 0$ V neben der von gelösten Perchlorationen stammenden Bande (symmetrische Streckschwingung v_4) bei 935 cm^{-1} keine weitere signifikante Bande zu beobachten. Verändert man das Potential zum mehr negativen Wert von $E_{RHE} = -0{,}8$ V, so sind die für das Pyridin typischen Band bei 1003; 1035; 1214 und ca. 1600 cm^{-1} zu sehen. Die Abhängigkeit der Bandenintensität wie auch die Verschiebung von Banden abhängig vom Elektrodenpotential vermag Aufschluß über den Bedeckungsgrad der Silberelektrode mit Pyridin und über dessen Adsorptiongeometrie zu geben. Von Bedeutung ist die Lage des Nulladungspotentials (bei dem die Bedeckung mit einem ungeladenen Adsorbatteilchen besonders hoch ist) und die Art der Adsorbat-Oberfläche-Wechselwirkung. Dem Stickstoff des Pyridins kommt hier eine besondere Rolle zu. Für die Auswertung ist dabei zum Vergleich ein Raman-Spektrum einer Lösung von Pyridin in der auch als Elektrolytlösung benützten wäßrigen Perchlorsäure sinnvoll. Ein Spektrum von reinem Pyridin würde Lösungsmittel- und pH-Einflüsse auf Lage und Intensität von Schwingungsbanden nicht eindeutig erkennen lassen.

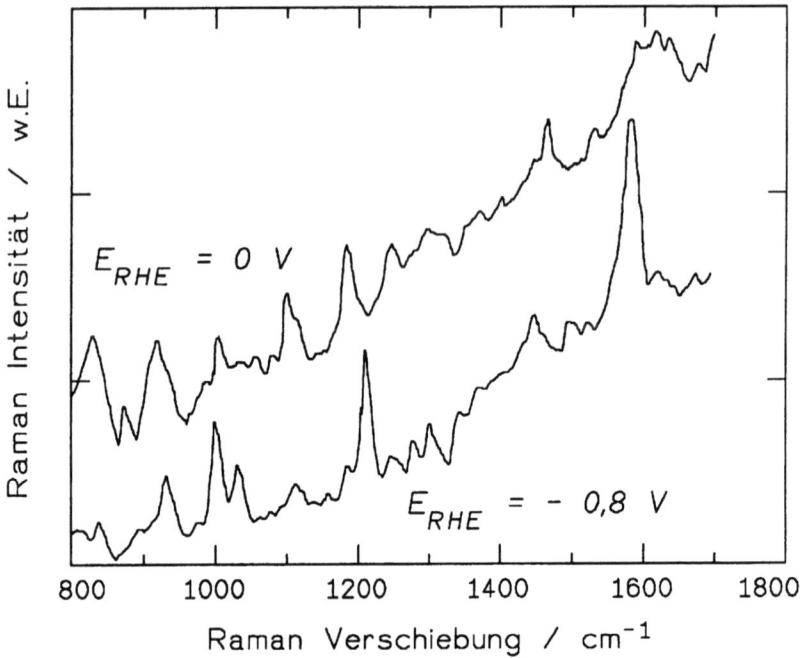

Bild 5.3 SER-Spektren einer elektrochemisch aufgerauhten Silberelektrode in einer wäßrigen Lösung von 0,1 M HClO$_4$ + ca. 1 mM Pyridin, stickstoffgesättigt, Elektrodenpotentiale wie angegeben, λ_{Laser} = 514,5 nm, P_{Laser} = 400 mW, Auflösung = 9 cm^{-1}, Raman Spektrometer Dilor RT 20.

Die Ergebnisse der beiden schwingungsspektroskopischen Methoden ergänzen sich vorteilhaft. Während bei der Infrarotspektroskopie Oberflächenauswahlregeln sehr genaue Aussagen über die Adsorbatgeometrie erlauben, ist dies bei SERS weniger eindeutig. Andererseits ist SERS in der Regel wesentlich empfindlicher. Der simultane Einsatz beider Verfahren ergibt daher oft sich abstützende Resultate.

Ausführung

Geräte und Chemikalien

Laser-Ramanspektrometer mit Gasionenlasern
Spektroelektrochemische Zelle
Potentiostat und Funktionsgenerator
H-Zelle

Aufbau

Bei diesem Versuch arbeiten Sie mit energiereicher Laser-Strahlung. Die verwendeten Systeme sind für eine Lichtleistung von bis zu fünf Watt bei ausgewählten Lichtwellenlängen ausgelegt. Bereits wenige Mikrowatt genügen dagegen, die Netzhaut des Auges unwiderruflich zu schädigen. Äußerste Umsicht und Vorsicht sind oberstes Gebot. Um unbeabsichtigte Reflexionen des Lichtstrahls zu vermeiden sollten keine reflektierenden Teile (Schmuck, Bekleidungsstücke) in der Nähe des Gerätes getragen werden. Die einschlägigen Laserschutzvorschriften müssen beachtet werden. Zur Erzeugung des Lichtes sind große elektrische Ströme aus dem Drehstromnetz erforderlich, die erzeugte Abwärme (ca. 15 - 20 kW) wird über eine Wasserkühlung abtransportiert. Berühren elektrischer Leitungen nach Manipulationen an den elektrischen Versorgungsleitungen kann tödlich sein. Ein Versagen der Wasserkühlung nach z.B. unbeabsichtigtem Ausschalten der Umwälzpumpe oder Auslösen der Temperaturüberwachung hat katastrophale Folgen für das Lasersystem, ein Ersatzplasmarohr kostet ca. 40000 DM.

Für die elektrochemische Aufrauhung der Silberelektrode in einer Lösung findet eine H-Zelle Verwendung. Die SER-Spektren werden unter Benutzung einer modifizierten H-Zelle im Probenraum des Raman-Spektrometers aufgezeichnet.

Versuchsdurchführung

Die Silberelektrode wird elektrochemisch aufgerauht (R. Holze, Electrochim. Acta, 32 (1987) 1527.). Nach kräftigem Spülen mit Reinstwasser wird sie in die Zelle am Raman-Spektrometer überführt, in der sich bereits eine Lösung des Adsorbens Ihrer Wahl in 0,1 M $HClO_4$ befindet. Nach Starten der Laser können SER-Spektren unter Anleitung des Betreuers aufgenommen werden.

Literatur

Eine Übersicht zu SERS findet sich u.a. in:
R. Holze, Electroanalysis, 5 (1993) 497.
Spectroelectrochemistry, (R.J. Gale, Hrsg.), Plenum Press, New York 1988.
Electrochemical Interfaces (H.D. Abruna, Hrsg.), VCH, New York 1991.

---

* Die dargestellten Sicherheitshinweise beziehen sich auf eine typische Laborausstattung. Sie sind entsprechend den aktuellen Gegebenheiten und den geltenden Arbeitsschutz- und Lasersicherheitsvorschriften zu modifizieren.

Versuch 5.3: Infrarot-Spektroelektrochemie

Aufgabenstellung

Das elektrodenpotentialmodulierte Infrarotabsorptionsspektrum des bei der Chemisorption von Methanol auf einer Platinelektrode aus saurer Lösung gebildeten CO_{ad} ist aufzuzeichnen, seine Veränderungen als Funktion der eingestellten Meß- und Referenzpotentiale sind zu deuten.

Grundlagen

Zur Untersuchung von Adsorbaten auf Elektrodenoberflächen, insbesondere von organischen Adsorbaten, ist die Schwingungsspektroskopie eine außerordentlich leistungsfähige Methode. Die schon aus der klassischen spektroskopischen Analytik bekannte Möglichkeit, aus Banden im "Fingerprintbereich", d.h. molekültypischen Schwingungsbanden, die Identität eines Teilchens zu bestimmen, kommt auch bei elektrochemischen Anwendungen zur Geltung. Von besonderer Wichtigkeit ist dabei die Tatsache, daß die Methode *in situ*, d.h. in Gegenwart einer Elektrolytlösung im Kontakt mit der zu untersuchenden Elektrodenoberfläche, angewendet werden kann. Von den beiden möglichen Methoden - der Infrarot- und der Raman-Spektroskopie - wird hier die Infrarot-Spektroskopie gezeigt. Bei ihr wird der Infrarotlichtstrahl durch ein transparentes Zinkselenid-Fenster und durch einen dünnen Elektrolytfilm auf die Elektrodenoberfläche geleitet. Dort wird er auf der Metalloberfläche reflektiert, hierbei kommt es zu Wechselwirkungen zwischen dem Licht (genauer: seinem elektrischen Feldvektor) und infrarot-aktiven Teilchen auf dem Metall. Das reflektierte Licht, das nun Informationen von der Oberfläche enthält, wird nach erneuter Passage durch den Elektrolytfilm und das Fenster bis auf den Detektor des IR-Spektrometers geleitet. Wie in der klassischen Analytik, bei der ein Differenzspektrum zwischen einer Blindprobe (z.B. reines Kaliumbromid oder Nujol) und einer die zu untersuchende Substanz enthaltenden Probe müssen auch bei der elektrochemischen Anwendung zwei Spektren gemessen werden. Dies geschieht in unserer Anordnung zweckmäßigerweise durch Messung von zwei Spektren bei zwei verschiedenen Elektrodenpotentialen E_r und E_m. Diese beiden Potentiale werden hier so gewählt, daß verschiedene, möglichst unterscheidbare Adsorptionszustände auf der Oberfläche erreicht werden.

Weitere Einzelheiten einschließlich einer genauen Beschreibung des hier verwendeten Meßplatzes finden Sie in der Literatur.

5 Untersuchungen mit nicht-klassischen Methoden

Ausführung

<u>Geräte und Chemikalien</u>

Fourier-Transform-Infrarot-(FTIR)-Spektrometer mit spektroelektrochemischem Zubehör
Potentiostat mit Interface zum Infrarotspektrometer
Platinarbeitselektrode
Platindrahtgegenelektrode
Bezugselektrode
1 N $HClO_4$
Methanol

<u>Versuchsablauf</u>

Unter Anleitung zeichnen Sie elektrodenpotentialmodulierte Differenzspektren des o.a. Systems bei verschiedenen, vom Betreuer vorgeschlagenen Werten des Meß- und Referenzpotentials E_r und E_m auf.

Die Elektrodenpotentiale werden so gewählt, daß bei einem Potential (dem "Referenzpotential" E_r) lediglich die Adsorption von Methanol stattfindet, während beim anderen Potential ("Meßpotential" E_m) das Adsorbat in den Eigenschaften seiner Bindung zur Metalloberfläche verändert wird. Dieser Chemisorptionsprozeß spielt in der Elektrokatalyse der Methanoloxidation eine große Rolle. Sein Verständnis ist z.B. für eine mit Methanol betriebene Brennstoffzelle oder einen Methanolsensor von zentraler Bedeutung.

Auswertung

Die erhaltenen Spektren sind bezüglich der Identität des Adsorbates und des Einflusses des Elektrodenpotentials auf die Lage und Intensität der Bande zu diskutieren. Als Beispiel wird das differentielle Infrarotreflexions-Absorptionsspektrum von aus Methanol gebildetem CO_{ad} gezeigt. In der gewählten Darstellungsweise, die der klassischen Darstellung eines Transmissionsspektrum entspricht, zeigen nach oben zeigende Banden eine stärkere Infrarotabsorption bei E_r an, nach unten weisende Banden eine stärkere Absorption bei E_m an. Die differentielle Bandenform ist dabei wesentlich von der Tatsache verursacht, daß die Infarotabsorption bei den beiden eingestellten Elektrodenpotentialen nur unwesentlich verschieden ist, während die Lage der Bande sich mit positiveren Elektrodenpotentialen zu höheren Wellenzahlen verschiebt. Dies kann mit den Veränderungen in der internen CO-Bindung in Abhängigkeit vom Elektrodenpotential erklärt werden.

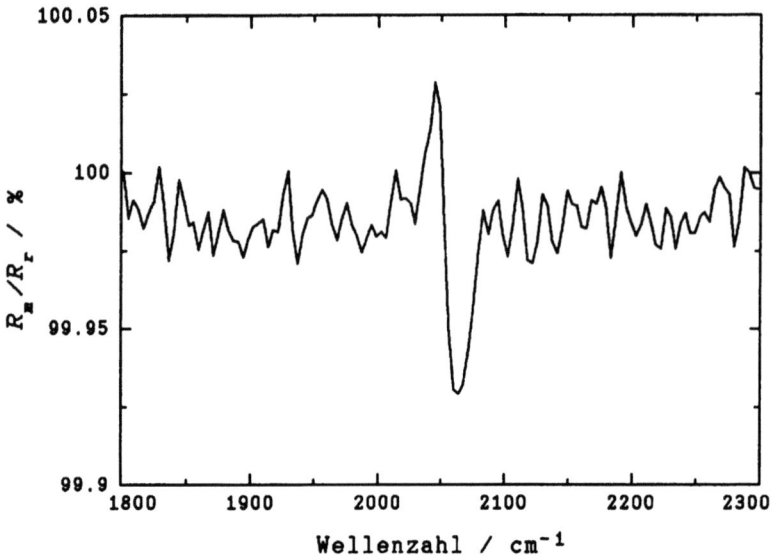

Bild 5.4   SNIFTIR-Spektrum* des aus Methanol auf einer Platinoberfläche gebildeten CO_{ad}, wäßrige Elektrolytlösung aus 1 M $HClO_4$ und 1 M Methanol; $E_{r,RHE}$ = 50 mV; $E_{m,RHE}$ = 450 mV.

Literatur

Spectroelectrochemistry, (R.J. Gale, Hrsg.), Plenum Press, New York 1988.
Electrochemical Interfaces (H.D. Abruna, Hrsg.), VCH, New York 1991.
R. Holze und W. Vielstich, Electrochim.Acta, 33 (1988) 1629.

---

* SNIFTIRS = <u>S</u>ubtractively <u>N</u>ormalized <u>F</u>ourier <u>T</u>ransform <u>I</u>nfrared <u>I</u>nterfacial <u>S</u>pectroscopy.

6 Elektrochemische Energieumwandlung und -speicherung

Systeme zur elektrochemischen Energieumwandlung und -speicherung sind von kaum zu überschätzender technischer Bedeutung. Ihre Allgegenwart wird mit der Zunahme mobiler, netzunabhängiger Geräte der Telekommunikation und Datenverarbeitung wie der wachsenden Bedeutung elektrisch angetriebener Fahrzeuge weiter wachsen. Diesen Tatsachen steht eine nur sehr kleine Auswahl von im Labormaßstab durchführbaren Versuchen gegenüber, bei denen nicht nur die Herstellerangaben zu den betrachteten Systemen (Batterien, Akkumulatoren etc.) nachvollzogen werden. Erschwerend kommt hinzu, daß für viele denkbare Versuche Komponenten benötigt werden, die nur schwer zu beschaffen sind. Schließlich dauern viele Versuche (z.B. Entladeversuche) etliche Stunden oder tage und sprengen damit den Rahmen des üblichen Versuchsprogramms. Die folgenden Versuche stellen einen Kompromiß dar.

Versuch 6.1: Bleiakku*

Aufgabenstellung

1 Messung der Ladungs- und Energieausbeute eines Blei-Akkumulators.
2 Messung der Elektrodenkennlinie von Blei und Bleioxid.

Grundlagen

Die Bestimmung der Parameter des eigentlichen elektrochemischen Ladungsdurchtritts (Austauschstromdichte j_0 und Durchtrittsfaktor α) zählt zu den zentralen Aufgaben der Elektrochemie. Neben der Ableitung dieser Größen aus den Resultaten quasistationärer (s. Versuch 3.14) oder instationärer Methoden ist die direkte Aufzeichnung von Stromdichte-Potentialkurven unter Bedingungen, bei denen nur die Durchtrittshemmung den Strom begrenzt, eine wichtige Methode. Durch genäherte Auswertung der Kurven (Tafel-Geraden) sind die beiden genannten Parameter direkt zugänglich. Die experimentellen Bedingungen können als erreicht angesehen werden, wenn die Stromdichte sehr klein bleibt, hier ist eine Transporthemmung nicht zu erwarten, andere Hemmungen müssen durch eine geeignete Auswahl des Systems ausgeschlossen werden. Kleine Stromdichten sind sehr einfach durch Verwendung von Elektroden hoher spezifischer

---

* Vereinzelt, vor allem aber in der älteren Literatur wird auch der Begriff "Bleisammler" verwendet.

Oberfläche zu erzielen. Bei ihnen ist durch eine poröse Ausbildung des Elektrodenkörpers das Verhältnis wahre Oberfläche zu geometrische Oberfläche besonders groß; und nur die erstgenannte Fläche geht in die Berechnung der Stromdichte ein.

Im hier beschriebenen Versuch wird das günstige Verhältnis durch Verwendung poröser Bleidioxid- und Bleischwammelektroden aus einem Auto-Akkumulator erreicht. Die Verwendung einer Batteriesäure (Schwefelsäure) hoher Konzentration schließt alle anderen Überspannungen weitgehend aus. Neben der Aufnahme von Strom-Potentialkurven sind weitere typische Systemdaten eines Bleiakkus leicht zugänglich, die bei diesem Versuch im Vordergrund stehen. Die erwähnten elektrodenkinetischen Aspekte wurden bereits in Versuch 3.13 behandelt. Die Vorgänge in einem Bleiakku sind in Bild 6.1 schematisch dargestellt (vgl. LF 116).

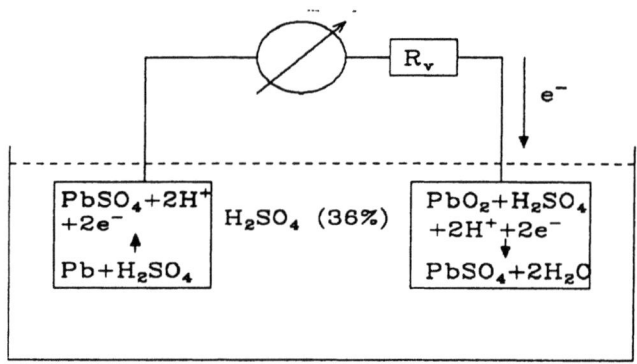

Bild 6.1x Schematische Darstellung der bei der Entladung ablaufenden Vorgänge in einem Blei-Akku.

Ausführung

<u>Geräte und Chemikalien</u>

3 Vielfachmeßinstrumente
Labornetzgerät
Y-t-Schreiber
Vorwiderstand
Zellgefäß
dynamische Wasserstoffbezugselektrode

1 Blei-Elektrode*
1 Bleidioxid-Elektrode
wäßrige Schwefelsäure 36%

Aufbau

Die Demonstrationszelle besteht aus einem Glasgefäß, an dessen Innenwand sich senkrechte Nuten befinden. In diese Nuten werden je eine positive (PbO_2) und negative (Pb) Elektrode von ca. 3x5 cm² eingeschoben. An den Gittern der beiden Platten sind mit je einer Lüsterklemme Leitungen befestigt. Für die Messung ist die folgend dargestellte Schaltung zweckmäßig.

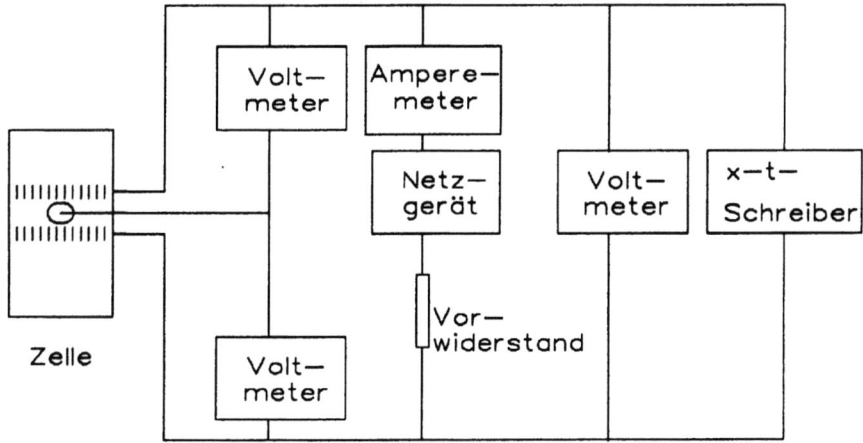

Bild 6.2   Meßschaltung.

Bei den Elektrodenplatten handelt es sich um die sogenannte "trocken vorgeladene" Ausführung. Das Element wird daher im Regelfall betriebsbereit (entladbar!), wenn man die Akkusäure einfüllt (36%ige H_2SO_4, Dichte ca. 1,25 g/cm³) und ausreichend Zeit läßt, damit die Säure in die porösen aktiven Massen eindringen kann. Dies erfordert eine Minimalzeit von ca. einer Stunde, besser ist es, die Säure am Vortag einzufüllen. Es wird eine relative Wasserstoffbezugselektrode verwendet. Sie kann bei Bedarf mit Wasserstoff beladen werden, indem sie kurzzeitig als Kathode gegen die Bleidioxidelektrode als Anode in der Elektrolytlösung geschaltet wird, bis der Raum um den Metallstrumpf zur Hälfte mit Wasserstoff gefüllt ist (vgl. Kap. 1).

---

* Die Elektroden können einfach durch vorsichtiges Zerschneiden (Achtung: Bleistaub) von Platten aus einem trocken vorgeladenen Autoakku hergestellt werden.

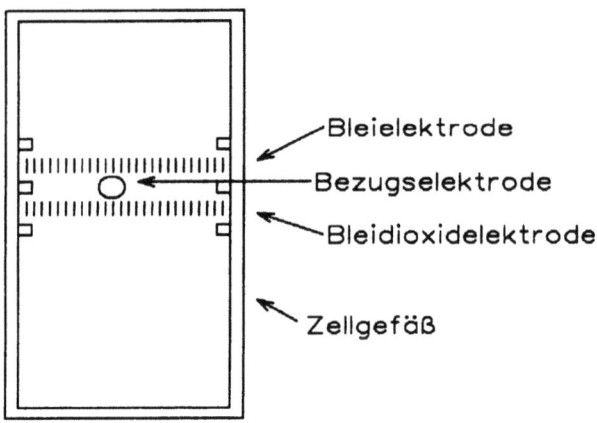

Bild 6.3 Aufbau der Meßzelle.

<u>Versuchsablauf</u>

Das Netzgerät (U_0) wird als Stromquelle betrieben, der Vorwiderstand auf einen mittleren Wert eingestellt, die Ausgangsspannung wird auf ca. 20 Volt eingestellt. Mit dem Stromregelknopf des Netzgerätes wird der Strom für die Entladung fein eingestellt; für die Entladung werden die Anschlüsse am Netzgerät vertauscht.

Um volle Ladung des Akkus sicherzustellen, wird er zunächst bis zum Beginn der Gasentwicklung an den Elektroden geladen. Der Akku wird anschließend mit einem konstantem Strom von $0,3 < I < 0,5$ A[*] bis zu einer Entladeschluß-Spannung von 1,7 V bzw. dem Abknicken der Entladekurve entladen (dauert ca. 0,1 - 1 h) und anschließend bis zur intensiven Gasentwicklung geladen. Zur Registrierung der Klemmenspannung wird ein Y-t-Schreiber an Stelle der Bezugselektrode und der beiden Voltmeter V eingesetzt. Der Schreibernullpunkt muß vor der Aufzeichnung mit dem entsprechenden Regler eingestellt werden.

Sollte die zur Aufladung benötigte Zeit kürzer als die vorhergegangene Entladezeit sein, so deutet dies nicht auf ein Perpetuum mobile, sondern auf Verlust aktiver Masse aus den Platten hin. Entladen Sie den Akku bitte noch einmal und

---

[*] Die einzustellende Stromstärke richtet sich nach der Größe der verwendeten Eelektroden und ihrem Zustand. Bei kleinen oder bereits mehrfach benutzten Elektroden sind kleiner Ströme sinnvoll; bei neuen und großen Platten sind größere Ströme zweckmäßig.

6 Elektrochemische Energieumwandlung und -speicherung

vergleichen anschließend die Lade-/Entladedaten. (Für die zweite Aufgabe muß der Bleiakku wieder aufgeladen werden.)

Auswertung

Der Ladungs-Wirkungsgrad η_{Ah} (Stromausbeute) wird direkt nach

$$\eta_{Ah} = \frac{\text{Entladestromstärke} \times \text{Entladezeit}}{\text{Ladestromstärke} \times \text{Ladezeit}} \quad (6.1)$$

berechnet.

Der Energiewirkungsgrad η_{Wh} (Energieausbeute) ist

$$\eta_{Wh} = \frac{\int_{t=0}^{\text{Entladezeit}} I\,U(t)\,dt}{\int_{t=0}^{\text{Ladezeit}} I\,U(t)\,dt} \cdot 100\,\% \quad (6.2)$$

Man erhält die Integrale durch grafisches Bestimmen der Fläche unter den entsprechenden Kurven. Eine andere Möglichkeit zur Bestimmung von η_{Wh} besteht im Ausschneiden und anschließendem Auswiegen.

Zur Aufnahme der Elektrodenkennlinien (Schaltung s. Bild 6.2) wird nach dem Messen der Ruhepotentiale (Überspannung = 0) der Strom stufenweise mit der für das Laden korrekten Polarität erhöht (bis 500 mA) und das sich einstellende Potential (beider Elektroden!) nach jeweils einer Minute Belastungszeit gemessen, anschließend wird dieser Vorgang nach Umpolen des Netzgerätes für die dem Entladevorgang entsprechende Stromrichtung wiederholt. Die Potentialmessung erfolgt mit zwei Multimetern.

Auswertung

Ein typisches Meßergebnis der Aufnahme der Zellkennlinie unter Lade- und Entladebedingungen zeigt Bild 6.4.

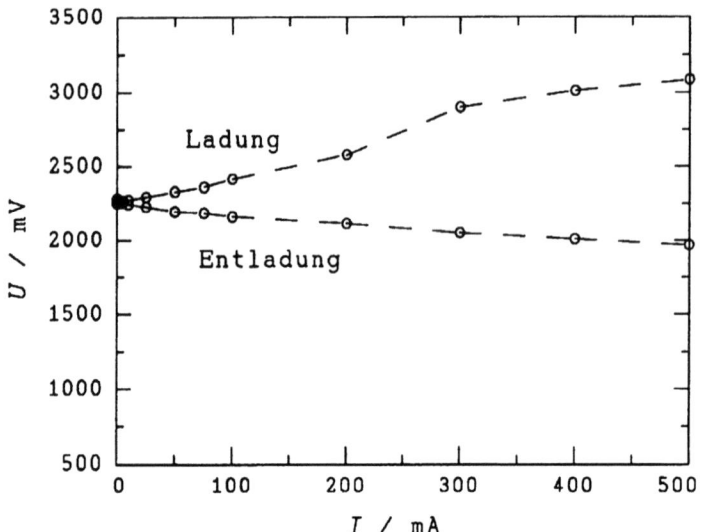

Bild 6.4 Klemmenspannungskurve des Blei-Akkus beim Laden und Entladen.

Bild 6.5 zeigt die Strom-Potentialkurven der beiden Elektroden.

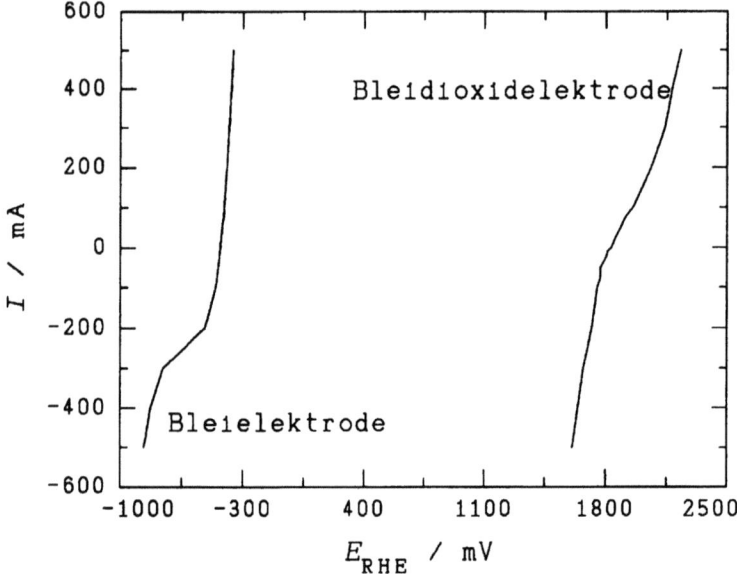

Bild 6.5 Strom-Potentialkurven der beiden Elektroden.

6 Elektrochemische Energieumwandlung und -speicherung

Aus den beiden Einzelkurven können die bereits in Bild 6.4 gezeigten Zellkennlinien erhalten werden.

Bild 6.6 zeigt beim Laden und Entladen der Zelle als Funktion der Zeit aufgezeichnete Kurven. Aus ihnen können die genannten Wirkungsgrade ermittelt werden.

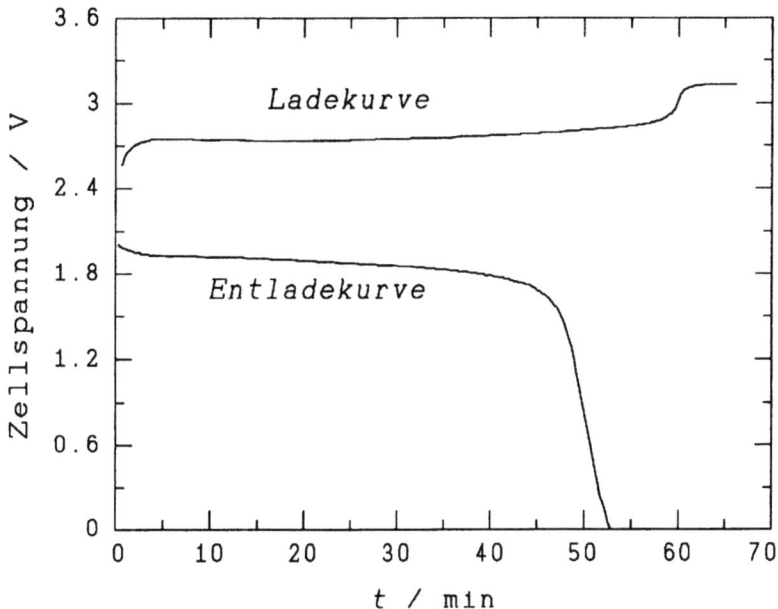

Bild 6.6 Lade- und Entladekurve eines Bleiakkus bei einer Stromstärke $I = 0{,}5$ A.

Der Ladewirkungsgrad η_{Ah} kann leicht aus den Lade- und Entladezeiten ermittelt werden, da mit konstanter Stromstärke gearbeitet wurde. Er beträgt bei der hier gewählten Stromstärke von $I = 0{,}5$ A $\eta_{Ah} = 0{,}71$. Der Energiewirkungsgrad fällt bei dieser vergleichsweise hohen Stromstärke mit $\eta_{Wh} = 0{,}49$ recht niedrig aus.

Für eine eingehende Analyse der gewonnenen Strom-Potentialkurven sind neben der kaum zugänglichen genauen Kenntnis der wahren Elektrodenoberfläche auch eindeutig definierte Elektrodenprozesse unerläßliche Voraussetzung. Im vorliegenden Beispiel kann zwar davon ausgegangen werden, daß bei einem vollgeladenen Bleiakku der kathodische Prozeß an der Bleidioxidelektrode deren Reduktion und der anodische Prozeß an der Bleielektrode deren Oxidation ist, diese Klarheit ist jedoch bei den beiden übrigen Prozessen (überwiegend Wasserstoffentwicklung an der Bleielektrode und Sauerstoffentwicklung an der

Bleidioxidelektrode) nicht mit hinreichender Sicherheit gegeben. Dies legt eine eingehende Analyse nicht nahe. Sie wird vielmehr in Versuch 3.14 mit einer Platinelektrode und eindeutig definierten Elektrodenprozessen durchgeführt.

Literatur

C.H. Hamann und W. Vielstich: Elektrochemie, Verlag Chemie, Weinheim 1998.
Ullman's Encyclopedia of Industrial Chemistry, VCH, Weinheim ^{5}1989, S. 364.
L.F. Trueb und P. Rüetschi, Batterien und Akkumulatoren, Springer-Verlag, Berlin und Heidelberg 1998.

Kontrollfragen

Worauf ist die Selbstentladung eines Bleiakkus zurückzuführen?
Was geschieht beim "Gasen"?
Was versteht man unter "Sulfatierung"?

Versuch 6.2: Entladeverhalten von Nickel-Cadmium-Akkumulatoren

Aufgabenstellung

Mit einem handelsüblichen Nickel-Cadmium-Akkumulator werden Entladekurven bei verschiedenen Stromstärken aufgezeichnet[*].

Grundlagen

Die Kapazität eines elektrochemischen Sekundärsystems wird vom Inhalt an elektrochemisch aktiver Massen (positiver und negativer Massen) begrenzt. Je nach Konstruktion und Entladebedingungen variiert das Ausmaß der entnehmbaren Ladung, unter Berücksichtigung der erzielten Zellspannung korrespondiert dazu die entnommene elektrische Leistung. Unter Berücksichtigung der Grundtatsachen der Kinetik von Elektrodenprozessen und der Eigenschaften von Elektrolytlösungen und elektrischen Leitern sind einige allgemeine Feststellungen möglich. Mit fallender Temperatur sinkt die entnehmbare Kapazität. Die temperaturbedingt verminderte Elektrolytleitfähigkeit führt zu einem höheren Zellinnenwiderstand, der wiederum die Entladespannung vor allem bei höheren Strömen vermindert und die Zellspannung rascher absinken läßt. Dies ist ein

---

[*] Die Untersuchung des Temperatureinflusses ist etwas umständlicher. Mit einem Kryostaten, der die Messung Temperaturen deutlich unter 0 °C erlaubt, sind Effekte vor allem bei hohen Entladeströmen, nachweisbar.

6 Elektrochemische Energieumwandlung und -speicherung

wesentlicher Grund für Anlaßschwierigkeiten eines Kraftfahrzeuges bei winterlichen Temperaturen. Höhere Entladeströme führen ebenfalls zu kleineren entnehmbaren Kapazitäten. Die mit höheren Strömen verbundenen höheren Überspannungen an den Elektroden führen zu einer entsprechenden Verminderung der Zellspannung, die Entladeschlußspannung wird früher erreicht. Zudem werden die aktiven Bestandteile der Elektroden nur unvollständig ausgenutzt. An ungünstigen Stellen in den meist porösen Elektroden ausfallende Reaktionsprodukte und lokale Verarmung reaktiver Bestandteile oder Elektrolytlösungskomponenten sind wesentliche Ursachen. Diese Zusammenhänge werden im Ragone-Diagramm dargestellt (LF 124).

Bei der experimentellen Untersuchung der entnehmbaren Kapazität eines Akkumulators gibt es zwei mögliche Verfahren. Bei der Entladung mit einem konstanten Strom, der meist durch eine elektronische Regelschaltung kontrolliert wird, ist der experimentelle Aufwand etwas höher. Das Ergebnis - die bis zum Erreichen der Entladeschlußspannung entnommene Kapazität - kann allerdings sehr leicht ermittelt werden. Experimentell einfacher ist die Entladung mit einem konstanten Widerstand als Last. Entsprechend der fallenden Zellspannung nimmt auch der fließende Strom ab, die Ermittlung der entnommenen Kapazität ist etwas umständlicher. In jedem Fall ist durch eine geeignete Schaltung dafür zu sorgen, daß eine Tiefentladung oder gar Umpolung der Zelle mit den daraus folgenden meist unumkehrbaren Schäden für den Akkumulator vermieden werden. Eine sorgfältige Untersuchung des Temperatureinflusses ist methodisch aufwendiger. Die Temperaturkontrolle muß die vor allem bei größeren Entladeströmen nicht mehr vernachlässigbare Eigenerwärmung des Akkumulators (Joulesche Wärme in den elektrischen Leitern, Abwärme der Elektrodenprozesse) berücksichtigen.

Ausführung

Chemikalien und Geräte

wiederaufladbarer Nickel-Kadmium-Akkumulator, Größe AAA
regelbare Stromquelle
Entladeüberwachungsschaltung (vgl. Anhang)
Y-t-Schreiber

Aufbau

Der frisch geladene Akku (nach Herstellerangaben aufgeladen, dies sind üblicherweise 14 Stunden Ladezeit mit einem 1/10 der Kapazität entsprechenden Ladestrom) wird mit der Stromquelle und der Überwachungsschaltung (s. Anhang) sowie dem Y-t-Schreiber verbunden.

Versuchsablauf

Die Zellspanungs-Entladezeitkurve wird nach Einschalten der Belastung bis zum Erreichen der vorgewählten Entladeschlußspannung aufgezeichnet.

Auswertung

Bild 6.7 zeigt eine Schar von typischen Entladekurven für einen Nickel-Kadmium-Akkumulator der Größe AAA mit einer vom Hersteller angegebenen Kapazität von 250 mAh.

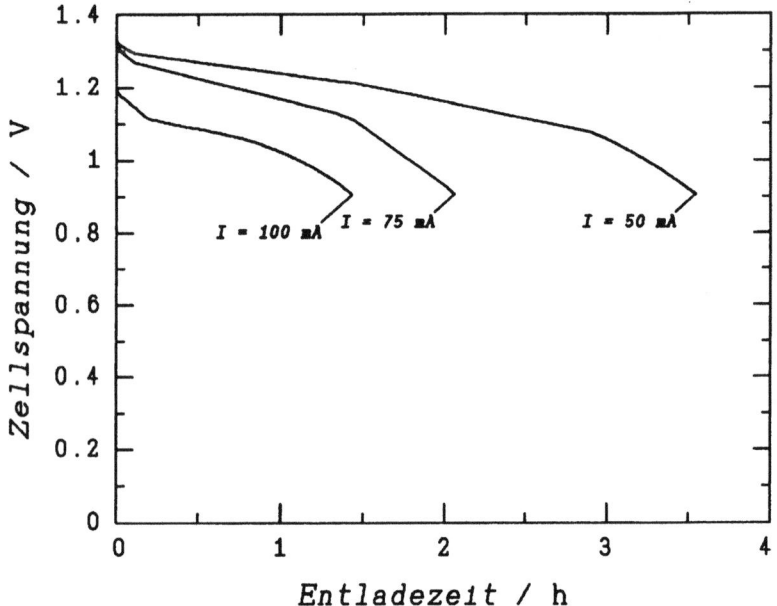

Bild 6.7 Entladekurven für einen Nickel-Kadmium-Akkumulator, Größe AAA, bei konstanter Belastung.

Bis zur Entladeschlußspannung wurden bei einem Entladestrom von $I = 100$ mA 143 mAh, bei $I = 75$ mA 154 mAh und bei $I = 50$ mA 177 mAh entnommen.

Kontrollfragen

Können die beobachteten Zusammenhänge auch thermodynamisch erklärt werden?

6 Elektrochemische Energieumwandlung und -speicherung 265

Versuch 6.3: Leistungsdaten einer Brennstoffzelle

Aufgabenstellung

Die Strom-Spannungsdaten einer Wasserstoff-Sauerstoff-Brennstoffzelle sind unter typischen Betriebsbedingungen zu ermitteln.

Grundlagen

Eine Brennstoffzelle ist eine elektrochemisches System zur Energieumwandlung. In ihm wird die in Brennstoff (z.B. Wasserstoff) und Oxidationsmittel gespeicherte chemische Energie in elektrische Energie umgewandelt. Im Gegensatz zu Primär- und Sekundärbatterien ist in einer Brennstoffzelle das aktive Material nicht gespeichert. Es wird während des Betriebes zugeführt; die Zelle enthält nur die beiden Elektroden, an denen Brennstoff und Oxidationsmittel umgesetzt werden, sowie den Elektrolyt oder die entsprechend festgelegte Elektrolytlösung und weitere zur Funktion nötige Komponenten.

Bei der Umsetzung der Reaktanden muß ähnlich wie beim Bleisammler durch Ausbildung der Elektroden als poröse Körper auf eine möglichst große aktive Oberfläche geachtet werden. Dies kann durch die Verwendung von Sintermetallen, Raneymetallen oder kunststoffgebundenen Aktivkohlen geschehen. Zusätzlich sind in vielen Fällen spezifische Katalysatoren erforderlich, die auf die Oberfläche der porösen Elektrode aufgetragen die erwünschte Elektrodenreaktion beschleunigen. Wird ein gasförmiger Reaktand umgesetzt, so muß sich in der Elektrode nicht nur eine Zweiphasengrenze Elektrode/Elektrolyt, sondern eine Dreiphasengrenze Gas/Elektrolyt/Elektrode ausbilden und während des Betriebes stabil erhalten. Dies erfordert besondere Maßnahmen wie lokal unterschiedliche Porositäten der Schicht oder Hydrophobierung. Das Schema einer Wasserstoff-Sauerstoff-Zelle zeigt Bild 6.8 (nächste Seite).

Die Zellreaktion der vorgestellten Brennstoffzelle ist

$$2 H_2(g) + O_2(g) \rightarrow H_2O(l) \tag{6.3}$$

Dabei diffundiert Wasserstoff in die poröse Anode, trifft dort auf einen die Oberfläche teilweise bedeckenden Elektrolytfilm, wird darin gelöst und diffundiert weiter zur Elektrodenoberfläche, wo die Oxidation stattfindet. Der letztgenannte Diffusionsweg ist wegen der geringen Gaslöslichkeit und kleinen Diffusionskoeffizienten besonders hemmend. Durch einen möglichst dünnen Flüssigkeitsfilm und eine große innere Oberfläche, an der die Umsetzung mit kleiner lokaler Stromdichte erfolgt, ist dieser Einfluß zu vermindern. Analog verläuft der Weg des Sauerstoffs zu seiner Reduktion. Das gebildete Reaktionswasser muß aus der Zelle entfernt werden, da es den Elektrolyten verdünnt und seinen

Leitwert vermindert. Zahlreiche verschiedene Bauformen mit sehr unterschiedlichen Elektrolyten, Elektroden, Betriebstemperaturen, Zellbauformen etc. sind in der Literatur beschrieben. Als Oxidationsmittel wird meist Sauerstoff benutzt. Als Ersatz für den in der Zelle aus Bild 6.8 vorgesehenen Separator sind ionenleitende Polymermembrane (Ionenaustauscher) möglich. Mit ihnen als polymerem Festelektrolyt vereinfacht sich die Zellkonstruktion beträchtlich. Da der Polymerfilm recht dünn (< 0,5 mm) hergestellt werden kann, verringert sich der Innenwiderstand der Zelle. Damit sind beträchtliche Leistungsdichtesteigerungen ohne gleichzeitig steigende Leistungsverluste denkbar.

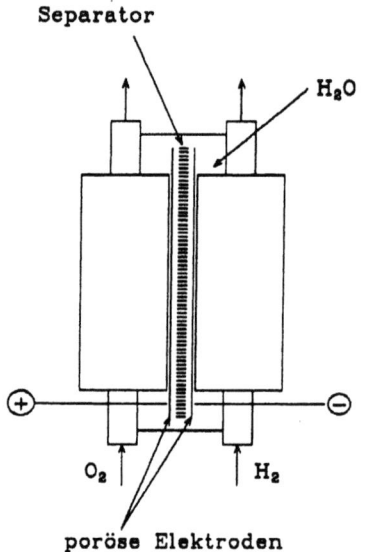

Bild 6.8   Prinzipbild einer Wasserstoff-Sauerstoff-Brennstoffzelle mit polymerem Festelektrolyt.

Ausführung

Chemikalien und Geräte

Wasserstoffgas
Sauerstoffgas
Polymerelektrolyt-Brennstoffzelle
Voltmeter
Amperemeter

6 Elektrochemische Energieumwandlung und -speicherung

Aufbau

Die Brennstoffzelle wird nach Herstellerangaben mit der Wasserstoffquelle verbunden. Für die Messung der Strom-Spannungsdaten wird die Zelle mit einem Voltmeter verbunden. Für die Erzeugung eines konstanten Stroms ist es vorteilhaft, ein regelbares Netzgerät und einen Schutzwiderstand mit der Zelle so in Reihe zu schalten, daß die gewünschten Zellströme durch Einregeln am Netzgerät eingestellt erden können. Für die Messung mit reinem Sauerstoff (statt Luft) muß in geeigneter Weise (Haube über den Luftzuführungsschlitzen o.ä.) für einen kontrollierten Sauerstoffstrom gesorgt werden.

Versuchsablauf

Beginnend mit kleinen Strömen werden Strom-Spannungs-Wertepaare ermittelt. Dabei wird nach Einregeln der gewünschten Belastung gewartet (einige Minuten), bis sich eine konstante Zellspannung ergibt. Die Herstellerangaben, vor allem die maximale Belästung der Zelle, müssen beachtet werden. Eine Verpolung der Zelle (Übergang vom Brennstoffzellen- in den Elektrolysebetrieb) muß unbedingt vermieden werden, da sie zu unumkehrbaren Schäden an Elektroden und Festelektrolyt führen kann.

Auswertung

Ein typisches Ergebnis einer Polymerelektrolyt-Brennstoffzelle (aktive Fläche 12 cm^2) zeigt Bild 6.9.

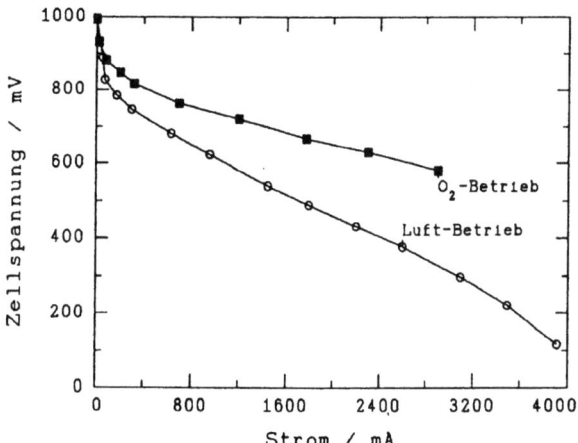

Bild 6.9   Strom-Spannungskennlinien einer kommerziellen Polymerelektrolyt-Brennstoffzelle; Brennstoff: Wasserstoff, Oxidationsmittel Sauerstoff (reiner Sauerstoff oder Luftsauerstoff).

Die Ruhespannung der Zelle ist von der Zusammensetzung des Versorgungsgases unabhängig. Der aus thermodynamischen Daten berechenbare Wert von $U_0 = 1{,}229$ V wird erwartungsgemäß nicht erreicht. Unter Last zeigt sich die Zelle im Betrieb mit Reinsauerstoffspeisung deutlich überlegen. Neben einer Verminderung der Diffusionshemmung (die Sauerstoffmoleküle müssen nicht durch ein überwiegend inertgashaltiges Volumen diffundieren) macht sich auch das Ausbleiben einer Inertgasanreicherung (vor allem bei längerem Betrieb gut zu beobachten) vorteilhaft bemerkbar.

Literatur

K. Kordesch und G. Simader: Fuel Cells and Their Applications , VCH, Weinheim 1996

7 Elektrochemische Produktionsverfahren

Elektrochemische Produktionsverfahren sind in verschiedenen Industriezweigen von großer Bedeutung, sie nehmen ca. 7 % des industriellen Stromverbrauchs auf. Sie spielen bei der Metallgewinnung und -aufarbeitung, der Herstellung organischer und anorganischer Stoffe und bei der Bearbeitung und Veredelung von Materialien und Werkstücken eine wichtige Rolle. Typische Beispiele aus der anorganischen Chemie sind die Chlor-Alkali-Elektrolyse oder die Gewinnung von Aluminium und Kupfer durch Elektrolyse entsprechender Schmelzen der wäßriger Lösungen. In der organischen Chemie ist der Einsatz elektrochemischer Verfahren ungleich vielseitiger, vom Gesamtvolumen her allerdings eher bescheiden. Die eingesetzten Verfahren zielen auf die Umwandlung funktioneller Gruppen sowie die Bildung von C-C-Verknüpfungen durch Reduktions- oder Oxidationprozesse. Typische Beispiele der Verarbeitung und Veredelung sind die galvanischen Oberflächenmodifizierungen durch Verkupfern, Vergolden oder Verbleien sowie das "Electrochemical Machining" für die Formgebung metallischer Werkstücke.

Die in der industriellen Anwendung eingesetzten Anlagen sind wegen ihrer Kompliziertheit, Größe und wegen der teilweise für Praktikumsbedingungen extremen Betriebsparameter (z.B. Salzschmelzen oder extrem große Stromdichten) im Laborversuch nicht leicht nachvollziehbar. Dennoch können wesentliche Gesichtspunkte der genannten Prozesse mit Ausnahme des "Electrochemical Machining" in Laborexperimenten nachvollzogen werden.

Versuch 7.1: Zementierungsreaktionen[*]

Aufgabenstellung

Die Kupferabscheidung an Eisenschrott und Zinkstaub in wäßriger Lösung wird untersucht.

Grundlagen

Wenn zur Lösung eines edleren Metallions ein unedleres Metall in elementarer Form zugegeben wird, fällt das edlere Metall in elementarer Form aus, während eine entsprechende Menge des unedleren Metallen in Lösung geht. Das Beispiel der Reaktion von Kupferionen und Eisen beschreibt folgende Gleichung:

---

[*] Der hier untersuchte Vorgang wird synonym als "Zementation", "Zementierung" oder "Zementieren" bezeichnet.

$$Cu^{2+} + Fe \rightarrow Cu + Fe^{2-} \tag{7.1}$$

Dieser Vorgang ist bei der technischen Gewinnung von Kupfer, Silber und anderen Metallen von Bedeutung. Bei der Kupfergewinnung wurde er durch die elektrolytische Abscheidung verdrängt. Er tritt ebenfalls bei der Bildung von Lokalelementen (vgl. Versuche zur Korrosion) auf. Außerdem ist er bei einfachen Verfahren der Bildung metallischer Überzüge (z.B. Kupferüberzüge auf Eisendraht) von praktischer Bedeutung.

Ausführung

Chemikalien und Geräte

wäßrige Kupfersulfatlösung, ca. 1 M
Eisenpulver
Zinkpulver
kleines Becherglas

Aufbau

Die Kupfersulfatlösung wird in das Becherglas gegeben, das zur besseren Erkennung der farblichen Veränderung auf eine weiße Unterlage gestellt wird.

Versuchsablauf

Zu der Kupfersulfatlösung wird eine Spatelspitze Eisenpulver gegeben. Nach Umrühren tritt langsame Entfärbung ein, bei Bedarf muß die Eisenzugabe wiederholt werden. Mit einer frischen Kupfersulfatlösung wird der Vorgang mit Zinkstaub wiederholt.

Auswertung

Die beobachtete Entfärbung zeigt die Reduktion der Kupferionen an, die sich zudem deutlich sichtbar als roter Kupferbelag auf den Eisenpartikeln abgeschieden haben. Da die Reaktion heterogen ist - sie läuft nur an der Phasengrenze Kupfersulfatlösung/Eisenpartikel ab - muß bei grobkörnigem Eisen eine größere Menge als bei feinkörnigem Eisen mit größerer spezifischer Oberfläche zugegeben werden. Mit feinem Zinkstaub verläuft die Reaktion besonders rasch. Die letztgenannte Reaktion läuft auch im Kippschen Wasserzersetzungsapparat ab, wenn der Schwefelsäure und den Zinkperlen etwas Kupfersulfatlösung zuegfügt wird. An den dabei gebildeten Lokalelementen finden die anodische Zinkauflösung (an der Zinkoberfläche) und die kathodische Wasserstoffentwicklung (an der Kupferoberfläche) besonders wirksam statt.

7 Elektrochemische Produktionsverfahren

Versuch 7.2: Galvanische Kupferabscheidung

Aufgabenstellung

Die Stromverteilung bei der Kupferabscheidung aus einer Kupfersulfatlösung auf einer geteilten Kupferelektrode wird untersucht.

Grundlagen

Bei elektrochemischen Prozessen an der Phasengrenze Lösung/Elektrodenwerkstoff wird meist davon ausgegangen, daß der Stoffumsatz (die lokale Stromdichte, die damit unmittelbar verknüpft ist) an allen Orten gleich ist. Dies wird in vielen Fällen und unter günstigen experimentellen Bedingungen (gut leitende Elektrolytlösungen, geringe Stromdichten, symmetrische Anordnung von Arbeits- und Gegenelektrode) der Wirklichkeit entsprechen. Bei technischen Elektrolysen in der Galvanik sind diese Bedingungen jedoch oft deutlich anders. Kompliziert geformte Werkstücke, schlecht leitende Elektrolytlösungen und eine höchst unsymmetrische Elektrodenanordnung führen zu Stromverteilungen, die vom Idealfall der gleichmäßigen Verteilung stark abweichen. Dies hat praktisch erhebliche, mitunter verheerende Folgen. Bei ungleicher Stromverteilung in der Metallabscheidung ist an Orten lokal geringer Stromdichte auch eine nur entsprechend geringe Metallabscheidung zu erwarten. Hängt die Eigenschaft eines Werkstückes (Korrosionsfestigkeit, Oberflächenhärte, Verschleißfestigkeit) von der lokalen Schichtdicke ab, so sind lokal unterschiedliche Eigenschaften zu befürchten.

Dem Galvanotechniker stehen verschiedene Möglichkeiten der Abhilfe offen. Geschickte Formung des Werkstückes, günstige Anordnung der Gegenelektroden, gut leitende und umgepumpte Elektrolytlösungen zählen dazu. Die Fähigkeit einer Elektrolytlösung, ungleiche Metallabscheidungen zu unterdrücken, wird als "Streufähigkeit" (engl. "throwing power") bezeichnet. Experimentell kann dies leicht mit einer geteilten Elektrode untersucht werden, bei der die durch Teile der Elektrodenoberfläche fließenden Ströme separat gemessen werden. Unter der Annahme, daß die elektrochemischen Eigenschaften der Kupferbleche an allen Orten der Oberfläche gleich sind und an allen Orten in der Lösung die gleiche Kupferionenkonzentration herrscht wird in diesem Versuch die primäre Stromdichteverteilung untersucht. Bezieht man neben dieser nur von der Zell- und Elektrodengeometrie bestimmte Verteilung lokal unterschiedliche elektrokatalytische Eigenschaften (z.B. lokale Hemmung der Kupferanscheidung durch verschmutzte Elektrodenoberfläche) ein, so spricht man von der sekundären Stromverteilung. Berücksichtigt man schließlich auch noch ungleiche Konzentrationen in der Lösung, so untersucht man die tertiäre Stromverteilung.

Ausführung

Chemikalien und Geräte

geteilte Kupferelektrode
Kupferdraht
verdünnte wäßrige Kupfersulfatlösung
2 identische Amperemeter
regelbare Stromquelle

Aufbau

An zwei gleich große Kupferbleche wird etwas neben der Mitte der kürzeren Kante ein isolierter Draht als Stromzuleitung und Aufhängung angelötet. Nach Abkleben der Lötstellen mit Isolierband werden die beiden Bleche mit einer starken Kunststoffolie als Zwischenlage aufeinander gelegt. Die Kanten werden mit Isolierband umklebt. Die beiden Anschlußdrähte werden über je ein Amperemeter mit dem Minuspol der Stromquelle verbunden, der Kupferdraht mit dem Pluspol. Die Elektroden werden in ein mit der Kupfersulfatlösung gefülltes Becherglas getaucht. An beiden Amperemetern wird der gleiche Meßbereich eingestellt (anderenfalls könnten unterschiedlich große Meßwiderstände das Resultat beeinflussen).

Versuchsablauf

Der Gesamtstrom wird an der Stromquelle eingestellt, die Teilströme werden an den beiden Amperemetern abgelesen. Der Versuch kann bei unterschiedlichen Lösungskonzentrationen und Zellgeometrien, Elektrodenabständen etc. wiederholt werden, um den Einfluß der Stromverteilung zu studieren.

Auswertung

In einem typischen Experiment mit einer verdünnten Lösung und nur einer Anode, die einem Blech gegenüber angeordnet wurde, stellte man bei einem Gesamtstrom von $I = 50$ mA ein Strom $I_v = 34,6$ mA durch die der Anode zugewandte Blechelektrode fest, während durch die abgewandte Elektrode nur $I_h = 15,4$ mA flossen. Bei einem Gesamtstrom von $I = 100$ mA waren die Zahlenwerte $I_v = 67$ mA und $I_h = 33$ mA.

7 Elektrochemische Produktionsverfahren

Versuch 7.3: Eloxieren von Aluminium (Eloxal-Verfahren)

Aufgabenstellung

Durch anodische Oxidation wird auf einer Aluminiumoberfläche ein Oxidfilm hergestellt, der anschließend eingefärbt und versiegelt wird.

Grundlagen

Auf praktisch allen Nichtedelmetallen befindet sich ein dünner Oxidfilm, wenn die Metalloberfläche der Luft ausgesetzt wurde. Diese Oxidschicht kann eine schützende (passivierende) Wirkung haben, wenn sie chemisch wie mechanisch besonders beständig ist. Die auf Aluminium leicht herstellbare Schicht von Al_2O_3 erfüllt diese Anforderungen in besonders vorteilhafter Weise. Dabei sind die Eigenschaften der auf natürlichem Wege gebildeten Schicht für eine technische Anwendung noch nicht ausreichend. Durch anodische Oxidation des Aluminiums in einer geeigneten Elektrolytlösung kann die Schicht jedoch leicht auf das technisch erwünschte Maß (ca. 0,02 mm) verdickt werden. Weitere einfache Behandlungsschritte verbessern die Eigenschaften weiter. Der Prozeß wird technisch als Eloxal-Verfahren bezeichnet.

Ausführung

Chemikalien und Geräte

Aluminiumblech, ca. 2x4 cm
Aluminiumdraht zum Aufhängen des Bleches
Aluminiumblechstreifen, ca. 1x10 cm
Trichlorethan oder anderes Fettentfernungsmittel
wäßrige Lösung von 1 M NaOH
wäßrige Lösung von 0,2 M HNO_3
wäßrige Lösung von 2 M H_2SO_4
wäßrige Lösung von 0,1 M $(NH_4)_3Fe(C_2O_4)_3$ [*]
Netzgerät
Becherglas

Aufbau

Für die anodische Oxidfilmbildung wird das Blech als Anode in die Mitte des mit der Schwefelsäure gefüllten Becherglases gehängt. Die Aluminiumblech-

---

[*] Die benötigte Lösung von Ammoniumeisenoxalat kann leicht durch Lösung von Eisen(III)chlorid und Ammoniumoxalat in Wasser hergestellt werden.

Kathode wird als Spiral die Anode umgebend eingehängt. Beide Elektroden werden mit dem Netzgerät verbunden.

Versuchsablauf

Das Aluminiumblech wird sorgfältig entfettet und einige Minuten in der warmen Natronlauge geätzt. dabei wird heftige Wasserstoffentwicklung beobachtet. Anschließend wird in verdünnter Salpetersäure neutralisiert und gründlich abgewaschen. Die Elektrolyse wird bei einer Bad Temperatur von ca. 26 °C bei einer Stromdicht $j = 10 .. 20$ mA·cm^{-2} für ungefähr 15 Minuten betrieben. dabei sollte die Klemmenspannung 15 Volt nicht übersteigen. Für eine besonders intensive Färbung ist eine dicke Oxidschicht erwünscht, hier ist eine Elektrolysezeit von ca. 30 Minuten zweckmäßig. Das Blech wird abgespült und einige Minuten in die warme (70 °C) Färbelösung gestellt. Wenn die gewünschte Farbtiefe erreicht ist, wird das Blech aus dem Bad genommen und abgespült. Eine abschließende Versiegelung der nun pigmentierten Oxidschicht ist durch fünfzehnminütiges Eintauchen in kochendes Wasser oder besser in eine kochende Lösung von 5 g Ni und 5 g Borsäure/l Wasser möglich.

Auswertung

Die Behandlung mit Natronlauge führt zu einer einheitlichen, gut definierten Oberfläche, die bei der anschließenden anodischen Oxidschichtbildung einen gleichmäßigen Film bildet. Siliziumhaltiges Aluminium zeigt hierbei wegen der abweichenden chemischen Eigenschaften des Siliziums unvorteilhafte Eigenschaften, die sich spätestens nach dem Einfärben in blasser und ungleichmäßiger Färbung zeigen. Bei der abschließenden Versiegelung wird das Aluminiumoxid teilweise in seine hydratisierte Form überführt. Die damit verbundene Volumenvergrößerung führt zu einer Verdichtung und damit zu einer mechanischen Verfestigung der Oberfläche.

Versuch 7.4: Kolbe-Elektrolyse von Essigsäure

Aufgabenstellung

Durch Kolbe-Elektrolyse von Essigsäure wird Ethan hergestellt.

Grundlagen

Bereits 1833 hat M. Faraday die Entstehung von Kohlendioxid und einem Kohlenwasserstoff bei der Elektrolyse einer Kaliumacetatlösung berichtet. Er nahm zunächst an, daß es sich um sekundäre Produkte des Angriffs von an der Anode entstandenem Sauerstoff auf das Acetat handelte. Zu seinem Erstaunen

7 Elektrochemische Produktionsverfahren

wurde eine reduzierte Verbindung mit Kohlenstoffatomen in niedrigerer Oxidationsstufe - das Ethan - an der Anode beobachtet. 1848 - 1850 studierte H. Kolbe die Reaktion eingehender, die später mit seinem Namen verbunden wurde. Er formulierte allgemein, daß aus dem durch Verlust einer CO_2-Einheit aus dem anodisch entladenen Karbonsäureanion gebildeten Radikal ein Kohlenwasserstoff gebildet wird. Die Reaktion bei der hier untersuchten Oxidation der Essigsäure ist

$$2\ CH_3COO^- \rightarrow 2\ CO_2 + C_2H_6 + 2\ e^- \tag{7.2}$$

Als Zwischenprodukte werden nach aktuellem Kenntnisstand freie Radikale angenommen. Da als Anode eine Platinelektrode kleiner Oberfläche benutzt wird, an der ein großer Strom und damit eine hohe Stromdichte eingestellt ist, stellt sich eine erhebliche stationäre Konzentration freier Radikale ein.

$$CH_3COO^- \rightarrow C_3CO_2^\bullet \rightarrow CH_3^\bullet + CO_2 \tag{7.3}$$

Die radikalische Rekombination führt zum Kohlenwasserstoff:

$$CH_3^\bullet \rightarrow C_2H_6 \tag{7.4}$$

Das Auftreten des radikalischen Zwischenproduktes kann durch eine Abfangreaktion mit Styrol nachgewiesen werden. Dabei wird die Polymerisation von Styrol (eine radikalische Reaktion) initiiert.

Ausführung

<u>Chemikalien und Geräte</u>

50 g Natriumacetat-Hydrat
50 ml Eisessig
Platindrahtelektrode (gewinkelt)
Kupferdrahtspirale (als Kathode)
Netzgerät
Kristallisierschale
Bürette (50 bis 100 ml) mit zwei Hähnen

<u>Aufbau</u>

Für die Elektrolyse kann die in Bild 7.1 skizzierte Anordnung verwendet werden.

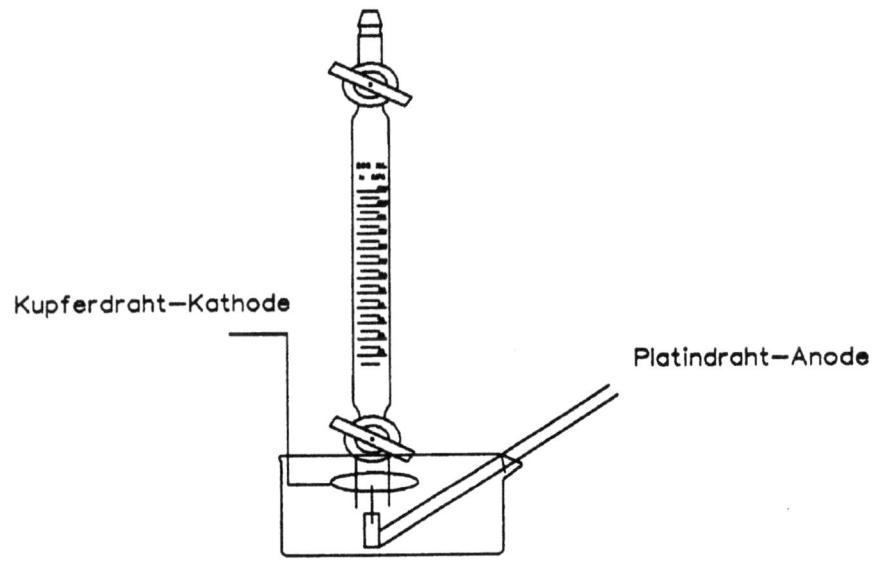

Bild 7.1 Anordnung für eine Kolbe-Elektrolyse.

Versuchsablauf

Die Elektrolytlösung wird in die Schale eingefüllt. Die Platindraht-Anode wird so befestigt, daß der Draht im unteren Glasrohrende der Bürette sitzt. Die Kupferdraht-Kathode wird außen um das Glasrohr gelegt. So wird das Eindringen kathodisch gebildeten Wasserstoffs in die Bürette verhindert. Die Bürette wird durch Ansaugen bis zum oberen Hahn mit Lösung gefüllt. Eine Elektrolysespannung von ca. $U = 12$ V führt zu einer annehmbaren Gasentwicklung. Da vor allem das entstehende Kohlendioxid eine nicht vernachlässigbare Löslichkeit in der Elektrolytlösung besitzt, sollte eine erste Elektrolyse bis zur Füllung der Bürette durchgeführt werden. Die nunmehr produktgesättigte Lösung wird erneut in die Bürette gesaugt. Nun wird elektrolysiert, bis der Raum zwischen den Hähnen mit Gas gefüllt ist. Nach Schließen der Hähne kann das gebildete Gas zur weiteren Analyse verwendet werden. Wird es mit einer Natronlaugelösung ausgeschüttelt, so zeigt die Volumenverminderung die Abreaktion des gebildeten Kohlendioxids an. Wird das verbleibende Restgas vorsichtig ausgetrieben und entzündet, so brennt es mit der für einen Kohlenwasserstoff typischen bläulichen Flamme ruhig ab.

7 Elektrochemische Produktionsverfahren

Auswertung

Neben der Identifizierung der entstandenen Produkte kann die quantitative Bestimmung der Ausbeute versucht werden. Das erwartete Volumenverhältnis von Kohlendioxid zu Ethan 2:1 wird in der Regel wegen des sehr einfachen Versuchsaufbaus nicht genau ermittelt.

Versuch 7.5: Elektrolyse von Acetylaceton

Aufgabenstellung

Durch indirekte Oxidation von Acetylaceton (Pentan-2,4-dion) in einer nichtwäßrigen Elektrolytlösung ist 3,4-Diacetylhexan-2,5-dion herzustellen.

Grundlagen

Durch indirekte anodische Oxidation von Acetylaceton entsteht ein jodsubstituiertes Zwischenprodukt, das in einer Kopplungsreaktion zu 3,4-Diacetylhexan-2,5-dion umgesetzt wird. Bild 7.2 zeigt die summarische Reaktionsgleichung.

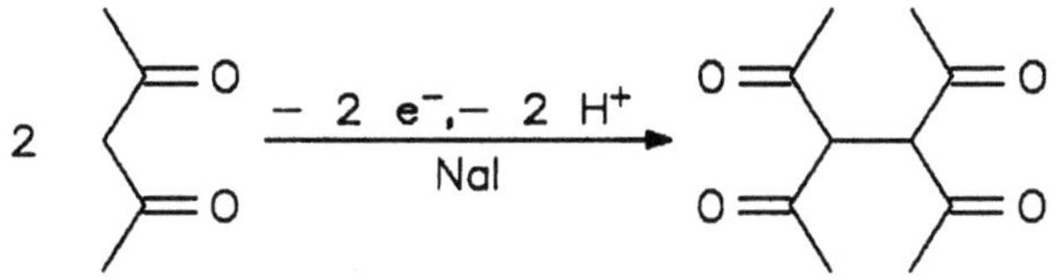

Bild 7.2 Reaktionsschema zur Bildung von 3,4-Diacetylhexan-2,5-dion.

Eine genaue Betrachtung des Reaktionsablaufes läßt Einzelheiten der hier ablaufenden anodischen Dimerisierung deutlicher erkennen. Entsprechend der in Bild 7.2 gezeigten Reaktionsgleichung ist das saure Wasserstoffatom in der 3-Position unter Bildung eines Protons und des Acetylacetonanions leicht abspaltbar. An der Anode wird Jodid zu Jod oxidiert.

Jod bildet mit dem Anion ein in 3-Position jodsubstituiertes Acetylaceton. Da der Jodsubstituent sehr reaktiv ist geht die Substitutionsreaktion durch ein weiteres Acetylacetonanion am benachbarten Kohlenstoffatom glatt. Unter Abspaltung eines weiteren Jodidions, das wiederum oxidiert werden kann, wird das Produkt gebildet.

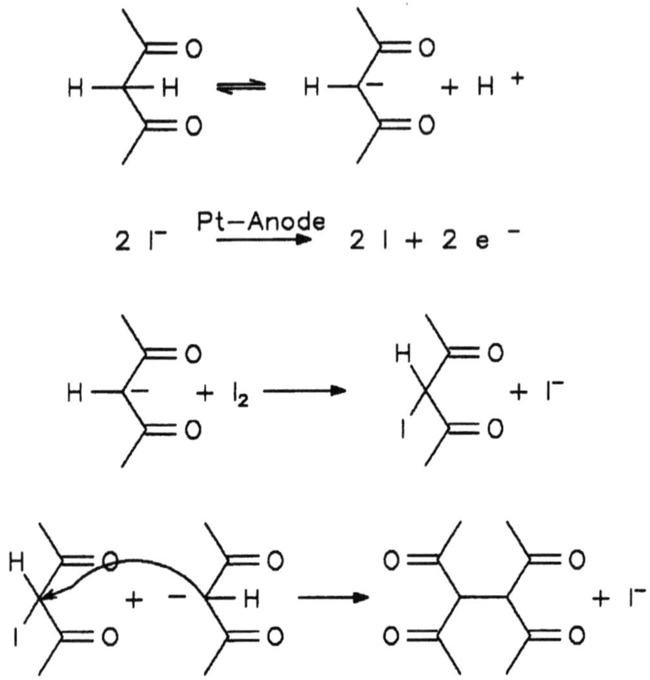

$$2\,I^- \xrightarrow{\text{Pt-Anode}} 2\,I + 2\,e^-$$

Bild 7.3 Mechanismus der anodischen Dimerisierung von Acetylaceton.

Ausführung

<u>Chemikalien und Geräte</u>

250 ml Aceton
40 mM Acetylaceton (4 g)
1 Spatelspitze NaI
Platinnetzelektrode
Eisendrahtelektrode
Becherglas
Magnetrührplatte
Rührfisch
Netzgerät (90 V, 0,5 A)

Aufbau

Die als Drahtwendel ausgebildete Eisendrahtelektrode wird als Kathode geschaltet; die Platinnetzelektrode konzentrisch angeordnet als Anode (vgl. Bild 7.4).

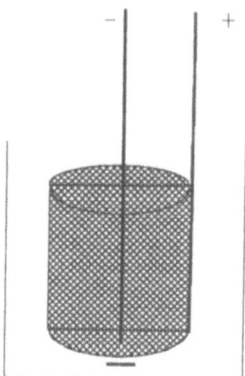

Bild 7.4 Anordnung für die Elektrolyse von Acetylaceton.

Die Lösung von Acetylaceton in Aceton wird in ein Becherglas gegeben und mit dem Rührfisch versehen auf den Magnetrührer gesetzt. Die beiden Elektroden werden so montiert, daß sie in die Lösung eintauchen, ohne sich zu berühren oder den Rührfisch zu behindern.

Versuchsablauf

Eine Gleichspannung von ca. 60 Volt* wird angelegt. Zunächst fließt ein sehr kleiner Gleichstrom, mitunter fließt kein meßbarer Strom. Nach Zugabe einer Spatelspitze NaI steigt der Strom rasch an. Er wird am Netzgerät auf 0,5 A begrenzt. Ist dieser Strom auch nach Erhöhen der Gleichspannung nicht erreichbar, muß weiteres NaI zugesetzt werden. Bei $I = 0,5$ A wird zwei Stunden elektrolysiert. Durch die Joulesche Verlustwärme erwärmt sich die Reaktionsmischung. Abdampfendes Aceton muß daher ersetzt werden. Falls das Aceton wegen übermäßiger Erwärmung zu rasch abdampft kann es auch zu erheblichen Jodverlusten kommen. In diesem Fall sinkt der Elektrolysestrom dramatisch ab. Durch Zugabe von etwas NaI kann der Verlust leicht

---

* Entsprechend den für elektrische Geräte und ihre Nutzung geltenden Vorschriften ist bei Gleichspannungen der hier verwendeten Größe ein im Vergleich zu deutlich kleineren Spannungen größere Vorsicht angezeigt. Dies gilt für den Berührungsschutz ebenso wie für Vorkehrungen gegen elektrische Kurzschlüsse.

ausgeglichen werden. Nach Ablauf der Elektrolysezeit werden die Elektroden entnommen. Am Rotationsverdampfer wird das Aceton aus der Reaktionslösung abgezogen. Das braungefärbte Produkt wird mit 10 ml Aceton aufgenommen. Diese Mischung wird über Nacht im Gefrierschrank aufbewahrt. Die am nächsten Morgen ausgefallenen Kristalle werden auf einem Büchnertrichter abgetrennt. Waschen mit Wasser führt zur weitgehenden Entfärbung (Waschen mit Wasser/Aceton-Mischung (5:1) führt dagegen leicht zur völligen Auflösung des in Aceton gut löslichen Produktes.). Die erhaltenen Kristalle rekristallisieren bei ca. 160 °C, bei 160 °C ist erste Sublimation zu beobachten. Die dabei beobachteten weißen Kristalle des Produktes schmelzen in Übereinstimmung mit den Literaturangaben bei 192 - 194 °C. Die Rohausbeute betrug im beschriebenen Beispiel 12 %.

Literatur

M.N. Elinson, T.L. Lizunova und T.I. Nikishin, Bull. Acad. Sci. USSR (Engl. Transl.) 41 (1992) 123.

Versuch 7.6: Anodische Oxidation von Malonsäurediethylester

Aufgabenstellung

Durch indirekte Oxidation von Malonsäurediethylester in einer nichtwäßrigen Elektrolytlösung ist Ethentetracarbonsäure-Ethylesther herzustellen.

Grundlagen

Durch anodische Oxidation von Malonsäurediethylester entsteht ein jodsubstituiertes Zwischenprodukt, das in einer Kopplungsreaktion zu Ethentetracarbonsäure-Ethylesther umgesetzt wird. Bild 7.5 zeigt die summarische Reaktionsgleichung.

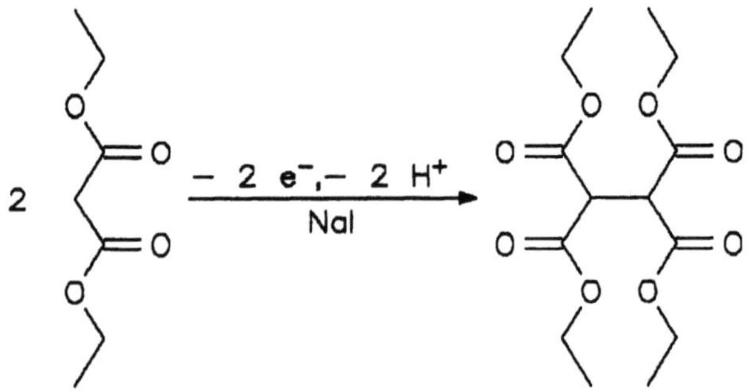

Bild 7.5   Reaktionsschema zur Bildung von Ethentetracarbonsäure-Ethylesther.

7 Elektrochemische Produktionsverfahren

Der Reaktionsablauf entspricht dem für die Elektrolyse von Acetylaceton diskutierten Mechanismus.

Ausführung

Chemikalien und Geräte

250 ml Aceton
40 mM Malonsäurediethylester (6,07 ml)
1 Spatelspitze NaI
Platinnetzelektrode
Eisendrahtelektrode
Becherglas
Magnetrührplatte
Rührfisch
Netzgerät (90 V, 0,5 A)

Aufbau

Die als Drahtwendel ausgebildete Eisendrahtelektrode wird als Kathode geschaltet; die Platinnetzelektrode konzentrisch angeordnet als Anode (vgl. Bild 7.4).
Die Lösung von Malonsäurediethylester in Aceton wird in ein Becherglas gegeben und mit dem Rührfisch versehen auf den Magnetrührer gesetzt. Die beiden Elektroden werden so montiert, daß sie in die Lösung eintauchen, ohne sich zu berühren oder den Rührfisch zu behindern.

Versuchsablauf

Eine Gleichspannung von ca. 60 Volt* wird angelegt. Zunächst fließt ein sehr kleiner Gleichstrom, mitunter fließt kein meßbarer Strom. Nach Zugabe einer Spatelspitze NaI steigt der Strom rasch an. Er wird am Netzgerät auf 0,5 A begrenzt. Ist dieser Strom auch nach Erhöhen der Gleichspannung nicht erreichbar, muß weiteres NaI zugesetzt werden. Bei $I = 0,5$ A wird zwei Stunden elektrolysiert. Durch die Joulesche Verlustwärme erwärmt sich die Reaktionsmischung. Abdampfendes Aceton muß daher ersetzt werden. Nach Ablauf der Elektrolysezeit werden die Elektroden entnommen. Am Rotationsverdampfer wird das Aceton aus der Reaktionslösung abgezogen. Das braungefärbte Produkt wird mit 10 ml Aceton aufgenommen. Diese Mischung wird über Nacht im Ge-

---

* Entsprechend den für elektrische Geräte und ihre Nutzung geltenden Vorschriften ist bei Gleichspannungen der hier verwendeten Größe ein im Vergleich zu deutlich kleineren Spannungen größere Vorsicht angezeigt. Dies gilt für den Berührungsschutz ebenso wie für Vorkehrungen gegen elektrische Kurzschlüsse.

frierschrank aufbewahrt. Die am nächsten Morgen ausgefallenen Kristalle werden auf einem Büchnertrichter abgetrennt. Waschen mit Wasser führt zur weitgehenden Entfärbung, weiteres Waschen mit Wasser/Aceton-Mischung (5:1) führt zur weiteren Aufhellung des in Aceton gut löslichen Produktes. Die erhaltenen Kristalle schmelzen in Übereinstimmung mit den Literaturangaben bei 73 - 74 °C. Die Ausbeute betrug im beschriebenen Beispiel 59 %.

Literatur

M.N. Elinson, T.L. Lizunova und T.I. Nikishin, Bull. Acad. Sci. USSR (Engl. Transl.) 37 (1988) 2285.

Versuch 7.7: Indirekte anodische Dimerisierung von Acetessigesterester

Aufgabenstellung

Durch indirekte Oxidation von Acetessigesterester in einer nichtwäßrigen Elektrolytlösung ist 2,5-Dioxo-hexan-dicarbonsäure-(3.4)-diethylester (2,3-Diacetylbernsteinsäurediethylester) herzustellen.

Grundlagen

Durch indirekte anodische Oxidation von Acetessigesterester entsteht ein jodsubstituiertes Zwischenprodukt, das in einer Kopplungsreaktion zu 2,5,-Dioxo-hexan-dicarbosäure-(3.4)-diethylester umgesetzt wird. Bild 7.6 zeigt die summarische Reaktionsgleichung.

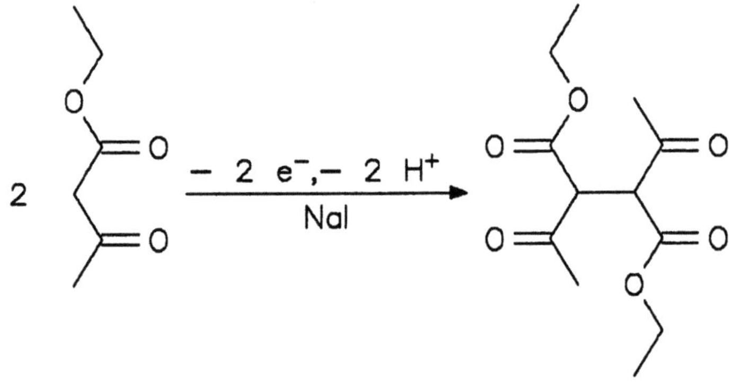

Bild 7.6 Reaktionsschema zur Bildung von 2,5,-Dioxo-hexan-dicarbonsäure-(3.4)-diethylester.

Der Reaktionsablauf entspricht dem für die Elektrolyse von Acetylaceton diskutierten Mechanismus.

Ausführung

Chemikalien und Geräte

250 ml Aceton
40 mM Acetessigesterester (4 g)
1 Spatelspitze NaI
Platinnetzelektrode
Eisendrahtelektrode
Becherglas
Magnetrührplatte
Rührfisch
Netzgerät (90 V, 0,5 A)

Aufbau

Die als Drahtwendel ausgebildete Eisendrahtelektrode wird als Kathode geschaltet; die Platinnetzelektrode konzentrisch angeordnet als Anode (vgl. Bild 7.4).
Die Lösung von Acetessigesterester in Aceton wird in ein Becherglas gegeben und mit dem Rührfisch versehen auf den Magnetrührer gesetzt. Die beiden Elektroden werden so montiert, daß sie in die Lösung eintauchen, ohne sich zu berühren oder den Rührfisch zu behindern.

Versuchsablauf

Eine Gleichspannung von ca. 60 Volt[*] wird angelegt. Zunächst fließt ein sehr kleiner Gleichstrom, mitunter fließt kein meßbarer Strom. Nach Zugabe einer Spatelspitze NaI steigt der Strom rasch an. Er wird am Netzgerät auf 0,5 A begrenzt. Ist dieser Strom auch nach Erhöhen der Gleichspannung nicht erreichbar, muß weiteres NaI zugesetzt werden. Bei $I = 0,5$ A wird zwei Stunden elektrolysiert. Durch die Joulesche Verlustwärme erwärmt sich die Reaktionsmischung. Abdampfendes Aceton muß daher ersetzt werden. Nach Ablauf der Elektrolysezeit werden die Elektroden entnommen. Am Rotationsverdampfer wird das Aceton aus der Reaktionslösung bei mäßigem Vakuum abgezogen (Ersatzweise kann das Aceton auch im Wasserbad vorsichtig abge-

---

[*] Entsprechend den für elektrische Geräte und ihre Nutzung geltenden Vorschriften ist bei Gleichspannungen der hier verwendeten Größe ein Vergleich zu deutlich kleineren Spannungen größere Vorsicht angezeigt. Dies gilt für den Berührungsschutz ebenso wie für Vorkehrungen gegen elektrische Kurzschlüsse.

dampft werden, um Mitverdampfung des Produktes bei zu niedrigem Druck zu vermeiden). Das braungefärbte Produkt wird mit 10 ml Aceton aufgenommen. Diese Mischung wird über Nacht im Gefrierschrank aufbewahrt. Die am nächsten Morgen ausgefallenen Kristalle werden auf einem Büchnertrichter abgetrennt. Nach Waschen mit wenig Wasser/Aceton-Mischung (5:1) bleiben Kristalle zurück. Sie schmelzen in Übereinstimmung mit den Literaturangaben bei 84 °C. Die Ausbeute betrug im beschriebenen Beispiel 20 %.

Literatur

M.N. Elinson, T.L. Lizunova und T.I. Nikishin, Bull. Acad. Sci. USSR (Engl. Transl.) 41 (1992) 123.

Versuch 7.8: Elektrochemische Bromierung von Aceton

Aufgabenstellung

Durch elektrochemische Bromierung von Aceton wird Bromoform hergestellt.

Grundlagen

In der klassischen Haloform-Reaktion der organischen Synthese wird eine organische Verbindungen mit einer oxidierbaren Methylgruppe mit einem Hypohalogenit in alkalischer Lösung umgesetzt. Das halogenierte Zwischenprodukt spaltet unter Einwirkung von Alkali das entsprechende Haloform ab, eine Carbonsäure bleibt zurück. Der Ablauf ist vereinfacht in Bild 7.7 dargestellt.

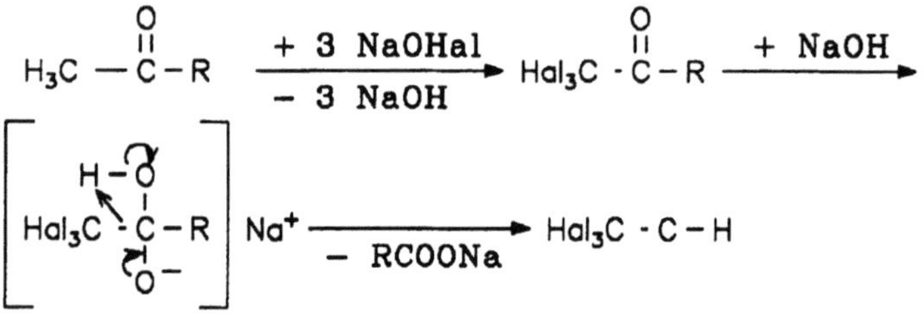

$$H_3C-\underset{\underset{O}{\|}}{C}-R \xrightarrow[-3\ NaOH]{+3\ NaOHal} Hal_3C-\underset{\underset{O}{\|}}{C}-R \xrightarrow{+NaOH}$$

$$\left[Hal_3C-\underset{\underset{O^-}{|}}{\overset{H-O}{\underset{|}{C}}}-R\right] Na^+ \xrightarrow{-RCOONa} Hal_3C-C-H$$

Bild 7.7 Mechanismus der Haloform-Reaktion.

Dieser Vorgang kann auch elektrochemisch durchgeführt werden. Dabei wird anodisch das Halogen aus dem entsprechenden Halogenid gebildet. Es reagiert mit der eingesetzten organischen Verbindung. Im hier vorgestellten Beispiel ist die vereinfachte Reaktion an der Anode:

$$3\,Br^- + 4\,OH^- + (CH_3)_2O \rightarrow CHBr_3 + CH_3OO^- + 3\,H_2O \quad (7.5)$$

An der Kathode läuft die Wasserstoffentwicklung nach

$$6\,H_2O + 6\,e^- \rightarrow 3\,H_2 + 6\,OH^- \quad (7.6)$$

Da in einer ungeteilten Zelle gearbeitet wird, führt die Kathodenreaktion zu einer Alkalisierung der Elektrolytlösung. Auch wenn die Hydroxylionen für die Reaktion benötigt werden ist ein Überschuß unerwünscht, da er zur alkalischen Disproportionierung des anodisch gebildeten Broms führen würde:

$$3\,Br_2 + 6\,OH^- \rightarrow 5\,Br^- + BrO_3^- + 3\,H_2O \quad (7.7)$$

Im ungünstigsten Fall würde diese Konkurrenzreaktion die Bromformbildung überflügeln. Der pH-Wert einer Hydrogenkarbonatlösung hat sich als besonders vorteilhaft erwiesen. Durch die entstehenden Hydroxylionen wird diese Lösung langsam in eine Karbonatlösung umgewandelt. In dieser Lösung wird Aceton direkt zu Essigsäure und Kohlendioxid oxidiert. Um dies zu vermeiden wird Kohlendioxid in die Lösung eingeleitet, das die Hydrogenkarbonatkonzentration aufrecht erhält. Damit wird bei hoher Stromausbeute nur bromhaltiges Bromoform gewonnen, das allerdings leicht gereinigt werden kann. In der ungeteilten Zelle können Brom und Bromoform an der Kathode unter Verminderung der Stromausbeute reduziert werde. Der Zusatz von Kaliumchromat unterdrückt dies weitgehend. Vermutlich bildet Chromat auf der Kathode eine Chromoxidschicht, an der die unerwünschten Reaktionen stark inhibiert sind. Die Verwendung eines Alkohols an Stelle des Acetons (wie bei der Jodoform-Bildung, vgl. Versuch 7.9) ist wegen des hohen Elektrodenpotentials, das für die Brombildung benötigt wird, ausgeschlossen. Bei diesem Potential würde der Alkohol oxidiert.

Ausführung

<u>Chemikalien und Geräte</u>

12,5 g Kaliumbromid
7,5 g Kaliumhydrogenkarbonat
7,5 ml Aceton
0,125 g K_2CrO_4
Wasser
2 Platindraht- oder Blechelektroden
Becherglas
Kohlendioxid

Aufbau

Die Lösungskomponenten werden in Wasser zu einem Gesamtvolumen von 75 ml aufgelöst. Für die Elektrolyse werden die beiden Platinbleche in die Lösung gehängt. Das Zellgefäß wird in ein Kühlbad gehängt.

Versuchsablauf

Bromoform ist gesundheitsgefährdend. Die Elektrolyse muß daher ebenso wie die Aufarbeitung des Produktes im Abzug durchgeführt werden. Die Elektrolyse wird bei einer Stromdichte von ca. $0{,}1$ $A \cdot cm^{-2}$ vorgenommen. Eine höhere Stromdichte führt zu übermäßiger Gasentwicklung mit dem Gefahr des Verlustes von Produkt mit dem Gasstrom. Für die vorgeschlagene Elektrolytlösung ergibt sich eine Elektrolysezeit von ca. sieben Stunden. Bei größeren Elektroden verkürzt sie sich entsprechend, dies gilt analog auch bei kleineren Lösungsansätzen. Während der Elektrolyse sollte eine Temperatur von ungefähr 17 °C eingehalten werden. Kohlendioxid wird ständig durch die Lösung geleitet. Färbt sich die Lösung gelb, so ist der Gasstrom zu steigern. Die Bildung des bromhaltigen Produktes ist bereits nach kurzer Elektrolysedauer zu beobachten, kleine Tröpfchen sammeln sich auf dem Zellboden. Nach Abschluß der Elektrolyse ist diese Fraktion mit einem Scheidetrichter abzutrennen und in wenig acetonhaltiger Sodalösung zu reinigen. Im Beispiel wurden 2 ml Bromoform erhalten, dies entspricht einer Ausbeute von ca. 9%.

Versuch 7.9: Elektrochemische Jodierung von Ethylalkohol

Aufgabenstellung

Durch elektrochemische Jodierung von Ethylalkohol wird Jodoform hergestellt.

Grundlagen

Entsprechend der elektrochemischen Bromierung von Aceton ist auch die Bildung des Jodoforms möglich. Da das Elektrodenpotential zur anodischen Jodentwicklung bedeutend niedriger als das der Bromentwicklung ist kann als organische Ausgangsverbindung ein oxidationsempfindlicheres Molekül verwendet werden. Dies ist hier Ethanol statt Aceton.

An der Anode wird aus der alkalischen Kaliumjodidlösung gemäß

$$2\ I^- \rightarrow I_2 + 2\ e^- \tag{7.8}$$

Iod disproportioniert entsprechend

$$3\,I^- + 4\,OH^- \rightarrow 2\,HIO + IO^- + 3\,I^- + H_2O \qquad (7.9)$$

Als hier unerwünschte Folgereaktion kann es zur Bildung von Jodat kommen:

$$2\,HIO + IO^- \rightarrow IO^{3-} + 2\,H^+ + 2\,I^- \qquad (7.10)$$

In Abwesenheit eines weiteren Reaktionspartners (hier des Alkohols) ergibt sich als Bruttoreaktion:

$$3\,I_2 + 6\,OH^- \rightarrow IO^{3-} + 5\,I^- + 3\,H_2O \qquad (7.11)$$

In Gegenwart eines Alkohols ist als Konkurrenzreaktion die Bildung des Jodoforms möglich. Mit Ethanol lautet die Bruttoreaktionsgleichung:

$$5\,I_2 + CH_3CH_2OH + 9\,OH^- \rightarrow CHI_3 + CO_3^{2-} + 7\,I^- + 7\,H_2O \qquad (7.12)$$

Der Mechanismus entspricht dem bei der Bromoformreaktion dargestellten Ablauf. Die Produktverteilung auf Jodoform und Jodat hängt von der Zusammensetzung der Elektrolytlösung ab. Eine stärker alkalische Lösung begünstigt die Jodatbildung, eine weniger alkalische Lösung unterstützt die Jodoformbildung. Daher wird in diesem Versuch eine karbonathaltige Lösung verwendet. Eine genauere Betrachtung der in der ungeteilten Zelle an Anode und Kathode ablaufenden Vorgänge weist auf eine denkbare Komplikation hin. An der Anode werden entsprechend der folgenden Elektrodenreaktionsgleichung Hydroxylionen verbraucht*:

$$10\,I^- + CH_3CH_2OH + 9\,OH^- \rightarrow CHI_3 + CO_3^- + 7\,H_2O + 7\,I^- + 10\,e^- \qquad (7.13)$$

Für zehn Mol Elektronen werden neun Mol Hydroxylionen verbraucht. An der Kathode findet summarisch der folgende Vorgang statt:

$$10\,H_2O + 10\,e^- \rightarrow 10\,OH^- + 5\,H_2 \qquad (7.14)$$

Insgesamt werden u.a. Hydroxylionen erzeugt. Dies wird in der ungeteilten Zelle zu einer Verschiebung zu höheren pH-Werten führen. Damit wird in der erwähnten Konkurrenzreaktion die Jodatbildung begünstigt. Um dies zu Verhindern wird während der Elektrolyse Kohlendioxid eingeleitet. Die Dosierung ist allerdings so knapp wie möglich vorzunehmen, da ein zu niedriger pH-Wert die Ge-

---

* Zur Verdeutlichung sind die verschiedenen Teilreaktionen summiert, die folgend denkbare Vereinfachung der Stöchiometrie der Gleichung wurde jedoch noch nicht vorgenommen.

schwindigkeit der Jodoformbildung unnötig herabsetzt.

Ausführung

Chemikalien und Geräte

2,04 g Kaliumiodid
1,66 g wasserfreies Natriumkarbonat
4,17 ml absolutes Ethanol
16,7 ml Wasser
2 Platindraht- oder Blechelektroden (ca. 2 cm² Oberfläche)
Becherglas
Kohlendioxid
Netzgerät

Aufbau

Die Elektrolytbestandteile werden zusammengeschüttet. Für die Elektrolyse werden die beiden Platinbleche in die Lösung gehängt. Das Zellgefäß wird in ein Kühlbad gehängt.

Versuchsablauf

Iodoform ist gesundheitsgefährdend. Die Elektrolyse muß daher ebenso wie die Aufarbeitung des Produktes im Abzug durchgeführt werden. Die Elektrolyse wird bei einer Stromdichte von ca. 0,1 $A \cdot cm^{-2}$ vorgenommen. Eine höhere Stromdichte führt zu übermäßiger Gasentwicklung mit dem Gefahr des Verlustes von Produkt mit dem Gasstrom. Für die vorgeschlagene Elektrolytlösung ergibt sich eine Elektrolysezeit von ca. vier Stunden. Bei größeren Elektroden verkürzt sie sich entsprechend, dies gilt analog auch bei kleineren Lösungsansätzen. Während der Elektrolyse sollte eine Temperatur von ungefähr 17 °C eingehalten werden. Kohlendioxid wird ständig durch die Lösung geleitet. Ein optimaler Durchfluß ist erreicht, wenn die Lösung bernsteingelb gefärbt ist. Kurze Zeit nach Beginn der Elektrolyse bilden sich feine Partikel von gelb gefärbtem Iodoform, die an der Flüssigkeitsoberfläche schwimmen. Sie können nach Abschluß der Elektrolyse durch Filtern abgetrennt werden. Das Produkt wird mit Wasser gewaschen und getrocknet. Für die Ermittlung der auf das eingesetzte Kaliumjodid bezogenen Ausbeute wird die stöchiometrisch korrekt vereinfachte Gl. 7.15 verwendet:

$$3\,I^- + CH_3CH_2OH + 9\,OH^- \rightarrow CHI_3 + CO_3^- + 7\,H_2O + 10\,e^- \quad (7.15)$$

Im dargestellten Beispiel wird eine Ausbeute von ca. 50 % berechnet.

7 Elektrochemische Produktionsverfahren 289

Versuch 7.10: Elektrochemische Darstellung von Kaliumperoxodisulfat

Aufgabenstellung

Durch elektrochemische Oxidation von Sulfationen wird Kaliumperoxodisulfat hergestellt.

Grundlagen

Die anodische Oxidation von Hydrogensulfationen führt gemäß

$$2\ HSO_4^- \rightarrow H_2S_2O_8 + 2\ e^- \tag{7.16}$$

zur Bildung der Peroxodischwefelsäure, deren Salz bei ausreichender Kationenkonzentration ausfällt. Als denkbarer Reaktionsweg ist die Bildung von SO_4^- als Zwischenprodukt vorgeschlagen worden:

$$HSO_4^- \rightarrow SO_4^- + e^- \tag{7.17}$$

In einer Rekombination wird das Produkt gebildet:

$$2\ SO_4^- \rightarrow S_2O_8^{2-} \tag{7.18}$$

Aus dem Salz kann durch Hydrolyse Wasserstoffperoxid gewonnen werden, dieses Verfahren ist inzwischen im Vergleich zu anderen Prozessen (z.B. Anthrachinonverfahren) nicht mehr konkurrenzfähig.

Ausführung

<u>Chemikalien und Geräte</u>

Platindrahtelektrode (Anode)
Platinblechelektrode oder Nickelblechelektrode (Kathode)
gesättigte wäßrige Lösung von Kaliumhydrogensulfat
Becherglas
mit poröser Fritte oder Wattestopfen am unteren Ende verschlossenes Glasrohr
großes Becherglas mit Eis-Wasser-Kältemischung
Netzgerät

<u>Aufbau</u>

Das mit gesättigter Kaliumhydrogensulfatlösung gefüllte kleine Becherglas wird in ein Eis-Wasser-Kältebad gehängt. Als Anode wird eine kleine Platindrahtelektrode in das Becherglas eingehängt. In einem Glasrohr, das an seinem unteren Ende mit einem Wattestopfen oder eine Glasfritte versehen ist, wird die großflächige Kathode (Platinblech oder Nickelblech) angebracht, dieses Gefäß wird ebenfalls in das Becherglas gehängt.

Versuchsablauf

Mit einer Spannung von ca. 12 V und einer Stromstärke von ca. 1,5 A wird mindestens eine halbe Stunde elektrolysiert. Die eingebrachte elektrische Leistung führt zu erheblicher Wärmeentwicklung (Joulesche Wärme), bei Bedarf muß das Eisbad um zusätzliches Eis ergänzt werden. Nach einiger Zeit fallen weiße Kristalle von $K_2S_2O_8$ aus. Sie können durch Filtern abgetrennt und durch Waschen mit wenige eiskaltem Wasser gereinigt werden. Eine Identifizierung ist Oxidation von Jodid oder Mn^{2+}-Ionen möglich.

Kontrollfrage

Welches Nebenprodukt entsteht an der Kathode?

Versuch 7.11: Ausbeute der Chlor-Alkalielektrolyse nach dem Diaphragmaverfahren.

Aufgabenstellung

Während der Chlor-Alkalielektrolyse nach dem Diaphragmaverfahren in einer Modellzelle ist die Stromaubeute durch Titration der entstehenden Natronlauge zu bestimmen.

Grundlagen

Bei der Chlor-Alkalielektrolyse nach dem Diaphragmaverfahren (LF 205) werden die Elektrolytlösungen im Anoden- und Kathodenraum durch ein poröses Diaphragma getrennt. Seine Aufgabe besteht in der Verhinderung der Vermischung der entstehenden Gase (Wasserstoff und Chlor) unter Bildung von Clorknallgas und in der Verhinderung der Vermischung der Lösungen. Hydroxylionen, die von ihrem Entstehungsort und der Kathode zur Anode gelangen würden, reagieren dort mit dem entstehenden Chlor und führen zu ausbeutevermindernden und daher unerwünschten Nebenreaktionen. Als Diaphragma wurde zunächst mit Kochsalz versetzter Zementmörtel verwendet, dessen Salzanteil nach dem Aushärten herausgelöst wurde. Der so erhaltene poröse Körper erfüllte seine Aufgabe, wurde aber in der Folgezeit durch Asbestfaserdiaphragmen ersetzt. Auch ihre Wirkung ist nicht perfekt, selbst bei Optimierung der Flußrichtung und Strömungsgeschwindigkeit der Elektrolytlösung kann der unerwünschte Transfer der Hydroxylionen nicht vollkommen verhindert werden.

7 Elektrochemische Produktionsverfahren

Bei der Ermittlung der Ausbeute der Elektrolyse wird diese Schwäche des Verfahrens deutlich. Die ermittelte Chlor- Wasserstoff- und Laugemasse wird kleiner als erwartet ausfallen. Üblicherweise wird die Ausbeute auf die entsprechend der umgesetzten elektrischen Ladungsmenge erwarteten Stoffmassen bezogen, diese Ausbeute wird auch als Faraday-Ausbeute bezeichnet.

Ausführung

Chemikalien und Geräte

wäßrige Kochsalzlösung 20 Gew%
Lauge zur Chlorabsorption
Phenolphthalein-Indikatorlösung
0,1 M Salzsäure zur Titration
Elektrolysezelle (siehe Abbildung)
Netzgerät für 6 A Gleichstrom
Vollpipette 5 ml
Uhr

Aufbau

Die verwendete Zelle zeigt Bild 7.8.

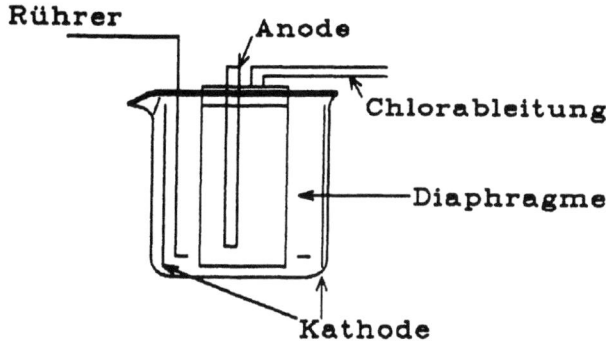

Bild 7.8   Elektrolysezelle nach dem Diaphragmaverfahren.

Der als Anode dienende Graphitstab (Bogenlampenkohle, Kohlestift aus einer Leclanché-Batterie) wird durch einen zweifach durchbohrten Gummistopfen gesteckt. In die zweite Bohrung wird ein Glasrohr gesteckt, das mit einem Schlauch zur Ableitung des Chlorgases in ein mit Lauge zur Chlorabsorption gefülltes Gefäß führt. Der Gummistopfen wird in ein poröses Gefäß (Tondiaphragma, Glasfrittenkörper) gesteckt. Das Gefäß wird in die Mitte des als Elektrolysezelle dienenden Becherglases gehängt. Als Kathode dient eine mit zahlreichen Löchern versehener Eisenblechzylinder oder eine dicht gewickelte Drahtwendel, die sich nahe der Innenwand des Becherglases befindet[*]. Eisenblechkathode und Kohlestabanode werden mit dem Netzgerät verbunden. Ein aus einem Eisendrahtstück gebogener Rührer wird so zwischen Diaphragma und Kathode eingesetzt, daß er zur Durchmischung der Elektrolytlösung im Kathodenraum dienen kann.

Versuchsablauf

Die Elektrolyse wird bei einer am Netzgerät eingeregelten konstanten Stromstärke von $I = 2$ A betrieben. Nach zehn Minuten wird die erste Laugenprobe entnommen, nachdem die Lösung des Kathodenraums mit dem Rührer gut durchmischt wurde. Die Probe wird zur Bestimmung des Laugegehaltes titriert. Diese Probenahme wird insgesamt achtmal durchgeführt. Bei der Ermittlung der Ausbeute auf der Grundlage des eingestellten Stroms und der abgelaufenen Zeit muß berücksichtigt werden, daß das Lösungsvolumen im Kathodenraum durch die Probenahme abnimmt.

Auswertung

Die Ergebnisse eines typischen Elektrolyseverlaufs zeigt Bild 7.9 (nächste Seite). Erwartungsgemäß nimmt die Ausbeute durch Nebenreaktionen mit wachsender Elektrolysezeit leicht ab. Unvollständige Durchmischung und Unsicherheiten bei der Probenahme führen zu einer erheblichen Streuung der Resultate.

---

[*] Die Kathode sollte nicht zu dicht an der Wand anliegen, um die Ausbildung von Konzentrationsunterschieden zwischen Innen- und Außenseite der Kathode zu vermeiden. Diesem Zweck dienen auch die zahlreichen Löcher. Ohne sie sind erhebliche Fehler zu befürchten.

7 Elektrochemische Produktionsverfahren

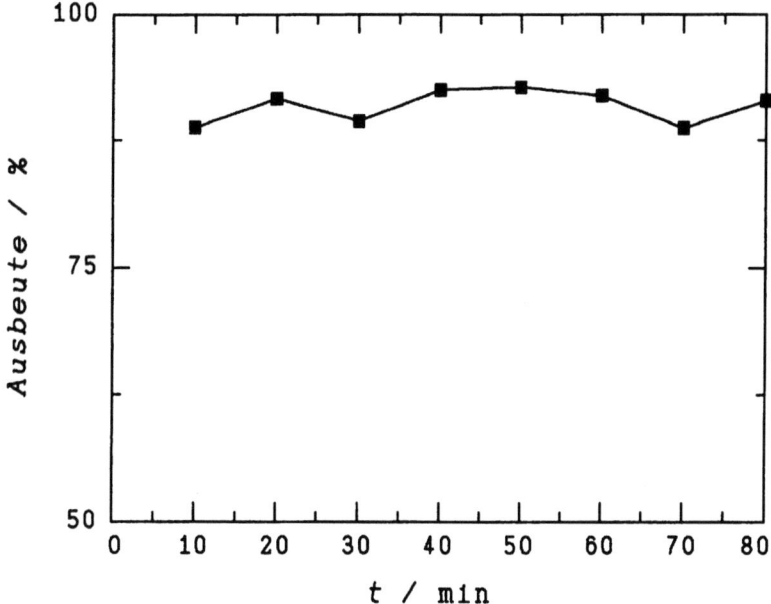

Bild 7.9 Auf die entstandene Lauge bezogene Faraday-Ausbeute bei der Chlor-Alkalielektrolyse.

Kontrollfragen

Mit zunehmender Elektrolysezeit wächst der im Chlorgas nachweisbare Anteil an Kohlendioxid. Welche Nebenreaktion findet statt?

Literatur

E. Zirngiebl, Einführung in die Angewandte Elektrochemie, Salle+Sauerländer Verlag, Frankfurt 1993

Anhang

Für die Kalibrierung von AD-Wandlerkarten in Computern kann die mit im nachfolgenden Schaltplan beschriebene Referenzspannungsquelle verwendet werden. Sie liefert eine in engen Grenzen abgleichbare Spannung von 4,9512 V.

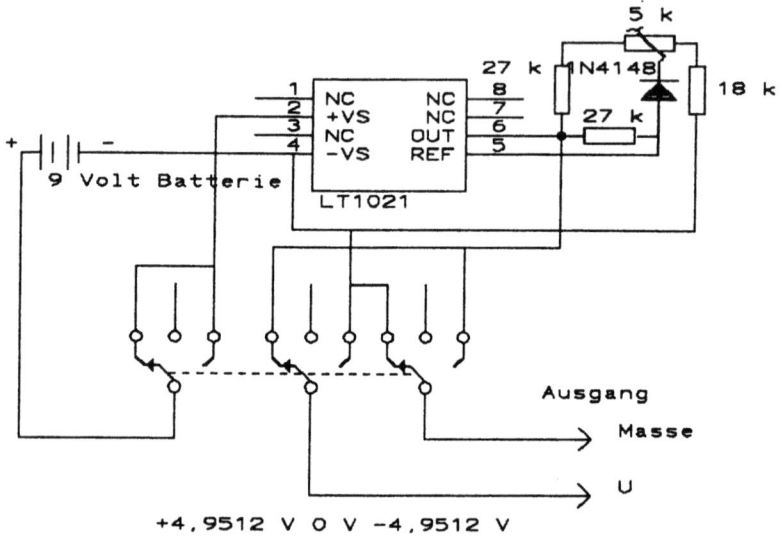

Bild A.1 Schaltplan einer Referenzspannungsquelle für 4,9512 V.

Anhang

Zur Überwachung der Entladung eines Akkumulators ist die folgende einfache Komparatorschaltung geeignet. Sie zeigt den laufenden Entladevorgang mit einer Leuchtdiode an. Bei Unterschreiten der eingestellten Entladeschlußspannung wird der Entladestromkreis unterbrochen, die Anzeige erlischt. Der Entladevorgang wird mit dem Taster "Start" begonnen.

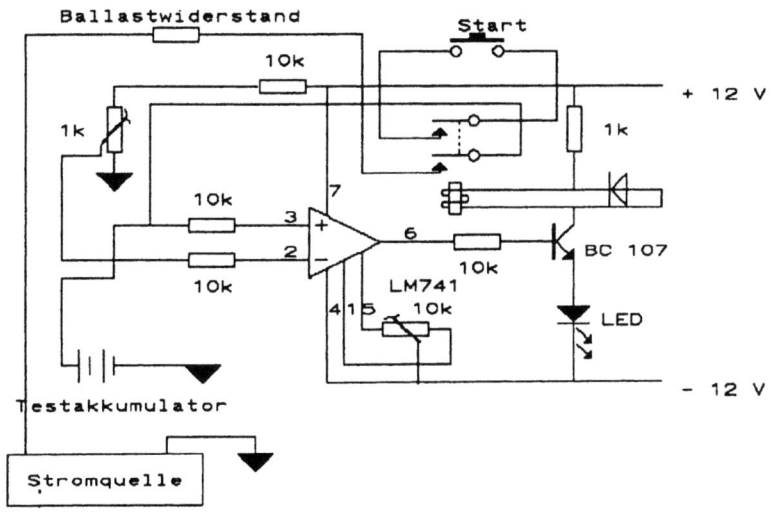

Bild A.2 Einfache Entladeüberwachungsschaltung.

Liste der Symbole und Abkürzungen

Symbole

A	Fläche
a	Aktivität
a_i	Debye-Länge
C	Zellkonstante der Leitfähigkeitsmeßzelle
CV	Zyklovoltammogramm
C_D	Doppelschichtkapazität
C_{diff}	differentielle Doppelschichtkapazität
C_{int}	integrale Doppelschichtkapazität
c_p	isobare Molwärme
c_V	isochore Molwärme
c	molare Konzentration
c_s	Konzentration an der Oberfläche
c_0	Konzentration im Lösungsinneren
D	Diffusionskoeffizient
d	Elektrodenabstand
E	Elektrodenpotential
E	elektrische Feldstärke
E_{Hg2SO4}	entspricht E_{MSE}
E_a	Aktivierungsenergie einer chemischen Reaktion
E_0	Elektrodenpotential ohne Stromfluß, im Gleichgewicht
E_{00}	Standardelektrodenpotential
E_B	Bezugselektrodenpotential
E_F	Ferminiveau, Fermikante, Fermienergie
E_{MSE}	Elektrodenpotential gegen eine Quecksilbersulfatelektrode, $c_{Quecksilbersulfat} = 0{,}1$ M
E_m	Meßpotential (elektrochemisch)
E_{pzc}	Nulladungspotential
E_{SCE}	Elektrodenpotential gegen eine gesättigte Kalomelelektrode SCE
e_0	Elementarladung
F	Kraft
F	Faraday-Konstante
f	Meßfehler, Standardfehler
f	Frequenz
f	Fugazität eines Gases ($f_i = \gamma_i p_i$)
ΔG	Freie Enthalpie(änderung)
ΔG	Freie Enthalpie der Ion-Lösungsmittel-Wechselwirkung
ΔH_{Ion-LM}	Enthalpie der Ion-Lösungsmittel-Wechselwirkung
I	Ionenstärke

Symbole und Abkürzungen

I	Stromstärke (Gesamtstrom)
I_a	vom Anion getragener Stromanteil
I_k	vom Kation getragener Stromanteil
I_C	kapazitiver Strom
I_D	Durchtrittsstrom
I_{diff}	Diffusionsgrenzstrom (auch: $I_{lim,diff}$)
I_R	Ringstrom einer rotierenden Scheibe-Ringelektrode
I_S	Scheibenstrom einer rotierenden Scheibe-Ringelektrode
j	Stromdichte
j_D	Durchtrittsstromdichte
j_{diff}	Diffusionsgrenzstromdichte (auch: $j_{lim,diff}$)
j_R	Ringstromdichte einer rotierenden Scheibe-Ringelektrode
j_S	Scheibenstromdichte einer rotierenden Scheibe-Ringelektrode
K	Gleichgewichtskonstante
K_c	Konzentrationsgleichgewichtskonstante, auch: Dissoziations(gleichgewichts)konstante
K_s	Dissoziationsgleichgewichtskonstante einer Säure
k	Kohlrausch-Konstante
L	Leitfähigkeit, elektrischer Leitwert; auch: Löslichkeitsprodukt
M	Molarität
M	Molmasse, Atomgewicht
m	Molalität
N_L	Loschmidtsche Zahl
n	Molzahl
n	Elektrodenreaktionswertigkeit
n_A	Molzahl an Anionen
n_K	Molzahl an Kationen
n_+	stöchiometrischer Koeffizient der Kationen
n_-	stöchiometrischer Koeffizient der Anionen
Q_D	elektrische Ladung für die Umladung der Doppelschicht
q^-	vom Anion transportierte Ladung
q^+	vom Kation transportierte Ladung
R	Widerstand, allgemeine Gaskonstante
R_D	Durchtrittswiderstand
Rf	Rauhigkeitsfaktor
R_L	Elektrolytlösungswiderstand
r_i	Ionenradius
r_1	Scheibenradius einer Scheibe-Ring-Elektrode
r_2	Innenradius des Rings einer Scheibe-Ring-Elektrode
r_3	Außenradius des Rings einer Scheibe-Ring-Elektrode
RHE	Relative Hydrogen Electrode
T	absolute Temperatur

Symbole und Abkürzungen

t	Überführungszahl
t_+	Überführungszahl der Kationen
t_-	Überführungszahl der Anionen
t	Student'scher t-Faktor
U	elektrische Spannung bzw. Differenz von zwei Elektrodenpotentialen
U_0	elektrische Spannung ohne Stromfluß, d.h. im Gleichgewicht, Differenz von zwei Elektrodenpotentialen
U_A	Abscheidungsspannung
U_z	Zersetzungsspannung, hier Synonym für Abscheidungsspannung
u	Ionenbeweglichkeit
V	Volumen
v	Wanderungsgeschwindigkeit von Ionen; Ausflußgeschwindigkeit einer Quecksilbertropfelektrode
v	dE/dt, Potentialvorschubgeschwindigkeit
x	Molenbruch
z	Ionenladungszahl
α	Dissoziationsgrad
χ	Oberflächenpotential
δ	Diffusionsschichtdicke
$\varepsilon, \varepsilon_r$	Dielektrizitätskonstante, relative Dielektrizitätskonstante
γ	Aktivitätskoeffizient
η	Überspannung, dynamische Viskosität
φ	Volta-Potential
φ	elektrostatisches Potential
κ	spezifische Leitfähigkeit
Λ_{eq}	Äquivalentleitfähigkeit
Λ_0	Äquivalentleitfähigkeit bei unendlicher Verdünnung
Λ_{mol}	molare Leitfähigkeit
λ_{mol}^+	molare Leitfähigkeit von Kationen
λ_{mol}^-	molare Leitfähigkeit von Anionen
λ_0^+	Grenzleitfähigkeit von Kationen
λ_0^-	Grenzleitfähigkeit von Anionen
η	Überspannung
η	dynamische Viskosität
θ	Bedeckungsgrad
ρ	spezifischer Widerstand
τ	Tropfzeit (Quecksilbertropfelektrode)
ξ	Reaktionslaufzahl

Register

Abrasive Stripping Voltammetry 229
Abscheidungsspannung 48
Acetessigesterester 282
Aceton 284
Acetylaceton 277
Adsorptionsisotherme, Frumkinsche 236
Adsorptionskoeffizientt 240
Aktivierung 180
Aktivierungsenergie 47, 76
Aktivierungspotential 107
Aktivitätskoeffizient, mittlerer 23
Ameisensäure 30
Amperometrie 211
Anilin 141, 244, 246
Anodic Stripping Voltammetry 226
Anthrachinonverfahren 289
Antimonelektrode 30
Argentometrie 32
Arrhenius-Auftragung 47
Asymmetrie 34
Austauschstromdichte 94, 255
Autokatalytisch 89

Äquivalentleitfähigkeit 62
Äquivalenzpunkt 32

Bedeckungsgrad 249
Belüftungselement 175
Bezugselektrode 11
Biamperometrie 208
Bleiakku 255
Bromierung 284
Bromierung, elektrochemische 284
Bromoform 284
Butler-Volmer-Gleichung 94

C-C-Verknüpfung 269
Cerimetrie 36, 38
Chinhydronelektrode 31
Chlor-Alkali-Elektrolyse 269
Chlorelektrode 54

Chloressigsäure 30
Chronoamperometrie 152
Chronocoulometrie 154, 155
Chronopotentiometrie 148
Cottrell-Gleichung 155
Coulometer 74, 82

Debye-Hückel-Gebiet 30
Debye-Hückel-Theorie 24
Deckschichtdiagramm 101
3,4-Diacetylhexan-2,5-dion 277
2,3-Diacetyl-bernsteinsäurediethylester 282
Dichloressigsäure 30
Differenzspektrum 245, 249
Diffusion 148
Diffusion, lineare 149
Diffusionspotential 23
Digitalvoltmeter 14
N,N-Dimethylanilin 124
2,6-Dimethylanilin 124
2,5-Dioxo-hexan-dicarbonsäure-(3.4)-diethylester 282
9,10-Diphenylanthracen 137
Dissoziationsgrad 61, 63
Dissoziationskonstante 61
Doppelschichtbereich 102
Doppelschichtkapazität, differentielle 236
Dreielektrodenanordnung 99
Dreiphasengrenze 265
Driftgeschwindigkeit 57
Durchbruchspotential 107
Durchtrittsfaktor 255
Durchtrittsreaktion 53
Durchtrittsüberspannung 94

Edelstahl 184
Eigenleitfähigkeit des Wassers 62
Eingangswiderstand 14
Einschaltmessung, galvanostatische 148

Einstabglaselektrode 30
Einstabmeßkette 31
Einzelionenaktivität 30
Electrochemical Machining 269
Elektrochromie 143
Elektrode 2. Art 23
Elektrode, optisch transparente 245
Elektrodenfunktion 31
Elektrodenimpedanz 169
Elektrogravimetrie 204
Elektrophorese 57
Elektropolymerisation 142
Eloxal-Verfahren 273
Eloxieren 273
Energieausbeute 255
Energieumwandlung und -speicherung, elektrochemische 255
Energiewirkungsgrad 259
Entladeüberwachungsschaltung 295
Entladeverhalten 262
Essigsäure 30, 274
Esterverseifung, Kinetik der 76
Ethentetracarbonsäure-Ethylester 280
Ethylacetat 76
Ethylalkohol 286
Extraleitfähigkeit 81

Faraday 274
Faraday-Ausbeute 291
Faradaysches Gesetz 73
Ferrocen 131
Ferroxylindikator 179
Fickschen Gesetz 149
Fladepotential 106
Formaldehyd 89
Freien Reaktionsenthalpie 19

Gel-Elektrophorese 57
Gibbs-Gleichung 19, 49
Glaselektrode 30
Grenzleitfähigkeit 62

Haloform-Reaktion 284
Hittorfsche Überführungszahl 80

Ilkovic 90
Ilkovic-Gleichung 225
Indikation, biamperometrische 207
Indikation, bipotentiometrische 199
Indikatorelektrode 32
Indirekte anodische Dimerisierung 282
Infrarot-Spektroelektrochemie 252
Ionenäquivalentleitfähigkeit 81
Ionenbeweglichkeit 57, 81
Ionenradius 81
Ionensensitive Elektrode 190
Ionenwanderung 80
ITO 245
ITO-Elektrode 244

Jodat 287
Jodierung 286

Kalibrierung 31
Kaliumperoxodisulfat 289
Kapazitätsstrom 238
Kippschen Wasserzersetzungsapparat 270
Knallgascoulometer 75
Kohlenstofffaser 11
Kohlrausch-Konstante 62
Kolbe-Elektrolyse 274
Konstitutionsformel 70
Konstitutionsisomerie 70
Kontaktkorrosion 173
Konvektion 148, 219
Konventionelle pH-Skala 31
Konzentrationselement 177
Konzentrationsgradient 219
Konzentrationszelle 39
Korrosionselement 173
Korrosionspotential 183
Korrosionsstrom 177
Kristallisationsüberspannung 150
Kupferabscheidung 271

Ladungs-Wirkungsgrad 259
Ladungstransport 61
Leistungsdaten einer Brennstoffzelle 265

Leitfähigkeit, molare 62
Leitfähigkeitsmeßzelle 61, 62
Leitfähigkeitstitration 66
Lokalelementbildung 173
Lokalelementen 270
Lösungselektrode 108
Malonsäurediethylester 280
Materialwissenschaft 5
Messung, galvanostatische 94
Migration 148, 219
Mikroelektroden 120
Mikrosystemtechnik 5
Mineralwasser 235

Nanotechnologie 5
Nernst 108
Nernstsche Gleichung 19
Nicholson 227
Nitroethan 70
Nitroverbindung 70
Nulladungspotential 249

Oberflächenmodifizierung 269
Oberflächentechnologie 5
Oberflächenverstärkte Raman-Spektroskopie 248
Opferanode, 1
Ostwaldsches Verdünnungsgesetz 62
Oszillierende Reaktion 185
OTE 245
Oxalatoxidation 43
Oxidation, indirekte 280
Oxidelektrode 31

Papierelektrophorese 60
Passivierung 108, 180
Passivierungspotential 107
Pentan-2,4-dion 277
Poggendorfsche Kompensationsmethode 23
Polarisation 48
Polarographie 219
Polyanilin 141
Polyanilinfilm 244

Polymerfilm 141
Potentialoszillation 185
Potentiostat, 99
primäre Stromdichteverteilung 271
Propionsäure 30
Produktionsverfahren 269
Pseudonitroform 72
Pufferlösung 31
Pyridin 249

Radikal 275
Radikalkation 142
Raman-Spektroskopie 249
Randles-Sevcik-Gleichung 227
Reaktionsentropie 20
Reaktionsschicht 89
Redoxtitration 32, 36, 38
Referenzelektrode 11
Rotierende Scheibe-Ringelektrode 165
Rotierende Scheibenelektrode 157

Salzbrücke 20
Salztropfenversuch 179
Sand-Gleichung 149
Sättigungskonzentration 61
Scheibe-Ring-Elektrode 165
Sensorik 5
SERS 249
Shain 227
SNIFTIRS 249
Spannungsreihe 18
Spannungsteilerschaltung 13
Spektroelektrochemie 244
Spurenanalyse 233
Standardelektrodenpotential 23
Standardpotential 18
Standardpuffer 31
Standardwasserstoffelektrode 18
Steilheit 31
Stiazähler 74
Stromverteilung 271
Stromverteilung, sekundäre 271
Stromverteilung, tertiäre 271
Strom-Spannungskurve, stationäre 94

Substitutionsreaktion 277
Surface Enhanced Raman Spectroscopy 249

Tafel-Auftragung 164
Tafel-Gerade 95, 255
Tafel-Neigung 95, 98
Temperaturkoeffizient 52
Tensammetrie 236
N,N,N',N'-tetramethyl-p-phenylendiamin 134
Titrand 36
Titration 30
Titration, konduktometrisch indizierte 66
Titration, potentiometrisch indizierte 30
Titration, differentialpotentiometrische 38
Titration, coulometrische 207
Titrationskurve 30
Titrationsmittel 32
Titrator 36
Transitionszeit 148
Transportgeschwindigkeit 81

Überspannung 48, 53, 220
Übertragungsverhältnis 165
UV-vis-Spektroskopie 244

Viskosität 81
Voltammetrie, zyklische 98
Voranreicherung 226

Wasserstoff-Sauerstoff-Brennstoffzelle 265
Wasserstoffelektrode 12
Wechselstrompolarographie 236
Wechselwirkungskoeffizient 240
Werkzeugstahl 183
Weston-Normalelement 23
Wirkungsgrad 261

Zelle ohne Überführung 23
Zellkonstante 61
Zellspannung, Temperaturkoeffizient der 20
Zementierung 269
Zinkelektrode 18
Zinnoxid 245
Zyklische Voltammetrie 98

Weitere Titel bei Teubner

Bechmann/Schmidt
**Struktur- und Stoff-
analytik mit spektro-
skopischen Methoden**

2000. 179 S. Br. DM 39,80
ISBN 3-519-03552-9

Inhalt: Grundlagen spektroskopischer Verfahren zur Struktur- und Stoffdynamik - Elektronenanregungsspektroskopie - Schwingungsspektroskopie - NMR-Spektroskopie - Massenspektroskopie - Kombinierter Einsatz physikalisch-chemischer Methoden der Strukturaufklärung

Joachim Maier
**Festkörper -
Fehler und Funktion**
Prinzipien der
Physikalischen
Festkörperchemie

2000. 528 S. Br. DM 76,00
ISBN 3-519-03540-5

Inhalt: Bindungsaspekte - Phononen - Gleichgewichtsthermodynamik des perfekten Festkörpers - Gleichgewichtsthermodynamik des realen Festkörpers (Punktdefekte, elektronische Fehler, höherdimensionale Fehler) - Kinetik und irreversible Thermodynamik - (ionischer und elektronischer Transport, Reaktion, Grenzflächen, nichtlineare Phänomene) - Festkörperelektrochemie (Meßtechnik und Anwendungen)

Heiko Lueken
Magnetochemie
Eine Einführung in
Theorie und Methoden

1999. 507 S. Br. DM 68,00
ISBN 3-519-03530-8

Stand 1.4.2001
Änderungen vorbehalten.
Erhältlich im Buchhandel
oder beim Verlag.

B. G. Teubner
Abraham-Lincoln-Straße 46
65189 Wiesbaden
Fax 0611.7878-400
www.teubner.de

Teubner

MIX
Papier aus verantwortungsvollen Quellen
Paper from responsible sources
FSC® C105338

If you have any concerns about our products,
you can contact us on
ProductSafety@springernature.com

In case Publisher is established outside the EU,
the EU authorized representative is:
**Springer Nature Customer Service Center GmbH
Europaplatz 3, 69115 Heidelberg, Germany**

Printed by Libri Plureos GmbH
in Hamburg, Germany